彩图 1-6　白色品种　　　　　　　彩图 1-7　褐孢菇

彩图 1-25　空白培养　　　　　　彩图 1-26　灭菌不彻底试管

彩图 1-31　长势差的菌种　　　　彩图 1-32　污染黑曲霉的菌种

彩图 1-95　木霉　　　彩图 1-96　链孢霉　　　彩图 1-97　优质菌种

彩图 1-98　老化菌种

彩图 1-101　摇瓶液体种

彩图 1-102　发酵罐液体种

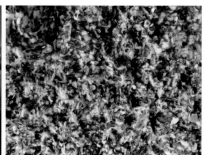
彩图 1-121　棉籽壳

彩图 1-122　粉碎的杏鲍菇菌渣

彩图 1-161　播种后保湿

彩图 1-162　菌种萌发

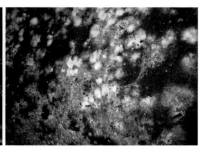
彩图 1-163　菌种吃料

彩图 1-164 料面生长

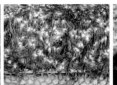
彩图 1-165 纵向吃料

彩图 1-166 吃透培养料

彩图 1-169 草炭土

彩图 1-171 制作好的覆土

彩图 1-173 覆土后的床面

彩图 1-174 覆土后清洁卫生

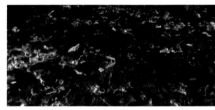
彩图 1-176 符合搔菌标准的覆土

彩图 1-178 幼蕾

彩图 1-190 适时采收的子实体

彩图 1-191 适时采收的子实体的菌肉

彩图 1-192 过迟采收的子实体

彩图 1-193 过迟采收的子实体菌肉

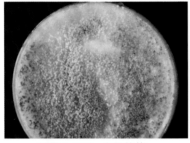
彩图 1-211 木霉菌落

彩图 1-212 母种污染木霉

彩图 1-213 栽培种污染木霉

彩图 1-214 培养料污染木霉

彩图 1-215 链孢霉

彩图 1-216 褐色石膏霉感染症状

彩图 1-217
处理后菌丝吃料正常

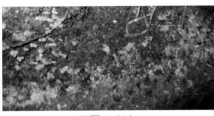

彩图 1-218
地碗菌危害状况

彩图 1-219　菇床上产生的鬼伞

彩图 1-220　蘑菇褐腐病病菇

彩图 1-221　轮枝霉病

彩图 1-222　细菌性斑点病

彩图 1-224　薄皮菇

彩图 1-225　空根菇

彩图 1-226　锈斑菇

彩图 1-227　鳞片菇

彩图 1-230
菇蝇幼虫

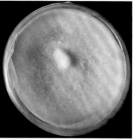

彩图 2-1　菌丝生长外观形态　　　彩图 2-2　菌丝显微形态

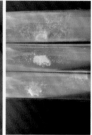

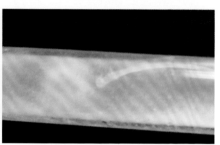

彩图 2-3
金针菇子实体

彩图 2-4
试管中粉孢子

彩图 2-5
试管中子实体

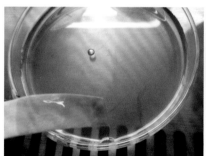

彩图 2-13　测 pH　　　　　　彩图 2-29　开进料口盖

彩图 2-30　接种　　彩图 2-31　盖进料口盖　　彩图 2-33　放料处消毒

彩图 2-34　试管取样

彩图 2-35　摇瓶取样

彩图 2-36　关阀门

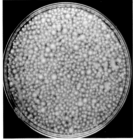
彩图 2-37　菌球清晰

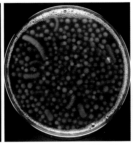
彩图 2-38　菌液浑浊

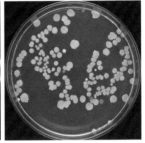
彩图 2-39　细菌

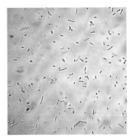
彩图 2-40
细菌（未染色）

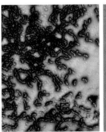
彩图 2-41
细菌（革兰染色）

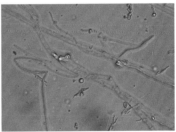
彩图 2-42
菌丝微观形态

彩图 2-48　棉籽皮壳

彩图 2-49　木屑

彩图 2-50　玉米芯

彩图 2-51　麸皮、碳酸钙等

彩图 2-84　前期

彩图 2-85　中期

彩图 2-86　后期

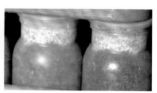

彩图 2-89　前期

彩图 2-90　中期

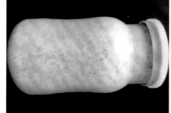

彩图 2-91
后期（外观）

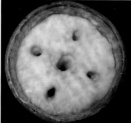

彩图 2-92
后期（内部）

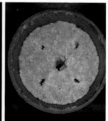

彩图 2-93
催蕾第 8 天

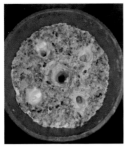

彩图 2-98　刚入库的菌种瓶　　彩图 2-99　入库菌丝恢复的菌种瓶

彩图 2-105　生育阶段金针菇　　　彩图 2-132　基腐病

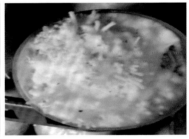

彩图 2-133
锈斑病

彩图 2-134
气生菌丝影响菇蕾形成

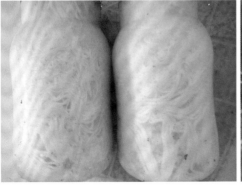

彩图 2-135　栽培瓶周围出现侧生菇　　彩图 2-137　针尖菇

彩图 2-138 根部发黄　　　　彩图 2-139 切下的根

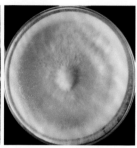

彩图 2-143 厌氧发酵产生的鬼伞　　　彩图 3-1 菌丝体

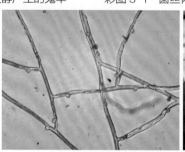

彩图 3-2 菌丝体微观形态　　　彩图 3-3 子实体

彩图 3-13
"保龄球形"杏鲍菇

彩图 3-14
"棍棒形"杏鲍菇

彩图 3-22
养菌前期

彩图 3-23 养菌中期

彩图 3-24 养菌后期

彩图 3-25 枝条种发菌（外部）

彩图 3-26 枝条种发菌（内部）

彩图 3-27 表面常规接种发菌

彩图 3-67 白色水珠

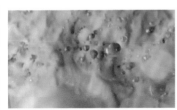
彩图 3-68 浑浊水珠

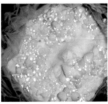
彩图 3-69 第 6 天

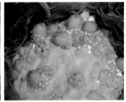
彩图 3-70 第 7 天

彩图 3-71 第 8 天

彩图 3-72 第 9 天

彩图 3-86　料面过干

彩图 3-90　瘤盖菇

彩图 3-93　菌种感染绿霉

彩图 3-94　子实体绿霉病

彩图 3-95　腐烂废弃的菌袋

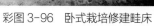
彩图 3-96　卧式栽培修建畦床

彩图 3-98　修建畦床

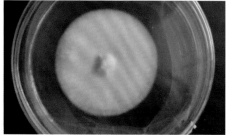
彩图 4-1　蛹虫草菌丝生长外观形态

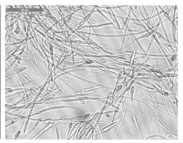
彩图 4-2　蛹虫草菌丝显微形态

彩图 4-3　野生蛹虫草

彩图 4-4　人工栽培蛹虫草

彩图 4-6　瓶栽（卧式）

彩图 4-7　瓶栽（立式）

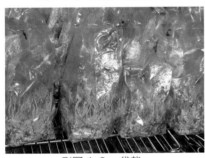
彩图 4-8　袋栽

彩图 4-9　盆栽立体栽培

彩图 4-10　尖头草

彩图 4-11　圆头草

彩图 4-12　孢子头草

彩图 4-13　培养皿培养基

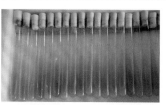

彩图 4-14　试管培养基

彩图 4-15
八九分成熟蛹虫草子实体（圆头草）

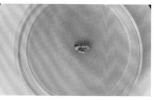

彩图 4-22
培养皿中组织分离萌发

彩图 4-23
试管中组织分离萌发

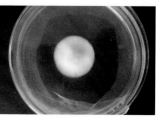

彩图 4-24
培养皿中菌落长到 2cm

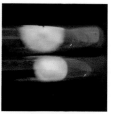

彩图 4-25
试管中菌落长到 2cm

彩图 4-26
选取成熟适度的子实体（孢子头草）

彩图 4-27
采集孢子

彩图 4-28
劣质菌种

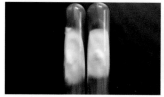

彩图 4-29　未转色的优质母种

彩图 4-30　转色的优质母种

彩图 4-32
培养好的摇瓶液体种

彩图 4-52 养菌前期

彩图 4-53 养菌后期

彩图 4-55 用接种铲将杂菌斑点清除

彩图 4-56 前期

彩图 4-57 中期

彩图 4-58 后期

彩图 4-61 菌丝长势很好，但不易转色

彩图 4-62 搔菌耙划线

彩图 4-63
划线后料面

彩图 4-64
原基

彩图 4-69
孢子头草原基期

彩图 4-70 尖头草原基期

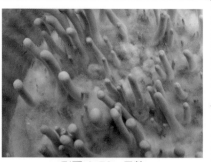

彩图 4-76 早熟

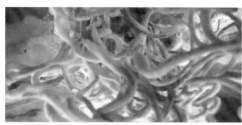

彩图 4-77 子实体基部发白

彩图 4-78 感染细菌

彩图 4-79 感染绿霉

彩图 4-80 感染链孢霉

彩图 4-81
达到采收标准的子实体

彩图 4-82 采收过迟

食用菌
工厂化栽培
技·术·图·解

孟庆国　侯俊　刘国宇　主编

化学工业出版社

·北京·

食用菌工厂化栽培是模拟生态环境、智能化控制、自动化机械作业于一体的生产方式。可实现周年栽培、标准化作业，经济效益较一般栽培显著提高，是高科技脱贫致富的好途径。本书在借鉴前人的生产经验和先进的科研成果基础上，采用图文并茂的形式，系统介绍了双孢菇、金针菇、杏鲍菇、蛹虫草工厂化生产中的菌种制作、栽培、病虫害防治、保鲜及加工技术，特别是在隧道式二次发酵技术，液体菌种发酵技术，利用杏鲍菇、金针菇菌糠生产饲料、肥料和栽培双孢菇、草菇、鸡腿菇等方面都有详细介绍，具有较高的应用推广价值，可作为广大科技人员和经营、生产人员的参考资料。

图书在版编目（CIP）数据

食用菌工厂化栽培技术图解/孟庆国，侯俊，刘国宇主编. —北京：化学工业出版社，2018.4（2022.1重印）
ISBN 978-7-122-31589-2

Ⅰ.①食… Ⅱ.①孟…②侯…③刘… Ⅲ.①食用菌-蔬菜园艺-图解 Ⅳ.①S646-64

中国版本图书馆 CIP 数据核字（2018）第 038027 号

责任编辑：李　丽　　　　　　　　文字编辑：赵爱萍
责任校对：王　静　　　　　　　　装帧设计：关　飞

出版发行：化学工业出版社（北京市东城区青年湖南街 13 号　邮政编码 100011）
印　　装：大厂聚鑫印刷有限责任公司
850mm×1168mm　1/32　印张 12　彩插 8　字数 335 千字
2022 年 1 月北京第 1 版第 4 次印刷

购书咨询：010-64518888　　　　　　　售后服务：010-64518899
网　　址：http://www.cip.com.cn
凡购买本书，如有缺损质量问题，本社销售中心负责调换。

定　　价：58.00 元

编写人员名单

主　　编	孟庆国	侯　俊	刘国宇	
副主编	高　霞	李亚男	李　超	许国兴
编写人员	燕炳辰	刘　娜	肇　莹	肖　军
	赵　巍	赵英同	姜　策	贾　倩
	纪　燕	付　明	胡俊峰	范文丽
	赵英明	孟凡生	李　凡	赵洪志
	刘英杰	赵百灵	司海静	辛　颖
	门庆生	苑学霞	史振霞	张久庆
	刘满昌	孟彦霖	马永波	韩　冰
	李　眷	张　昆	孟昭军	辛　闯
	孟庆国	侯　俊	刘国宇	高　霞
	李亚男	李　超	许国兴	

前言

　　食用菌工厂化栽培是模拟生态环境、智能化控制、自动化机械作业于一体的生产方式。随着我国食用菌产业的迅猛发展，传统、简易的栽培模式已不能满足市场需求，工厂化栽培已经成为食用菌产业的发展方向。食用菌工厂化栽培不仅能够克服简陋设施生产中易出现的产品质量不稳定、农药残留超标等缺点，且可以不受自然条件影响，实现周年栽培、标准化作业，经济效益显著提高。

　　我国北方地区具有丰富的农作物秸秆、棉籽壳、玉米芯等原料，畜牧养殖业也很发达，这为食用菌工厂化生产提供了丰富的原料基础。近年来，食用菌工厂化生产在龙头企业带动下，如雨后春笋般涌现，规模不断扩大，技术更新完善，发展前景十分广阔。

　　本书在借鉴前人的生产经验和先进的科研成果基础上，图文并茂地系统介绍了双孢菇、金针菇、杏鲍菇、蛹虫草工厂化生产中的菌种制作、栽培、病虫害防治、保鲜及加工技术，特别是在隧道式二次发酵技术、液体菌种发酵技术，利用杏鲍菇、金针菇菌糠生产饲料、肥料和栽培双孢菇、草菇、鸡腿菇等方面都有详细介绍，具有较高的应用推广价值，可作为广大科技人员和生产者的参考资料。

　　本书在编写过程中，得到了有关单位领导、专家和同行的关注，辽宁省农业技术推广总站邢岩站长、沈阳师范大学王升厚研究员、辽宁省农业科学院刘俊杰研究员、辽宁省农业科学院肖千明研究员、辽宁峪程菌业有限公司董事长王明清、辽宁天赢公司总经理刘汉席、辽宁涣然菌业总经理安广杰、沈阳恒生生物科技发展有限公司董事长郝辰、沈阳恒志食用菌科技有限公司李崇鑫总经理、辽宁健源食用菌有限公司总经理廉德刚等给予了鼎力支持，提供了宝贵资料和生产图片，一些富有实践的技术员也对本书提出很好建议，在此一并表示衷心感谢！本书的编写要特别感谢山东省农业技术推广总站的专家们，他们的大力支持与帮助使本书更加完善！

　　由于我们水平、才识所限，加之编写时间仓促，虽经再三斟酌，仍有涵盖未全、叙述未清等疏忽之处，恳请读者批评指正！

编者

2018 年 3 月

Contents

第一章 ▶ 双孢菇工厂化栽培　　　　　　　1

第二章 ▶ 金针菇工厂化栽培　134

第一章

双孢菇工厂化栽培

第一节 ▶▶ 双孢菇概述

双孢菇〔*Agaricus bisporus*〕属于真菌门、担子菌亚纲、伞菌目、伞菌科、蘑菇属。由于双孢菇的担子通常含有两个异核双核体孢子，故称双孢菇。双孢菇味道鲜美，营养丰富，经常食用有助消化，降低血压，提高人体免疫力。据测定每100g干菇中含粗蛋白$23.9\sim34.8$g、粗脂肪$1.7\sim8.0$g、碳水化合物$1.3\sim2.65$g、粗纤维$8.0\sim10.4$g、灰分$7.7\sim12.0$g，富含人体必需8种氨基酸。双孢菇人工栽培始于法国路易十四时代，18世纪初就有人在法国巴黎的石灰石废弃矿穴中进行人工栽培。19世纪末（1893年），Costentint和Matruchot发明了双孢菇孢子培养法，20世纪初组织分离法培育纯菌种获得成功。1915年巴氏消毒法被引入培养料发酵中，1934年美国的Lamber证实了二次发酵技术对提高蘑菇产量的显著作用。1950年丹麦首次采用大的聚丙烯塑料袋作为容器栽培蘑菇，发展成一种新的袋式栽培系统。1973年意大利发明了通气浅槽隧道式后发酵与发菌新技术，20世纪80年代爱尔兰成功开发了室外大棚栽培。双孢菇是中低温性菇类，主要原料是稻草、麦秸等农作物秸秆和各种粪肥。目前，全世界已有100多个国家和地区进行栽培，产量居各种食用菌首位，被称为"世界菇"，尤其在欧美等西方国家的食品中占有重要位置。

一、形态特征

双孢菇是由菌丝体和子实体两部分组成的，人们日常食用部分就是双孢菇的子实体，菌丝体和子实体都是由无数丝状菌丝交织而成的。

1. 菌丝体

试管母种或菌种瓶内、培养料内的灰白色的丝状物就是双孢菇的菌丝体，它既可由孢子萌发形成，又可由子实体的任一部分组织再生得到。在显微镜下观察，菌丝透明无色，多细胞，有横隔，似竹节状，有分支，无锁状联合，粗 $1 \sim 10 \mu m$。菌丝体不仅能分泌各种胞外水解酶，降解基质中的有机物质，还具有吸收、输送水分和营养物质的功能，其作用类似植物的根，是双孢菇的营养器官（图 1-1、图 1-2）。

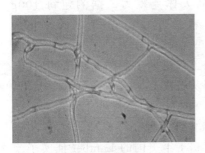 

图 1-1　菌丝体显微结构　　　　图 1-2　培养料内菌丝体

菌丝体在不同生长阶段形态有较大差异，一般可分为绒毛菌丝、线状菌丝和束状菌丝。

（1）绒毛菌丝　担孢子萌发后，初期生长菌丝纤细且呈绒毛状，又称一级菌丝。在母种、原种、栽培种及培养料内菌丝发菌阶段，主要是培养绒毛菌丝，尽量防止线状菌丝产生。绒毛菌丝不能直接形成子实体，必须变为线状菌丝后才能形成子实体。绒毛菌丝是双孢菇菌丝存在的主要方式。

（2）线状菌丝　绒毛菌丝生长到一定阶段，遇到适宜的环境条件，即形成线状菌丝，又叫二级菌丝。线状菌丝为发育菌丝，可直接结成子实体，是形成子实体的基础。双孢菇覆土调水后，尤其在喷结菇重水前后，要求形成线状菌丝，进而结菇。

（3）束状菌丝　线状菌丝在适宜的环境下继续交织、增粗形成束状菌丝，又叫三级菌丝。其为平行排列的绳索状或根须状菌丝，结构致密、高度组织化，具有输送营养和支撑菇体生长的作用。双孢菇的老根以及越冬前后土层内的粗壮菌丝都是束状菌丝，不具有结实性。春菇出菇前，随着温度的回升，通过调水等管理措施，束状菌丝萌发形成绒毛状菌丝，在适宜的条件下，再继续生长形成线状菌丝，从而继续生长形成子实体。

2. 子实体

双孢菇子实体是由发育成熟的菌丝扭结形成的组织，是产生有性孢子的地方，也是菌种分离时最常用和最根本的种源。双孢菇子实体包括菌盖、菌柄、菌褶、菌环、孢子等部分，可供人们食用，也是我们栽培双孢菇主要收获的产品。

（1）菌盖　位于子实体最上部分，俗称"菇帽"，菌盖成熟展开后呈伞状，是双孢菇主要食用部分，也是子实体最明显部分。初呈半球状，后平展，白色至淡黄色，表面光滑，干时渐变淡黄色，直径4～12cm。菌盖表皮与菌褶之间的组织称菌肉，菌肉厚薄是决定蘑菇品质好坏的关键。人工栽培的商品双孢菇要求菌盖球形或半球形、色泽洁白、肉厚、饱满、结实，直径控制在2～6cm。

（2）菌柄　又称菇柄，俗称"菇腿"，着生在菌盖下方中央，上部与菌盖相连，下部着生于菌床的覆土层内，是菌盖的支撑部分，同时又是给菌盖输送水分和营养的通道。一般白色、光滑、近圆柱形，中实或中心有白色疏松的髓部，可食用。商品菇要求柄短粗壮，无空心，长度一般不超过1cm。

（3）菌褶　菌盖开伞后，菌盖下面呈辐射状排列的片状组织称菌褶，菌褶与菌柄离生，密集、窄、不等长。初为白色，逐渐变为淡粉红色，随着成熟度的变化而成为紫褐色，开伞后呈暗紫色。菌褶两侧称为子实层，是孕育担孢子的部位。在显微镜下观察，由棒状的担子细胞和囊状体细胞排列成栅栏状，一般每个担子细胞顶端着生两个单孢子，双孢菇的名字即由此而来。双孢菇在采收、运输、销售及加工过程中，要求菌褶色泽浅淡，加工后不发黑。

（4）菌幕（膜） 为菌盖未开伞时其边缘和菌柄之间连接的一层膜质组织，白色、薄，起到保护菌褶的作用。随着子实体成熟度增加，菌幕逐渐拉开变薄，直至破裂。采收种菇孢子的标准是菌幕将破而未破时的成熟度最好。商品菇要求菌膜窄、紧、不易破裂。而在生产上将内菌幕即将破裂时的时期作为双孢菇的最佳采收时期。采收过早，影响蘑菇产量；采收过迟，菌膜破裂后露出红褐色的菌褶，降低了商品性状，其风味也大大降低。

（5）菌环 当子实体成熟开伞、菌幕破裂后，残留在菌柄中部周围的一圈环状物，即叫菌环。菌环单层、白色、易脱落。在分类学上具有非常重要的价值。

（6）孢子 双孢菇孢子呈椭圆形，光滑，褐色，长 6～8.5μm，宽 5～8.5μm。子实体成熟开伞后，会从菌褶两侧的担子梗上自动弹落，遇到适宜条件即萌发生长成菌丝，进而进行繁衍，成为双孢菇有性繁殖细胞。一个成熟子实体可产生数十亿个担孢子，但多数是双核，只有极少数是单核，单核孢子的存在为双孢菇单孢育种提供了可能。

当子实体成熟时，剪去菌柄，菌褶朝下放在纸上，大量孢子弹射后落在纸上，留下的痕迹称为孢子印。蘑菇孢子印为深褐色，它可反映菌盖的大小、孢子颜色等特征，是进行分类鉴定的重要依据。

二、双孢菇生活史

蘑菇生长发育与生命繁衍的整个历程叫蘑菇的生活史，可概括为孢子→菌丝体→子实体→形成新的孢子，孢子继续萌发又进入新一轮生活周期，大致经历担孢子萌发、菌丝生长及子实体形成与发育三个阶段。

1. 担孢子萌发

双孢菇一个成熟子实体可以产生数十亿个担孢子，在自然条件下，孢子萌发率都在1%以下，而且萌发速度缓慢，这两大因素制约着蘑菇遗传育种效率的提高。孢子萌发过程大致可分为孢子始发期和牙管、菌丝形成期两个阶段。休眠孢子适宜条件下，在孢壁表面产生球形泡状体，进而泡状体表面产生凸起和分叉，并迅速长成管状牙管，牙管很快伸长并在其四周产生叉状体，随后便迅速扩展延伸成丝状菌丝。

2. 菌丝生长

双孢菇菌丝生长主要表现为细胞数目的增加和细胞体的膨大，细胞数目的增加是通过有丝分裂来实现的，但细胞分裂只在顶端细胞发生，所以菌丝生长表现为顶端生长。分裂后的细胞不断积累营养，逐渐长大，当达到一定体积后往往不再膨大，也不再进行分裂。但如果将菌丝弄成菌丝片段，在适宜的环境下，菌丝片段可以再生为新的菌落。

根据菌丝生长的特点，可将菌丝分成气生型、匍匐型、半气生型和杂交型四种类型。目前生产上栽培的品种大多是杂交型。在菌种生产和栽培的培养料中，双孢菇的菌丝呈绒毛状，菌丝细密；覆土后，尤其是喷结菇水后，绒毛状菌丝进一步生长扭结，在覆土中形成线状菌丝；在适宜的出菇条件下，线状菌丝顶端扭结形成菇蕾，菇蕾破土而出发育成为子实体；在覆土内的线状菌丝不断分支、增粗，形成锁状菌丝。

3. 子实体形成与发育

在正常情况下，双孢菇子实体从形成到衰老要经历以下五个发育阶段。

（1）原基期 蘑菇菌丝体生长发育达到生理成熟后，在内外因子的作用下，尤其在环境温度影响下，覆土层内便会形成高度密集组织化的菌丝体团束，这就是子实体的原始形态或起始胚胎，俗称原基。原基常着生于二三级菌丝上，体态很小，颗粒状肉眼看似铆钉帽（又称"钉头菇"）或似米粒状，白色，单生、散生或群生，组织内部无菌盖、菌柄分化，直径在 0.1～0.2cm，发生时数量较多，但只有生长势强的个体，才能最终发育成子实体。原基的出现标志着双孢菇的生活史由菌丝生长转入子实体发育阶段。

（2）菌蕾期　随着原基的生长，逐渐长到黄豆粒般大小，此时已具菌盖、菌柄的雏形，菌盖直径 0.2～0.4cm，菌柄的生长速度比菌盖快，呈倒葫芦形，常分布在覆土层表面的土粒之间。

（3）初熟期　此期菌柄逐渐增粗，菌盖迅速长大，由球形变成半球形，菌盖直径 0.4～3.5cm，俗称"纽扣期"或"纽扣菇"。此期子实体组织紧实、质嫩，菌盖内卷和菌柄紧贴在一起，没有间隙，未能充分生长，一般不能采收。但如果出菇较密的情况，应先采去一部分，使菇体充分生长。

（4）成熟期　纽扣菇进一步生长发育，便进入了成熟期。此期主要特征是菌盖半球形或扁半球形，直径 2～5cm 或更大，此期应及时采收。采收原则是菌盖大小达到收购标准，菌膜窄、紧、不破裂。成熟后期，菌盖扁平，菌膜拉大、变薄并逐渐裂开，露出粉红色菌褶，担孢子开始释放，此时子实体一般不用于加工，应及时鲜销。

（5）衰萎期　若子实体成熟后不及时采收，便进入了衰萎、老死阶段。在初期阶段，体型或许增大，但重量基本不再增加，随后逐渐变轻。此期菌盖开伞至展平，菌盖边缘变薄并开裂，菌褶呈黑褐色，担孢子进一步释放。菇体中原生质大量减少，纤维提高，虽能食用，但风味大减。

三、生长发育条件

影响双孢菇生长发育的因素主要有营养、温度、湿度、空气、光线、酸碱度和土壤等。在不同生长阶段，双孢菇对环境条件的要求不完全相同，因此在生产上只有创造和满足双孢菇对各生长条件的要求，协调好它们之间的关系，才能获得高产、稳产。

1. 营养条件

（1）碳源 双孢菇是一种草腐菌，主要利用秸秆类物质作为碳源。凡是含有木质素、纤维素、半纤维素的无霉变的禾草及禾壳类物质均可作双孢菇的碳源。双孢菇对纤维素、半纤维素、木质素这类大分子物质直接利用能力很差，这些物质必须经过堆积发酵过程中的中高温微生物降解之后才能被很好利用。

（2）氮源 双孢菇可以利用的氮源以有机氮为主，尤其适宜利用畜禽粪；它不能直接利用蛋白质，但能很好地利用其水解产物——氨基酸、蛋白胨；对硝酸盐利用不好；对硫酸铵可以利用，但施用量不能过多，否则培养料容易变酸，影响菌丝生长；尿素对培养料发酵有很好的促进作用，但施用量不宜超过 0.5%，否则氨气产生过多，影响菌丝生长；各类饼肥也是双孢菇很好的氮源。

双孢菇生长发育最适宜的碳氮比为（17~18）:1，为使料堆制发酵后碳氮比达到（17~18）:1，配制时原料碳氮比应为（30~33）:1，对培养料粪肥及尿素的添加要严格按照这个要求进行。

（3）矿物质元素 矿物质元素是双孢菇生长发育需要的重要营养物质，生产上常用过磷酸钙、石膏、碳酸钙、石灰作为钙肥和磷肥。双孢菇培养料是以秸秆类物质为基本原料，其中有丰富的钾，因此，钾不必另添加。双孢菇生长发育适宜的氮、磷、钾的比例为 4:1.2:3。

2. 环境条件

（1）温度 温度是双孢菇生长发育的重要环境因子。菌丝生长温度范围为 5~33℃，最适生长温度为 22~26℃，在 5℃以下菌丝生长极缓慢，33℃以上菌丝生长基本停止，40℃以上就会死亡。原基分化期需要 3~5℃变温刺激，子实体生长发育的温度范围为 4~24℃，最适生长温度为 14~18℃，在此温度范围内，菇体大、肥厚，出菇量多；温度高于 19℃时，子实体生长速度快，菌柄长，肉质疏松，易开伞，品质差；温度低于 12℃时，子实体生长缓慢，菇大而肥厚，组织致密，但出菇稀少。担孢子的释放温度为 13~

20℃，超过27℃即使子实体已相当成熟，也不能释放。孢子萌发适宜温度24℃左右，温度过高或偏低都会推迟孢子萌发。

（2）水分和湿度　双孢菇生长的水分来自于培养料、覆土层和空气中的水蒸气，在菌丝生长阶段，适宜的培养料含水量为60%～70%。若料中水分含量高于75%时，料中氧气不足，出现线状菌丝，生活力下降；若料中含水量低于50%时，菌丝生长缓慢，绒毛状菌丝多且纤细，不易形成子实体。菌丝生长期间覆土层含水量在菌丝上土期（吊菌期）应偏干些，土粒含水量应维持在18%左右；菇蕾形成期，尤其当子实体长到黄豆大小，覆土层要湿，土粒含水量应保持在20%左右（具体要求是土粒能捏得扁、搓得圆、不粘手）。菌丝生长期间，空气相对湿度75%左右。子实体生长期间要求环境中空气相对湿度达到90%左右，若湿度低于80%，子实体表面会出现鳞片，从而降低质量；若长期处于95%以上的高湿状态下，原基和幼菇易死亡。

（3）光照　双孢菇生长不需要光线，整个生长过程可在黑暗条件下进行，黑暗条件下生产出的商品朵形圆整，质量较好。在原基分化期可以给以微弱散射光刺激，利于原基分化，但散射光过强会造成菇体表面干燥、变黄、起鳞片，品质下降。

（4）空气　双孢菇属好气性真菌，无论是菌丝生长阶段还是子实体发育期间，都需新鲜空气。在发菌阶段，二氧化碳浓度应控制在0.1%～0.5%。子实体生长发育要求充足的氧气，通风良好，二氧化碳应控制在0.1%以下。出菇阶段若超过0.1%，则菌盖小、菌柄细长、极易开伞；若二氧化碳浓度高于0.5%，就会抑制子实体分化，停止出菇。同时培养料内的绒毛菌丝生长旺盛，长到覆土的表面，即所谓的冒菌丝。因此，菇房应根据不同生长发育阶段，及时通风换气，供以充足的新鲜空气。

（5）酸碱度　双孢菇菌丝在pH5.0～8.5均可生长，最适宜的pH为6.8～7.2。由于菌丝体在生长过程中会产生碳酸和草酸，这些有机酸积累在培养料和覆土层里会使菌丝生活的环境逐渐变酸。因此播种时，培养料的pH应调至7.5～8.0，土粒的pH调至8.0，这样既有利于菌丝生长，又能抑制霉菌的发生。

第二节 ▶▶ 双孢菇菌种生产

菌种是双孢菇栽培的基础条件，就像农作物的种子一样，只有选用优良的菌种，才能保证稳产高产，获得良好的栽培效益。如果没有优良的菌种，再好的栽培技术也不可能得到理想的经济效益；反之，如果有高产的良种，加上科学的生产管理，则可以达到事半功倍的效果。为了规范我国双孢菇菌种生产、经销和使用，确保我国双孢菇生产健康发展，我国制定了国家标准《双孢菇菌种》（GB19171—2003），菌种生产经营单位都应严格遵照该标准执行。优良的菌种应该具有种性好、纯度高及菌龄适宜等特征。

1. 种性好

是要求菌种本身具有理想的遗传性状。例如，子实体白色；菌盖光滑、圆整，顶部微凸；菌盖和菌柄呈合适的比例，符合审美要求；菇体结实，密度较大，菌盖与菌柄结合紧密，不易脱落；大小适中，菌盖直径 3.0～5.0cm；对环境适应性强，高产稳产；对大多数病虫害具有很高的抵抗能力；具有较长的货架寿命。

2. 纯度高

是指菌种生产过程中严格按照操作规程进行，防止其他有害微生物的侵染，保证菌种中不隐藏任何有害生物。

3. 菌龄适宜

是要求菌种在生活力最强的时期用于扩接下一级菌种或用于栽培生产。

一、菌种的概念

菌种是人工培育的纯菌丝体及其培养基的混合体。按母种、原种、栽培种三级扩大繁育程序培育双孢菇菌种。双孢菇产生的真正种子是孢子，但由于孢子是经过基因重组后的产物，后代与亲本相比会发生变异，而且孢子在储藏一段时间后萌发率降低，所以，在双孢菇生产中一般不用孢子作为菌种。双孢菇菌丝片段具有很强的再生能力，所以栽培双孢菇和其他食用菌一样，一般采用菌丝体作为菌种。

二、菌种的分级

根据菌种扩繁程序，把菌种分为母种、原种和栽培种三级，即母种扩接制备原种、原种扩接制备栽培种。其主要目的是为了实现菌种数量的扩大，以满足生产对菌种的需要，同时增加菌种对培养料的适应性。

1. 母种

通常把试管培养的菌种称为母种或一级菌种，它是由双孢菇的子实体组织分离或孢子分离，在含有琼脂的培养基上培育生长的具有结实能力的纯菌丝体，培养容器一般为玻璃试管，常用于扩大培养或用于菌种保藏。直接用组织分离或孢子分离培养而成的母种叫原始母种，原始母种转扩 1 次而成的母种称为一级母种，一级母种再转扩 1 次而成的母种称为二级母种，生产上常用三级或四级母种作为生产用母种。如果过多的转接和培养，可能会导致菌种退化，故生产中使用的母种转代次数不宜过多（图1-3）。

2. 原种

又称二级种。是将母种接种到粪草、棉籽壳或者麦粒培养基上培养获得的具有结实能力的菌丝体及培养基质，培养用的容器一般为玻璃或塑料制成的菌种瓶。通常 1 支母种可以转接 5 瓶原种，原种可以用来扩接栽培种（图1-4）。

3. 栽培种

又称三级种或生产种。是将原种接种到粪草、棉籽壳或者麦粒培养基上培养获得的具有结实能力的菌丝体及培养基质，国内培养用的容器一般为玻璃或塑料制成的菌种瓶或小塑料袋，国外多采用容量较大的塑料袋。通常 1 瓶原种可以接种 30 瓶栽培种，栽培种直接用于栽培，每平方米栽培面积用种 1.5～2 瓶（图 1-5）。

图 1-3　母种　　　　　图 1-4　原种　　　　图 1-5　栽培种

三、菌种的生产流程

不论哪一级菌种，生产工艺大致相同，都包括培养基的制备、接种和培养三个主要环节。

1. 母种生产工艺流程

马铃薯葡萄糖琼脂培养基→分装试管→121℃灭菌 0.5h→摆斜面培养基→接种培养。

2. 原种生产工艺流程

粪草、棉籽壳或麦粒培养基→装瓶→126℃灭菌 2h→接种培养。

3. 栽培种生产工艺流程

粪草、棉籽壳或麦粒培养基→装瓶或装袋→126℃灭菌 2h→接种培养。

四、菌种的生产计划

菌种生产季节应根据当地适合栽培双孢菇的时间而定，在外界环境条件正常的情况下，一般应在开始栽培前30～40天安排生产栽培种，在生产栽培种前30～40天生产原种，在生产原种前15～20天购买或生产母种。菌种生产时间非常重要，一定要按照菌种生产计划严格执行。菌种生产多少也应进行周密计划，由双孢菇的栽培数量来定。一般每平方米床面可用栽培种1.5瓶（500ml高压玻璃瓶装），1瓶原种可接栽培种20～30袋或40～50瓶，每支试管母种可接原种5瓶。可按照此比例计算出母种、原种、栽培种的数量。在生产中，栽培种应多制一些，以留有生产余地。

因双孢菇是中温性菇类，受环境条件的制约，栽培前严格制订菌种生产计划，并严格执行。如以9月上旬播种为例，菌种生产计划为6月初制作生产用母种→7月初开始生产原种→8月初生产栽培种→9月初栽培种培养好→9月上旬播种。

五、优质菌种的标准

宏观检查菌种质量的方法可概括为"纯、正、壮、润、香"五个字。"纯"指菌种的纯度高，无杂菌感染、无抑制线、无退菌现象等；"正"指菌丝无异常，具有亲本的特征，如菌丝纯白、有光泽，生长整齐，连接成块，具弹性等；"壮"指菌丝粗壮、生长旺盛、分枝多而密，在培养基上萌发、定植、蔓延速度快；"润"指菌种基质湿润，与瓶壁紧贴，瓶颈略有水珠，无干缩、松散现象；"香"是指具该品种特有的香味，无霉变、腥臭、酸败气味。

1. 优质母种的标准

用肉眼直接观察斜面菌丝，在同一种培养基上具有原菌株的菌落形态特征，若菌丝呈洁白放射状，且生长浓密、生长健壮有力、边缘整齐、无间断，无病虫杂菌污染，气生菌丝爬壁力强，不发黄，培养基无萎缩现象，接种点无菌丝退化和自溶现象者为合格菌种。菌龄掌握在刚长满斜面即用于扩接原种或继代培养。

凡发现红、黄、绿、黑等杂菌危害斑块或有明显抑制线的污染菌种，应坚决抛弃不用。母种质量感官要求标准见表1-1。

表1-1 母种质量感官要求标准

项　目		要　求
容器		完整，无损
棉塞或无棉塑料盖		干燥、洁净、松紧适度，能满足透气和滤菌要求
培养基灌入量		为试管总容积的1/5~1/4
培养基斜面长度		顶端距棉塞40~50mm
接种量（接种块大小）		(3~5)mm×(3~5)mm
菌种外观	菌丝生长量	长满斜面
	菌丝体特征	洁白、浓密、羽毛状或叶脉状
	菌丝体表面	均匀、平整、无角变
	菌丝分泌物	无
	菌落边缘	整齐
	杂菌菌落	无
斜面背面外观		培养基不干缩，颜色均匀、无暗斑、无色素
气味		有双孢菇菌种特有的香味，无酸、臭、霉等异味

2. 优质原种及栽培种的标准

优质菌种应当菌丝致密、洁白、粗壮有力，料面气生菌丝整齐均匀，瓶壁四周菌丝爬壁力强，无间断，无杂菌污染。菌龄35~40天时，菌丝应长满瓶或袋，颜色一致，无不均匀斑，不萎缩，不发黄，菌龄掌握在菌丝长满后7~10天使用。如有菌被产生，说明过湿；上下不均匀，说明预湿不佳；如菌丝黄褐色、蜘蛛状，说明培养温度过高。如培养料干缩，脱离瓶壁，并出现黄色积液时，则表明菌种已老化，应予淘汰。

菌种的质量直接关系到双孢菇栽培的成败及栽培者经济效益的高低。在进行栽培前，一定要认真检查菌种的质量，挑出不合格菌种，严把菌种质量关，以确保栽培成功。

菌种的质量检测除以上感官鉴定外，还应进行小面积的出菇试验。用塑料筐或泡沫箱等装入堆制好的培养料或发好菌丝的培养料，通过接入菌种或覆土，观察其发菌或出菇快慢、原基的形成数量、抗杂能力、子实体的形态、生物学转化率等，凡出菇快、整齐、抗性强、产量高的均为优良菌种。原种与栽培种感官质量要求标准见表1-2、表1-3。

表1-2 原种感官质量要求标准

项 目		要 求
容器		完整，无损
棉塞或无棉塑料盖		干燥、洁净、松紧适度，能满足透气和滤菌要求
培养基上表面距瓶口的距离		50mm±5mm
接种量（每支母种接原种数，接种物大小）		4～6瓶(袋)，≥12mm×15mm
菌种外观	菌丝生长量	长满容器
	菌丝体特征	洁白浓密、生长旺健
	表面菌丝体	生长均匀、无角变、无高温抑制线
	培养基及菌丝体	紧贴瓶(袋)壁，无干缩
	表面分泌物	无
	杂菌菌落	无
	拮抗现象	无
气味		有双孢菇菌种特有的香味，无酸、臭、霉等异味

表1-3 栽培种感官质量要求标准

项 目	要 求
容器	完整，无损
培养基面距瓶(袋)口的距离	50mm±5mm
接种量（每瓶或每袋原种接栽培种数）	30～50瓶(袋)

续表

项 目		要 求
菌种外观	菌丝生长量	长满容器
	菌丝体特征	洁白浓密,生长旺健
	不同部位菌丝体	生长均匀、无角变,无高温抑制线
	培养基及菌丝体	紧贴瓶(袋)壁,无干缩
	表面分泌物	无
	杂菌菌落	无
	拮抗现象	无
气味		有双孢菇菌种特有的香味,无酸、臭、霉等异味
棉塞或无棉塑料盖		干燥、洁净、松紧适度,能满足透气和滤菌要求

六、主要栽培品种

(一)品种类型

双孢菇根据菇盖颜色分为白色和棕色两种,当前生产上栽培的主要以白色双孢菇品种为主。双孢菇根据生产方式的适应性分为非工厂化生产用品种和工厂化生产专用品种两种,非工厂化生产用品种主要包括通过国家食用菌品种认定的 6 个品种及引进的菌株U3 等。

(二)主要栽培品种特征特性

下面以通过国家食用菌品种认定委员会认定的品种为主。

1. 白色双孢菇（图 1-6, 彩图）

(1) As2796 As2796 由福建省农业科学院食用菌研究所和福建省蘑菇菌种研究推广站育成,于 1993 年通过福建省蘑菇菌种审定委员会审定,于 2007 年通过国家食用菌品种认定委员会认定,认定编号为"国品认菌 2007036"。

① 特征特性。子实体单生。菌盖直径 3.0～3.5cm，厚度 2.0～2.5cm，外形圆整，组织结实，色泽洁白，无鳞片；菌柄白色，中生，直短，直径 1.0～1.5cm，长度与直径比为（1～1.2）：1，长度与菌盖直径比为 1：（2.0～2.5），无绒毛和鳞片；菌紧密、细小、色淡。要求基质含水量 65%～68%，含氮量 1.4%～1.6%，pH7 左右；栽培中发菌温度 24～28℃。栽培中菌丝可耐受最高温度 35℃，子实体可耐受最高温度 24℃，转潮不明显，后劲强。菌种播种后萌发力强，菌丝吃料速度中等偏快。菌丝爬土速度中等偏快，扭结能力强，扭结发育成菇蕾或膨大为合格菇的时间较长，因此开采时间比一般菌株迟 3 天左右。成菇率 90% 以上，商品率 80% 以上。1～4 潮产量分布均匀，有利加工厂生产。

② 产量表现。产量为 9～15kg/m²，生物学效率 35%～45%（工厂化可达 20～30kg/m²）。

③ 栽培技术要点。各产区可根据当地适宜气候确定播种时间，福建为 9～12 月。投料量每平方米 30～35kg，碳氮比为（28～30）：1，正常管理的喷水量不少于高产菌株。气温超过 22℃，甚至达到 24℃时一般不死菇，可比一般菌株提前 15 天左右栽培。注意不宜薄料栽培，料含氮量太低或水分不足都会影响产量或产生薄菇和空腹菇。

（2）As4607 As4607 由福建省农业科学院食用菌研究所和福建省蘑菇菌种研究推广站育成，于 1997 年通过福建省蘑菇菌种审定委员会审定，于 2007 年通过国家食用菌品种认定委员会认定，认定编号为"国品认菌 2007035"。

① 特征特性。子实体单生。商品菇直径 3.2～3.8cm，菌盖厚 2.0～2.5cm，外形圆整，组织结实，色泽洁白，无鳞片；菌柄直短，直径 1.0～1.5cm，长度与直径比（1～1.2）：1，长度与菌盖直径比 1：（2.0～2.5），无绒毛和鳞片；菌褶紧密，细小，色淡。转潮不明显，后劲强。菌种播种后萌发力强，菌丝吃料速度和爬土速度中等偏快，扭结能力强，扭结发育成菇蕾或膨大为商品菇的时间较长，因此开采时间比一般菌株迟 1～2 天。1～4 潮产量分布较均匀，有利加工厂生产。

② 产量表现。产量为 9～15kg/m²，生物学效率 35%～45%。

③ 栽培技术要点。各产区可根据当地适宜气候确定播种时间，福建为 9～12 月。投料量每平方米 30～35kg，碳氮比为（28～30）：1，含氮量 1.4%～1.6%，含水量 65%～68%，pH 在 7.0 左右。发菌适温 24～28℃，适宜空气相对湿度 85%～90%；出菇温度 10～24℃，最适温度 14～22℃。注意不宜薄料栽培，料含氮量太低或水分不足都会影响产量或产生薄菇和空腹菇。

（3）英秀 1 号　英秀 1 号由浙江省农业科学院园艺研究所育成，于 2007 年通过国家食用菌品种认定委员会认定，认定编号为"国品认菌 2007037"。

① 特征特性。子实体散生，少量丛生，近半球形，不凹顶。商品菇菌盖白色，平均直径 4.1cm，菌盖平均厚 1.7cm，表面光洁，环境干燥时表面有鳞片；菌柄白色，粗短，近圆柱形，基部膨大明显，平均长 2.6cm，中部平均直径 1.5cm。子实体组织致密结实。发菌适温 22～26℃，原基形成不需温差刺激，子实体生长发育温度 4～23℃，最适温度 16～18℃；低温结实能力强。菇潮间隔期 7～10 天。

② 产量表现。产量为 9.1～15.7kg/m²。

③ 栽培技术要点。堆肥适宜含氮量为 1.5%～1.7%，合成堆肥发酵前的适宜含氮量为 1.6%～1.8%，二次发酵后的培养料适宜含水量为 65% 左右，pH 7.2～7.5。出菇期适宜室温 13～18℃，温度高于 20℃时禁止喷水，加强通风。自然气候条件下秋冬季播种，春季结束，跨年度栽培。河北、河南、山东、山西、安徽和苏北等蘑菇产区适宜播种期为 8 月，浙江、上海及苏南蘑菇产区适宜播种期为 9 月，福建、广东、广西等蘑菇产区适宜播种期为 10～11 月。应用菇棚覆膜增温技术措施，可适当推迟播种期，实现反季节栽培。要充分利用低温出菇能力强的特性，使其在自然温度较低季节大量出菇。适当提高培养基含水量，有利于提高产量。注意预防高温烧菌和死菇；出菇期应保持覆土良好的湿度和空气相对湿度，以免菇盖产生鳞片。

（4）蘑菇 176　蘑菇 176 供种单位为上海市农业科学院食用菌研究所，于 2004 年通过上海市农作物品种审定委员会审定，于

2008 年通过国家食用菌品种认定委员会认定，认定编号为"国品认菌 2008030"。

① 特征特性。子实体单生、丛生，半球形。菌盖大小 3.5～4.5cm，菌盖厚 1.9～2.3cm，菌盖色白，表面光滑；菌柄长 2.8～3.6cm，粗 1.9～2.5cm；菌丝生长温度为 20～30℃，菌丝在 pH 5～8 时均能生长；发菌期为 20～25 天，从播种到出菇需 35～45 天；原基形成温度 10～20℃，菌丝体生长最适温度 24～28℃；子实体适宜生长温度 10～20℃，出菇潮次明显，7 天左右一潮菇。

② 产量表现。生物学效率 40% 左右，每平方米产鲜菇 8～13.5kg。

③ 栽培技术要点。以稻草为主料时，每平方米用稻草 20kg、干牛粪 4kg、豆饼粉 0.32kg（或菜饼 0.5kg）、米糠 0.6kg、磷肥 0.6kg、尿素 0.075kg、硫酸铵 0.25kg、石膏 0.2kg、石灰 0.65kg；以麦草为主料时，每平方米用麦草 15kg、干牛粪 2kg、豆饼粉 0.5kg（或菜饼 0.8kg）、尿素 0.18kg、酸铵 0.2kg、磷肥 0.6kg、石膏 0.5kg、石灰 0.4kg。上海地区播种期 9 月 5～10 日，其余地区提早 2～3 天播种。培养料含水量 65%～68%，必须进行二次发酵，发菌期控温 24～28℃。当菌丝穿透料底时，进行覆土，覆土后发菌温度控制在 24～28℃，保持土层湿润。菌丝长满覆土层时进行通风或喷水降温，降温到 10～20℃，最适温度在 15℃左右。出菇期及时喷出菇水，多次喷湿，温度控制在 10～20℃，空气湿度 90% 左右。及时采收，做好残根清理和补土、补水工作。

（5）U3   U3 由福建省农业科学院食用菌研究所和福建省蘑菇菌种研究推广站引自荷兰。其特征特性、产量表现和栽培技术要点与蘑菇 176 类似。

（6）A15 与 F56   A15 与 F56 为工厂化生产专用菌株，分别引自美国和法国，工厂化栽培产量可达 20～30kg/m²，其特征特性和栽培技术要点与蘑菇 176 类似。

2. 棕色双孢菇（图 1-7，彩图）

（1）棕秀 1 号。棕秀 1 号是由浙江省农业科学院园艺研究所育成的双孢菇品种，于 2007 年通过国家食用菌品种认定委员会认定，认定编号为"国品认菌 2007038"。

① 特征特性。子实体散生，少量丛生，近半球形，不凹顶。菇柄粗短、白色，近圆柱形，基部稍膨大，平均长 2.8cm，菌柄中部平均直径 1.5cm。商品菇菌盖棕褐色，平均厚 1.8cm，内部菌肉白色，肉质紧密，平均直径 4.1cm，表面光洁。环境干燥时菇盖表面有鳞片产生。原基形成不需要温差刺激，菌丝生长温度 5～33℃，发菌期适宜温度 22～26℃；子实体生长发育温度 4～23℃，最适温度 16～18℃；低温结实能力强。

② 产量表现。产量为 9.8～16.5kg/m²。

③ 栽培技术要点。自然气候条件下秋冬季播种，可比常规品种延后 10～25 天播种，跨年度栽培。河北、河南、山东、山西、安徽和苏北等蘑菇产区适宜播种期为 8 月，江苏、浙江、上海蘑菇产区播种期以 9 月为好；华南蘑菇产区适当推迟，福建、广东、广西等蘑菇产区适宜播种期为 10～11 月。应用菇棚覆膜增温技术措施，播种期可推迟，实现反季节栽培。粪草培养料的适宜含氮量为 1.5%～1.7%，无粪合成料发酵前的适宜含氮量为 1.6%～1.8%，碳氮比为（30～33）:1，二次发酵后的培养料适宜含水量为 65% 左右，pH 在 7.2～7.5。发菌期如料温高于 28℃，应在夜间温度低时进行通风降温，必要时需向料层打扦，散发料内的热量，降低料温，以防"烧菌"；出菇期菇房内温度控制在 13～18℃，空气相对湿度应保持在 85%～90%，以利于子实体形成和生长发育。

（2）棕蘑 1 号　棕蘑 1 号供种单位为上海市农业科学院食用菌研究所，于 2004 年通过上海市农作物品种审定委员会审定，于 2008 年通过国家食用菌品种认定委员会认定，认定编号为"国品认菌 2008032"。

① 特征特性。子实体以单生为主。菇形圆整，质地坚实紧密；朵型中等，不开伞直径在 3～5cm；适当疏蕾，可获得菌盖直径 10～12cm 的开伞子实体；菌盖呈棕色，无鳞片；菌柄着生于菌盖的中部；潮次明显，转潮快；菌丝最适生长温度为 25℃ 左右，最

适出菇温度为 16～18℃。

② 产量表现。每平方米产鲜菇 8～10kg。

③ 栽培技术要点。上海及周边地区一般在 8 月中上旬进行培养料堆制，9 月中上旬播种，10 月上旬覆土；出菇气温维持在10～20℃，一般出菇期可从当年 10 月下旬到翌年 4 月下旬。建议进行二次发酵，发菌温度 25℃左右，覆土厚度 4cm 左右；出菇温度16～18℃，一潮菇喷一次水，避免在原基形成期喷水，当菇体长至黄豆大时，可采用轻喷勤喷的方法喷水。

图 1-6　白色品种

图 1-7　褐孢菇

七、双孢菇母种生产

双孢菇母种的生产包括培养基的制作和母种的扩繁。制备母种培养基基本程序为制作培养基→各种药品的称量→配制→制取（水煮、过滤）→分装→灭菌→冷却→灭菌效果的检查。母种的扩繁是利用食用菌菌丝生长的无限性和营养生长过程很少发生变异这两个特点而实施的。从理论上讲，只要有适于其生长的营养和环境条件，菌丝就可无限地生长，而且由于其生长过程中没有发生有性繁殖，几乎不发生遗传的变异。当然，这并不排除在营养生长的漫长时间进程中发生菌种的退化和老化。转管次数越多，发生退化和老化的可能性越大，因此要严格控制转管次数。菇农没有经验或未经专门训练情况下，不自行母种扩繁或尽量减少扩繁和转管次数，以防菌种退化和老化。母种扩繁的基本程序为母种试管的表面处理→接种→培养→检查→淘汰被污染和不正常个体→成品。

（一）母种培养基常用配方

① 马铃薯（去皮）200g，葡萄糖 20g，琼脂 18～20g，磷酸二氢钾 3g，硫酸镁 1.5g，pH6.5～7.0，水 1000ml。

② 马铃薯（去皮）200g，葡萄糖 20g，蛋白胨 5g，琼脂 18～20g，磷酸二氢钾 3g，硫酸镁 1.5g，pH6.5～7.0，水 1000ml。

③ 马铃薯（去皮）200g，葡萄糖 20g，干牛粪 50g，琼脂 18～20g，磷酸二氢钾 3g，硫酸镁 1.5g，pH6.5～7.0，水 1000ml。

化学试剂类原料如葡萄糖、硫酸镁、磷酸二氢钾等，要使用化学纯以上级别的试剂，生物制剂如蛋白胨，天然材料如马铃薯、麦麸等，要求新鲜、无虫、无螨、无霉、干燥。PDA 基础上，1000ml 培养基加 5g 蛋白胨（或 50g 干牛粪）可以复壮菌丝。

（二）母种生产方法

1. 切土豆、称药品及原料

将土豆洗净、去皮、挖去芽眼（芽眼处龙葵碱对菌丝有毒害作用），切成 1cm 左右小块，准确称取各种药品及原料（图 1-8～图 1-11）。

图 1-8　称药品

图 1-9　放入烧杯

图 1-10　称土豆

图 1-11　土豆切块

2. 煮土豆、溶解药品、调节 pH

将 200g 土豆在 1200ml 水中文火煮沸 30min（标准为熟而不烂），然后用 6 层纱布过滤，倒掉残渣并洗净铝锅。将滤液倒入锅内，同时加入溶解的琼脂粉（如用琼脂条，事先用清水洗净，剪成 1~2cm 长小段，以便融化）、称好的葡萄糖、磷酸二氢钾、硫酸镁，继续加热并搅拌至全部溶化，停止加热，将水补足 1000ml。如加入蛋白胨需将蛋白胨用冷水溶化后加入，避免蛋白胨因结块而分散不均。在一般情况下，培养基原有的酸碱度基本合适，一般 pH 为 7 左右。如果 pH 偏碱，滴入少量 1% 柠檬酸，如果偏酸，则滴入 1% 的氢氧化钠。配制时的酸碱度要略高于使用时所需的适宜酸碱度，一般高压灭菌 30min 的培养基 pH 值下降 0.1~0.3（图 1-12~图 1-17）。

图 1-12　煮土豆

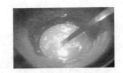
图 1-13　溶解蛋白胨

图 1-14　溶解琼脂粉

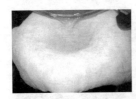
图 1-15　过滤

图 1-16　滤液

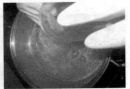
图 1-17　混合滤液和药品

3. 分装试管、塞棉塞、包牛皮纸

（1）**试管规格**　一般选用 18mm×180mm 或 20mm×200mm 的试管。

（2）**分装试管**　将培养基趁热时尽快分装试管。将下口量杯夹在滴定架上，下接一段乳胶管，用弹簧夹夹住胶管，左手握试管，右手控制培养基流量，使每支试管装量相当于试管长度的1/5～1/4（保藏用多些，生产用少些）。分装时要使导管口深插入试管中下部，不让培养基沾在试管口，否则容易沾在棉花塞上造成污染。一旦试管口附近沾有培养基，待凝固后用接种钩取出，并用潮湿洁净的纱布擦拭干净。

（3）塞棉塞　棉絮可用未经脱脂的原棉，先取一块棉花铺平成方形，然后卷曲成柱状，再将两端向内折成短圆柱状，然后塞入试管内，使棉塞表面与试管壁紧贴不起皱纹，松紧度以用手抓棉塞不脱落为度。棉塞塞入管中部分为1.5～2cm，外露部分约1.5cm。

（4）包牛皮纸　将5～10只试管用粗棉线捆成一捆，管口一端用牛皮纸或防潮纸包好扎紧，主要是防止灭菌时冷凝水沾湿棉塞和灭菌后防杂菌落入棉塞（图1-18～图1-20）。

图 1-18　分装试管　　　　图 1-19　塞棉塞　　　　图 1-20　包牛皮纸

4. 灭菌、摆试管、检验

（1）灭菌　将分装好的试管放入高压灭菌锅中进行灭菌，压力到 0.05MPa 时，打开放气阀放气 3～5min，然后关闭，继续加热，121℃维持 30min。停火自然降压至零后，打开高压锅盖烘干棉塞，待温度降到 80℃时，取出试管（图1-21、图1-22）。

（2）摆试管　将灭菌后的试管趁热放入摆斜面的专用框内，框底部前边支一小木块使之稍倾斜，使框内的试管培养基摆成斜面，一般长度为试管的 2/3，培养基上限至少应距棉塞 3cm，试管摆成斜面后不宜再行摆动。摆好斜面后在上面盖一保温棉，防止试管冷却过快产生太多的冷凝水（图1-23、图1-24）。

（3）检验　随机抽取 10% 灭菌试管作为样品，每次抽样数量

图 1-21 灭菌锅

图 1-22 0.1MPa 维持 30min

图 1-23 烘干棉塞

图 1-24 框内摆试管

不得少于 10 支,超过 100 支可以采取两级抽样。在 28℃下进行 2
天的空白培养,经检查确实没有微生物长出的为灭菌合格。如有微
生物出现,则灭菌效果不好,不能使用,要再行灭菌后倒出,洗涤
试管,重新制备(图 1-25、图 1-26,彩图)。

图 1-25 空白培养

图 1-26 灭菌不彻底试管

5. 接种、培养

(1) 接种

① 操作场所的处理。接种室在使用前,先要清扫干净,最好
用湿拖布进行表面清洁,以防地面灰尘飞扬。用 75% 的消毒用酒

精棉球擦拭操作台面，然后放入待接种的培养基斜面试管，并准备好接种用的75％酒精棉球、75％的消毒用酒精、酒精灯（内装95％的工业酒精）、接种钩、镊子、火柴、皮套等。然后打开紫外线灯，照射30min后关闭。如果使用无臭氧灯，关灯后即可马上接种；如果使用普通紫外线灯，最好关闭灯半小时后再进行接种，以减轻臭氧对人的刺激。如使用无菌操作台在接种前要打开30min，形成无菌环境。

②接种操作。接种人员在进入接种室前，要先用肥皂洗净手，并换上接种专用的干净工作服和拖鞋，携母种进入接种室。进入接种室后，先用75％的酒精棉球擦拭操作台面，然后擦拭双手，特别是手指。完成这一系列的表面消毒后，方可接种。接种的规范程序为点燃酒精灯→在火焰上方拔下母种试管棉塞→用镊子夹取酒精棉球在火焰上方灼烧、擦拭试管口内外→放好待接种的试管→在火焰上灼烧蘸有酒精的接种钩→冷却接种钩→在火焰上方进入母种试管，切取绿豆粒至红豆粒大小一块（长和宽均为2～3mm）带有培养基的菌丝体（接种物）→在火焰上方（不要过火焰）将接种物取出并迅速转入（移接时不要接触试管壁或管口）到待接种的试管斜面中间（菌丝朝上）→在火焰上方同时塞好母种试管的棉塞（把棉塞头的四周在火焰上烧一下，塞入棉塞与管壁紧贴）。这时，一支试管母种接种完毕。如此反复，每支试管内的母种一般可转接15～20支，尽量挑选菌龄短的菌丝块进行生产。切取菌种时注意，如果母种斜面上方比较干，要去掉干皮，不要使用。因干皮部分的菌丝生活力不强，影响以后各级菌种的质量。试管从接种箱取出前，应逐支在试管正面的上方贴上标签，写明菌种编号、接种日期、接种人。

③接种后接种室的处理。接种室每次使用后，要及时清理干净，排出废气，清除废物，台面要用75％酒精棉球擦拭消毒。

④接种操作注意事项。第一，酒精灯火焰要高。影响酒精灯火力大小的因素：一是酒精浓度；二是灯芯。应使用95％的工业酒精，灯芯最好用棉花捻制，并拔出适当的长度。第二，母种试管表面和管口要消毒彻底。母种试管表面、试管口，蓬松的棉塞表面

都处于有菌状态，管口又是接种操作的必经之路，因此，一定要在酒精灯火焰上用酒精棉球擦拭、灼烧灭菌，以防污染。第三，因为只有在火焰周围的很小范围的空间才是绝对无菌的，因此拔棉塞、取种、接种及棉塞必须在火焰上方操作。第四，接种钩一定要灼烧彻底。接种钩最好用较薄的金属材料制成，灼烧时烧至红色。并要注意接种钩的灼烧长度，灼烧长度以试管长度为度，当然重点是钩，钩以上部分在火焰上灼烧3～5次即可。第五，接种钩灼烧后要冷却。灼烧的接种钩直接用来切取菌种，一是容易烫死菌种，二是菌种容易沾在钩上，使接种困难。冷却一般在无菌的待接试管上部空间进行。另外，熄灭酒精灯时，要用灯盖盖灭，物体表面不要有可见到的酒精，以免发生火灾。接种操作完毕后，要及时将接种室清理干净，排除接种时酒精燃烧放出的有味气体，关好门窗，打开紫外灯再进行一次消毒处理，以利于以后的使用（图1-27、图1-28）。

图1-27　接种

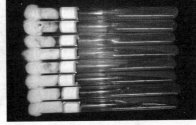

图1-28　贴标签

　　（2）培养　试管从接种箱取出前，应逐支在试管正面的上方贴上标签，写明菌种编号、接种日期，随后把试管置培养箱（室）中培养。培养条件要求清洁、干燥、暗光，培养温度前期25℃，长到一半时22℃，12～15天长满斜面（图1-29、图1-30）。

　　（3）检查　在培养期间一定要经常检查挑选，而不可长满后再挑选留用。在培养期间主要检查两方面内容：一是肉眼观察生长是否正常，包括形态、生长速度、活力等；二是有无污染，发现污染的母种应及时检出（图1-31、图1-32，彩图）。

图 1-29 设置培养温度

图 1-30 放入培养箱

图 1-31 长势差的菌种

图 1-32 污染黑曲霉的菌种

6. 双孢菇母种的保藏

引进的菌种或自制的菌种有时不能及时用完，若在外界放置时间过长，会使菌丝老化、失水干燥、生活力下降。再用到生产上，易致杂菌污染，降低栽培成功率。因此，应采取一定的方法保存起来。

（1）斜面低温保藏法　此法为实验室常用的保藏法，优点是操作简单，使用方便，能随时检查所保藏的菌株是否死亡、变异与污染杂菌等。具体方法是及时挑选无污染、菌丝健壮生长的斜面菌种，棉塞部分用封口膜将试管口棉塞包扎好，再用牛皮纸包好后用绳扎牢，移至 4℃ 的冰箱中进行保存，并间隔一定时间进行移植培养。采用此方法保藏时，一般为 2～3 个月转管 1 次（图 1-33～图 1-35）。

（2）麦粒保藏法　麦粒保藏法是一种利用自然基质保藏菌种的方法，此种方法可以储藏 1 年。具体方法是取无瘪粒、无杂质的小麦淘洗干净，浸泡 12～15h，加水煮沸 30min，使麦粒胀而不破，捞出沥干。再将碳酸钙、石膏拌入熟麦粒中（麦粒、碳酸钙比例为

图 1-33　封口膜

图 1-34　封口

图 1-35　冰箱

10kg：100g）后装入试管中，装入量以 1/4～1/3 为宜。然后清洗试管，塞硅胶塞，于 0.15MPa 条件下灭菌 2h，经无菌检查合格后备用。试管基质冷却后接种，在 23～25℃ 条件下培养，及时挑选无污染、菌丝健壮生长的菌种，硅胶塞部分用封口膜封好，再用牛皮纸包好后用绳扎牢，移至 4℃ 冰箱保存（图 1-36、图 1-37）。

图 1-36　麦子和碳酸钙

图 1-37　装好试管

（3）液体石蜡保藏法　液体石蜡要选化学纯的，使用前先在 121℃ 下高压灭菌 30min，再将液体石蜡在 160℃ 烘箱中加热 1～2h 或放置在 40～60℃ 温箱中，使灭菌后的液体石蜡层出现乳白色直至变成完全透明无色为止，目的是将高压灭菌时浸入液体石蜡中的水蒸发干净。然后将灭菌除水的液体石蜡用无菌吸管加到长满菌丝的斜面中，液体石蜡的装入量以淹过斜面尖端 1cm 为宜，之后塞上棉塞（最好将棉塞齐管口剪平，用蜡密封或用橡皮塞封口），放于清洁避光、4℃ 条件下保存，一般可保藏 1～2 年。在保存期内应定期检查，发现培养基露出液面，应及时补充灭菌液体石蜡。据试验，在 5～28℃ 下可保存 6 年。

液体石蜡保存的菌种在使用时，不必倒去石蜡油，使用时只要用接种铲从斜面上铲取一小块菌丝块即可，原管仍可重新封蜡，继续保存。刚从液体石蜡菌种中移出的菌丝体，常沾有较多的石蜡，生长较弱，需再转管1次，方能恢复正常（图1-38、图1-39）。

图1-38 液体石蜡

图1-39 保藏菌种

（4）液氮超低温保藏法 液氮超低温保种是把菌种装在含有冷冻保护剂的安瓿内，将该安瓿放入液氮（-196℃）中进行保藏，由于菌丝体处于-196℃条件下，其代谢降低到完全停止的状态，所以不需定期移植。经过大量的试验证明，液氮保种是菌种长期保藏最有效、最可靠的方法。操作方法如下：第一，将要保藏的菌种制成菌悬液备用；第二，准备安瓿，安瓿经无菌检查后，接入要保藏的菌种；第三，将封好口的安瓿放在冻结器内，以每分钟下降1℃的速度缓慢降温，使保藏品逐步均匀地冻结，直至-35℃，以后冻结速度就不需控制；第四，安瓿冻结后立即放入液氮罐内，瓶盖上连接一条细绳并作记号，以便提出所需的菌种；第五，如果拟取用液氮保存的菌种，可将安瓿取出后立即放入35～40℃的温水中迅速解冻，把菌种移接至适宜的培养基上，置于22～24℃条件下培养即可（图1-40、图1-41）。

图1-40 液氮生物容器

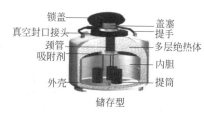

图1-41 液氮生物容器结构图

（三）注意事项

（1）培养菌种使用透气好的胶皮塞　透气性硅胶塞是制备食用菌母种时替代棉塞的新材料，用试管硅胶塞制备食用菌母种透气性好，效果好，不潮不湿，污染少。由于可反复多次使用，成本也不高（图1-42、图1-43）。

图1-42　胶皮塞

图1-43　使用胶皮塞的试管

（2）注意放冷气　在灭菌过程中压力到0.05MPa时放冷气1次，防止锅内冷气未排尽造成假压，影响灭菌效果（图1-44、图1-45）。

图1-44　到达0.05MPa

图1-45　放冷气

（3）试管外面套塑料袋　在灭菌时可以在试管外面套一层塑料袋，用皮套扎好袋口后灭菌，这样能避免棉塞过湿，摆试管时带着塑料袋，接菌时才打开，这样能避免空气中杂菌落在棉塞和试管表面，减少杂菌污染（图1-46、图1-47）。

（4）母种转接　在母种转接时，一般去除母种原接种块部分，并且接种钩要充分冷却后再接种，并且尽量钩在培养基底部，不接触母种菌丝（避免菌丝受到机械损伤），转接到新试管时接种钩尽

图 1-46　外套塑料袋，防止棉塞过湿

图 1-47　带袋摆斜面

量不接触接种处之外的其他部位。接种钩在接种前用报纸包好并装到塑料袋中，等接种时再取出接种，可减少杂菌污染。由于双孢菇菌丝的生长速度较慢，如果时间要求紧迫，可以在一个母种斜面上转接 2～3 个菌块，长满试管的时间可以缩短 1/2。另外，使用钢制酒精灯代替玻璃酒精灯，避免酒精灯爆炸引起危险（图 1-48～图 1-51）。

图 1-48　接种钩

图 1-49　包好接种钩

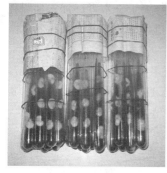

图 1-50　菌块接 3 个

图 1-51　钢制酒精灯（左）
和玻璃酒精灯（右）

（5）母种保藏　母种培养好后应分类保藏在保藏盒中，并注明菌种名称、保存日期及保存人，方便储藏和使用（图1-52、图1-53）。

图1-52　空保藏盒　　　　　图1-53　装好菌种的保藏盒

八、原种、栽培种生产（麦粒菌种的生产）

双孢菇原种、栽培种培养基常用的有麦粒培养基、腐熟粪草培养基和腐熟棉籽壳培养基。其中麦粒培养基最为常用，在麦粒培养基上菌丝生长速度快，菌丝生长旺盛，接种后具有生长点多、发菌快等特点。特别是麦粒易滚动，又易分散，"四面开花"形成生物种群的优势，有利于提高产量。下面介绍麦粒菌种的生产工艺和具体方法。生产工艺：选麦→洗麦→浸泡→沥干→水煮→加入辅料拌匀→装瓶→灭菌→冷却→接种→培养→检查→成品。

1. 原种、栽培种培养基常用配方

配方：麦粒100kg，腐熟干牛粪粉15kg，石膏2kg，含水量55%，适量石灰（约0.5kg）。调节pH值至7.5～8.0。

2. 原种、栽培种具体生产方法

（1）称量　首先根据配方准确称量麦粒、腐熟干牛粪粉及石膏、石灰。一般可用750ml菌种瓶，每瓶用小麦（干）0.20kg（若用聚乙烯袋每袋用干小麦0.3kg），其他根据配方计算牛粪及石膏粉的量，结合灭菌锅的容量，计算后称量。

（2）牛粪预处理 牛粪破碎后过筛，按 1∶1.3 加水拌匀，堆积发酵 15～20 天，牛粪粉变为褐色，具有正常发酵草料的清香气味，晒干，过筛备用（图 1-54、图 1-55）。

图 1-54 牛粪晒干

图 1-55 牛粪过筛

（3）选麦、洗麦、泡麦 小麦的品种要单一，因为品种不同，麦粒表层软硬不一，水煮时成熟度不一，不好掌握水煮时间。选择干净、无霉变、无虫蛀（虫蛀后的麦粒有孔洞，淀粉易流出）、未发芽、籽粒饱满的优质小麦。选好后用清水将小麦冲洗 2～3 遍，除去灰尘、麦糠等杂物。

在制种的前一天下午，用 pH 值 10 的石灰水（约 1% 石灰）浸泡小麦，夏天一般浸泡 10～12h，春秋季气温低时浸泡 15～20h。当年的麦粒可缩短浸泡时间，夏天制作时，浸泡麦粒过夜应换石灰水。泡麦时水池要大些，防止池中麦堆发热温度过高，并在泡麦的过程中要搅动几次。浸泡后要求基本无白心，不发芽（图 1-56～图 1-58）。

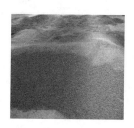

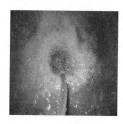

图 1-56 选麦

图 1-57 洗麦

图 1-58 浸麦

（4）煮麦、晾晒

①煮麦。将小麦捞出后在煮麦锅内煮沸，水沸腾后再煮20～30min，当麦粒从米黄色转为浅褐色，达到"尤白心，不开化"的标准后及时捞出，沥干多余水分。煮麦时加水不可偏少，加热时不停地用木制工具搅拌，使受热均匀，防止胀裂。麦粒成熟度是麦粒菌种制作成败的关键。

②晾晒。将麦粒捞出，滤去多余的水分后，最好散铺在可滤水的器具内（如筛子），略晾晒，以表面不见水膜为度。如无过滤器具，也可迅速将小麦倒在事先消毒干净的水泥地面，厚3～5cm，晾去表面水分。待麦粒底层不积水，麦粒表面不沾水时，收成一堆（图1-59～图1-62）。

图1-59 捞麦

图1-60 煮麦

图1-61 煮好的小麦

图1-62 晾麦

（5）拌麦 拌麦时将煮好的麦粒边加入腐熟干牛粪粉、石膏，边喷石灰水调节含水量和酸碱度，使含水量为55%，pH值为7.5～8.0，高温时可喷0.1%克霉灵（美帕曲星）预防杂菌（图1-63～图1-66）。

（6）装瓶、装袋

①装瓶。通常选用容量750ml、瓶口内径3cm、耐126℃高温的无色或近无色的瓶子，装量为瓶高的3/4，每瓶填干麦粒

图 1-63 加干牛粪粉、石膏

图 1-64 拌均匀

图 1-65 补水（高温喷 0.1％克霉灵）

图 1-66 测试湿度、酸碱度

0.20kg。装料时用大嘴短径漏斗套住菌种瓶瓶口的内径，将上述麦粒边倒入漏斗套内边振动。装好料的瓶用清水洗净瓶口内、外壁上培养料，并将瓶口内、外壁擦干净，塞入棉塞，依次加塑料膜、报纸，并用皮套扎好（图 1-67～图 1-72）。

图 1-67 装料

图 1-68 刷瓶

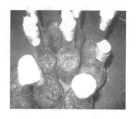

图 1-69 塞棉塞

② 装袋。通常选择规格为 15cm×28cm×0.004cm 的耐 126℃高温的聚丙烯塑料袋。每袋装配制好的料 300g，套上双套环或塞上棉塞（图 1-73、图 1-74）。

用棉塞封口，见图 1-75～图 1-78。

用双套环封口，见图 1-79、图 1-80。

 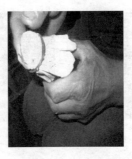 

图 1-70　盖报纸　　　　图 1-71　系皮套　　　　图 1-72　装筐

图 1-73　装袋　　　　　　图 1-74　装好的袋

图 1-75　套颈圈　　　　　图 1-76　塞棉塞

图 1-77　盖塑料布和套皮套　　　图 1-78　装筐

图 1-79　套双套环　　　　　　　　图 1-80　装筐

（7）灭菌、冷却　灭菌室、冷却室要求做水磨石或油漆地面，四周墙壁和天花板油漆防潮，安装空气过滤装置。冷却室配备除湿和强制冷却设备，采用拉门结构，减少开关式门窗启动过程中的空气流通。灭菌锅最好是双门的，一门与有菌区（培养基制作室）相通，另一门与无菌区（冷却室）相通，双门不能同时开放。冷却室、接种室的大气压为正值，大约高出室外 $2.94 \times 10^4 \mathrm{Pa}$，其中接种室气压要大于冷却室，冷却室大于缓冲室和培养室（图 1-81、图 1-82）。

图 1-81　工厂化灭菌室　　　　　　图 1-82　工厂化冷却室

麦粒培养基营养十分丰富，容易污染杂菌，一般采用高压灭菌方式，0.15MPa 保持 2h。在灭菌时要注意排尽锅内的冷空气，否则易造成假压，灭菌不彻底。消毒完毕后，不可人工排气降压，否则会使瓶或大袋大量破裂。应关闭热源后自然降压，当压力降到零后再排气，先慢排，后快排，最后排干净时再开盖。压力下降至零后，取出菌种瓶（袋）移入清洁和除尘处理后的冷却室，冷却到适宜温度。

灭菌后应进行"回接"实验，随机抽取 5%（原种）、1%（栽培种）灭菌后菌种瓶（袋）作为样品，每批抽样数量不得少于 10 瓶（袋），超过 100 瓶（袋）的，可进行两级抽样，挑取其中的基质颗粒经过无菌操作接种于 PDA 培养基中，于 28℃恒温培养 2 天，经检查无微生物长出的为灭菌合格。

（8）接种

① 原种的接种（接种箱接种）。将冷却后的培养基装入接种箱，同时放入母种和接种工具，用甲醛和高锰酸钾混合熏蒸 30min。也可用气雾消毒剂二氯异氰尿酸钠（4g/m²）熏蒸。

接种前双手经 75%的酒精表面消毒后伸入接种箱，点燃酒精灯，对接种工具进行灼烧灭菌。然后将菌种瓶放到酒精灯一侧，松动棉塞。左手拿一支母种，右手拿接种钩（铲），右手小指和无名指夹住试管的棉塞并拔出，用接种钩挑取 $1.2\sim1.5cm^2$ 的母种块，再用小指和掌根取下瓶口的棉塞，迅速转移到原种培养基的表面中央，一般菌丝面向上，重新盖上试管和原种瓶的棉塞。重复以上操作，一般每支母种接 5 瓶原种（图 1-83～图 1-86）。

图 1-83 接种箱

图 1-84 接种箱内部

图 1-85 放入灭菌菌袋

图 1-86 熏蒸消毒、接种

②　栽培种的接种（接种室接种）。培养基灭菌结束后，一般应待其温度自然降至 28℃ 以下或常温时，再移入接种箱或接种室内进行常规接种。接种过程与原种接种相似，只不过原种生产是将母种接入原种培养基，而栽培种生产是将原种接种到栽培种培养基。由于栽培种生产量大，所以可以在接种室内进行接种。

先将原种外壁和接种工具用 75％酒精擦拭消毒，原种瓶（袋）口在酒精灯火焰上（旁）烧灼杀菌。接种时，拔去原种上的棉塞，用消毒冷却的接种铲将原种表面老化的菌种去掉，再换一个消毒冷却的接种铲将原种上层的 1/3 划散，然后取下栽培种培养基上的棉塞，套上一个大小适宜的消毒漏斗，将少量原种倒入栽培种培养基中，使原种均匀分布于培养基表面，用棉塞塞住瓶（袋）口。反复进行以上操作，当已划散的菌种用完后，再划下面 1/3 的菌种，接完后再划底层 1/3 菌种进行接种。一般每瓶原种接种栽培种 30 瓶。接种全部完成后移到培养室的培养架上，注明品种名称、接种日期、接种人姓名等，按菌种生产条件进行培养（图 1-87～图 1-92）。

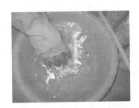  

图 1-87　配制消毒液　　图 1-88　原种表面消毒　　图 1-89　无菌服

图 1-90　接种工具　　图 1-91　准备消毒药品　　图 1-92　接种室

（9）发菌　培养室应调温至 23～25℃，尽量不超过 28℃，空气相对湿度低于 65％。培养室应避光、适量通风。培养阶段尽量采用空调设备降温,同时菌种间要有一定空隙,以防止菌种培养时产生的温度过高,影响菌丝的活力。一直在高温条件下培养的菌种,播种后不易吃料,发菌慢,产量会下降,务必慎之又慎。培养期间尽量减少人员出入,要做好病虫害的检查工作,对发生的各种污染,应严格剔除并移出培养室,分类处理。麦粒基质原种35~40天长满,栽培种30~40天长满,菌种种须在发满菌后再继续维持5~7天,此时是最佳菌龄(图1-93、图1-94)。

图1-93 袋发菌

图1-94 瓶发菌

(10)菌种的检查　菌种培养期间,要经常检查。一般而言,接种3~5天进行第1次检查,在菌丝长满表层之前进行第2次检查,当菌丝长至瓶(袋)的1/3~1/2处进行第3次检查,当多数菌种长满时进行第4次检查。检查包括以下内容。

① 萌发是否正常的检查。在进行第1次检查时,发现萌发缓慢或萌生出的菌丝细弱者要挑出。检查时要轻拿轻放,切忌大手大脚,随意取放,特别是检查袋时,不要用手提袋的颈圈部分,防止漏气感染杂菌。

② 有无污染的检查。在菌丝长满培养料表面之前的2次检查中,都要仔细观察其是否污染,发现污染及时捡出。如果检查不及时,有些污染杂菌菌落可以被食用菌菌丝遮盖,到后来菌种长好时,肉眼不易鉴别,造成以后栽培种的大量污染。对污染的栽培种,切忌在培养室内开盖,以防杂菌孢子扩散。有链孢霉菌污染的,应用方便袋从上往下套住菌瓶,慢慢移出。对绿霉菌污染,应远离培养室倒料,并予焚烧或深埋。对一般杂菌的污染,可喷施药物后将料倒出,晒干后再次利用(图1-95、图1-96,彩图)。

图 1-95　木霉　　　　　　　　　图 1-96　链孢霉

③ 活力和生长势的检查。这一检查包含在整个培养期间的各次试验中。可观察的现象有菌丝的粗细、浓度、洁白度、整齐度以及生长是否有力。瓶内菌丝生长不健壮或有"退菌"现象，有杂菌和螨类滋生，有漂白粉或腥臭味等，均为不合格菌种。若菌种瓶内上部菌丝收缩变干，下部菌丝生长尚好，为培养基过干，培养温度过高；如果生长不均匀，表明麦粒浸泡和预煮时间不够；若生长中菌丝渐变黄，表明培养温度过高；若菌种瓶内上方出现很厚的菌被，是生产性能差或生理性状老化的菌种，不宜使用。合格菌丝应浓白、整齐、粗壮、上下均匀一致、有菇香味（图 1-97、图 1-98，彩图）。

图 1-97　优质菌种　　　　　　　图 1-98　老化菌种

（11）原种或栽培种保藏　原种或栽培种已成熟，一时间又用不完，可先将菌种放置于干燥、阴凉、避光且干净的房间内，瓶（袋）与瓶（袋）之间应拉开一定距离，注意温度、湿度的变化，常通风换气。有条件的可放到空调间内，温度调到 4～5℃，空气相对湿度 40%～50%，以防菌丝退化。储藏时要注意环境温度不能太高，以防菌种老化（图 1-99、图 1-100）。

（12）对购买原种、栽培种的挑选和鉴别

图 1-99 冷库

图 1-100 菌种放冷库

① 问菌龄，问培养料。购买菌种时，先要问菌龄，菌龄直接影响以后的生产。另外要问培养料，不同的培养料菌种长势不完全相同，如麦粒种比粪草种菌丝要浓密洁白，加麦麸和豆粉的种比不加的要长势壮。不要因培养基营养的贫富而影响对菌种质量的判断，要根据培养料的不同而判断菌种。

② 外观观察。菌丝是否健壮丰满，是否均匀、整齐，色泽是否纯正且上下一致。如果外相菌丝干瘪，可能是品种不好，或者菌龄过长。若菌体干缩，则表明菌龄过长，菌种老化。若菌丝散乱，则是不良的兆头。菌丝是否健壮有力而浓密，如果平淡无力，可能是品种退化，或培养条件不适，菌种活力差，不宜使用。色泽不纯正，有杂色则不可用。

③ 取出检查。取一有代表性的菌种，开盖挖出，一闻气味是否有浓郁的菇香味，二看菌丝是否连接紧密。如果菇味清淡或菌丝连接不紧（挖取时手感松散，不费劲地就可将菌种挖出），均不是优良菌种。

④ 无老化，无污染。老化菌种则出现老皮、色黄、大量的黄水、菌体干缩。污染的菌种，能从其表面看到污染菌的菌落，即使是这些菌落已经被食用菌遮盖，如果仔细观察，也能看到其踪迹。

3. 注意事项

① 麦粒菌种生产主要环节是煮麦粒环节，一定要注意煮的程度，达到"无白心，不开花"的标准。因为麦粒开花后，黏度大，灭菌不容易彻底，而且接种后容易感染杂菌。

② 工作人员必须经过严格的无菌训练，进入无菌区前需淋浴

更衣。运输工具必须经灭菌或消毒后，方可进入无菌区使用，其他工具也一样。原料仓库要远离培养室，特别是粮食类原料是许多杂菌的主要菌源。栽培场地与制种场应当分开，否则杂菌容易进入制种场。培养基制作室和其他仓库实验室为有菌区，冷却室、接种室和培养室为无菌区，其中无菌区要求空气净化程度达到 100 级（按国家标准，凡是达到≥0.5μm 的尘埃的量，≤3.5 粒/L，即洁净度达到 100 级，表示环境中无菌）。

③ 培养麦粒菌种时，当菌种已经吃料封面后，为了加快菌种生长速度，可以采取摇瓶的方法，使菌种和麦粒充分混合，加快菌种生长速度。近年来，用塑料袋培养麦粒菌种因不用清洗、装料省工、运输方便而发展很快，但生产时特别要注意控制染菌率，一定要使用质量好的双套环，防止漏气，也可以加棉塞，确保不因漏气感染杂菌。

④ 双孢菇的液体菌种是发展的方向，特别是麦粒具有滚动性，液体菌种具有流动性，液体菌种的使用将提高菌种生产质量。在液体菌种的生产过程中，由于生产周期长，在液体菌种的生产过程中，笔者建议将双孢菇活化菌种直接接入摇瓶中，由于菌种基数大，分散度高，形成菌球的速度快，数量多而且均匀，在发酵罐生产中适度加大接种量有助于提高液体菌种质量和缩短发酵周期（图 1-101、图 1-102，彩图）。

图 1-101 摇瓶液体种

图 1-102 发酵罐液体种

⑤ 在生产中最大问题是菌种容器的透气问题，今后应加大透气性好菌种瓶和透气性好菌袋的使用，生产出质量更高的双孢菇菌种。

透气性好的菌种瓶一般为容量 750ml，瓶口内径 4cm，透明或近透明的耐126℃高温的聚丙烯塑料瓶（图1-103～图1-108）。

图1-103　菌盖
"三套件"

图1-104　将透气塞
放在套环上

图1-105　盖上盖

图1-106　耐高压
菌种瓶

图1-107　装入麦粒

图1-108　盖上盖

透气性好菌袋一般使用耐高温的具孔径0.2～0.5μm无菌透气膜的聚丙烯塑料袋，长、宽、厚一般为35cm×18cm×50μm，无菌透气膜1个，大小为5.5cm×5.5cm（图1-109、图1-110）。

图1-109　透气性菌袋

图1-110　装麦粒种透气性菌袋

第三节 ▶▶ 工厂化双孢菇栽培场所及生产安排

一、工厂化双孢菇栽培场所

　　双孢菇房应选择在交通方便，水、电供应便利，地势高燥，地质坚硬，接近水源又有易排水无旱涝威胁的地方。周围环境清洁卫生，通风条件好，距离菇房 500m 内无畜禽圈舍，3000m 内无化工厂等有污染的工厂。场地开阔，靠近菇房有一定的堆料场所。菇房是蘑菇生长的场所，它是为满足蘑菇对温度、湿度、光照、空气等生活条件，避免外界复杂多变的环境条件的不利影响而设置的棚舍。其基本要求：保湿、保温、通风性能好，能使空气进得来、排得出。菇房空间小，气候相对稳定，菇房内外环境清洁卫生，四周有足够的供、排水设施，污染源少且易于清洗，利于病虫害的控制。双孢菇的栽培场所主要有地面菇房、塑料大棚和蘑菇专用菇房等，工厂化主要使用蘑菇专用菇房。

　　蘑菇专用菇房（图 1-111）通常高 5m、长 12～15m、宽 5～10m（边高 5m、中高 6m）。床架排列方向与菇房方向垂直，床架用不锈钢或防锈角钢制作，长 10～12m、宽 1.4m。菇床分 5～6 层，底层离地 0.40m，层间距离 0.60m，顶层离房顶 2m 左右。床架间通道下端开设 2～4 个百叶扇通风窗。菇房墙体和屋顶通常用 10cm 厚彩钢泡沫板或者在砖瓦房内部填充聚氨酯泡沫层。栽培面积在 200～350m^2。菇房通风主要通过菇房内部循环通风机进行调节，循环通风机内连回风风管，外连通风管，菇房内设有温度调节系统和加湿系统，可通过计算机芯片程序进行新风和循环风比例的调控、温度和湿度调控，以保证菇房内有充足的氧气和合适的温度、湿度（图 1-111、图 1-112）。

图 1-111　蘑菇专用菇房

图 1-112　不锈钢层架

二、工厂化周年生产安排

　　传统单区制栽培，从二次发酵到清理菌床，整个过程均在出菇室内完成，栽培周期需要 83 天，一年栽培 4 次；双区制栽培，二次发酵、播种与发菌培养均在养菌室内进行，覆土及出菇管理在出菇室内进行，一个栽培周期为 62 天，每年栽培 5.8 次；三区制栽培，在双区制栽培基础上，二次发酵单独在发酵室内进行，播种与发酵培养在养菌室内进行，只有覆土及出菇管理在出菇室内进行，栽培周期和年栽培次数同双区制栽培。三区制栽培与单区制栽培相比较，栽培周期缩短 21 天，每年多栽培 1.5 次，即每生产一批双孢菇，节约出菇室利用时间 21 天，提高了菇房利用率和产能。工厂化栽培每平方米用湿料 100kg，折合干料 35kg，鲜菇产量约 20kg。

　　生产工艺流程：备料（4 天）→一次发酵（14 天）→二次发酵（7 天）→播种及发菌培养（14 天）→覆土（7 天）→耙土（4 天）→降温催蕾（8 天）→出菇（41 天）→清理菌床（2 天）。

三、投入和经济效益

　　一个种植面积 $450m^2$ 工厂化控温菇房投入和经济效益如下。

1. 总投入

　　投料：每平方米投料 35kg，种植面积 $450m^2$，总投料 15.75t，费用总计 27000 元。

菌种：每平方米用 2 瓶，菌种总量 900 瓶，每瓶菌种 3 元，共计 2700 元。

覆土：3000 元。

人工费：4000 元。

电费：9000 元。

一个周期总投入：45700 元。

四个周期总投入：182800 元。

2. 总产出

总产量：每平方米产菇 20kg，450m² 产菇 9000kg。

总产出：按每千克 9 元计算，9000kg 共计 81000 元。

一个周期总产出：81000 元。

四个周期总产出：324000 元。

3. 总效益

一个周期总效益：总产出 81000 元－总投入 45700 元＝35300 元。

四个周期总效益：35300×4＝141200 元。

第四节 ▶▶ 双孢菇栽培原料及培养基配方

一、栽培原料及特性

双孢菇是一种典型草腐菌，野生双孢菇往往生长在腐熟的粪草堆上，所以人工栽培双孢菇一般都采用粪草培养基。双孢菇培养料必须能够提供双孢菇生长必需的碳源、氮源、无机盐和生长因子，而且这些营养物质必须具有合适的比例。

1. 主要原料

在栽培料中所占比例较大的原料称为主要原料，简称主料。主料占培养料总量的 90%～95%。双孢菇栽培的主料多为农业生产中的副产物,常用的主料有秸秆(稻草、麦秸、玉米秸秆等)、畜禽粪(牛粪、鸡粪等)以及各种饼肥,近年来棉籽壳、玉米芯也用作栽培主料。

(1)秸秆 一般作物秸秆都可使用,含碳量为 45% 左右,含氮量只有 0.5%～0.7%,主要作用是保持培养料合适的物理性状并提供碳源。秸秆需求量大,应适时收集并妥善保管。

① 稻草。稻草是栽培双孢菇和草菇等草腐型食用菌的主要原料,有早季稻、中季稻和晚季稻之分,早季稻秸秆柔软,发热后极易腐熟,影响培养料的透气性,一般较少采用,中、晚季稻是比较理想的栽培原料。不同来源和不同品种稻草的化学成分差别较大,一般认为干稻草的有机物含量为 78.60%,可溶性糖类为 36.90%,磷和钾的含量分别为 0.11% 和 0.85%。稻草可与麦草混用,也可单独使用(图 1-113)。

图 1-113 稻草

② 麦秸。常用大麦麦秸和小麦麦秸,667m² 小麦约产麦秸 400kg,大麦麦秸优于小麦麦秸。干大麦麦秸中有机物含量为 81.20%,可溶性糖类为 34.60%,在灰分中磷和钾的含量分别为 0.19% 和 1.07%。干小麦麦秸中有机物含量为 81.10%,可溶性糖类为 35.9%,其含碳量为 47.03%,含氮量为 0.48%,碳氮比 (C/N) 为 98.00∶1,磷和钾的含量分别为 0.22% 和 0.63%。麦秸通气性较好,但秆较硬,蜡质层厚,腐熟慢。麦秸应晒干备用,干燥储存。在实际生产中,麦秸多与稻草混合使用,一般占总用量的 1/3。麦秸在使用前最好用石碾等压扁,使茎秆变软,利于吸水发酵(图 1-114)。

图 1-114　麦秸

③ 玉米秸秆。在我国，尤其是北方地区有大量的玉米秸秆，近年来利用玉米秸秆栽培双孢菇的数量快速增长。玉米秸秆有机物含量为 80.50%，可溶性糖类为 42.7%，在灰分中磷和钾的含量分别为 0.38% 和 1.68%。玉米秸秆需选无霉变的，晒干后用粉碎机粉碎成 3～5cm 长，如果没有粉碎机则用铡刀铡成 5～8cm。一般 10 月末采收，可 11 月初加工备用，如 11 月发酵，可 12 月栽培，春季出菇，也可储存到第 2 年 8 月发酵，但不如第 2 年用刚下来的好。当年产的鲜玉米秸秆含水过大，须晾晒几天，含水量降到 30% 时再用（图 1-115～图 1-118）。

图 1-115　玉米秸秆

图 1-116　大粉碎机粉碎秸秆

图 1-117　粉碎后的玉米秸秆

图 1-118　运输粉碎的秸秆

④ 玉米芯。玉米芯是玉米果穗脱去籽粒的穗轴，占玉米棒重量的 20%～30%，含碳量为 42.3%，含氮量为 0.48%，碳氮比为 88.13：1。玉米芯要新鲜、无霉变，整个储存，用时用粉碎机粉碎成 1cm 颗粒（花生米大小）。玉米芯含碳比例较高，从生物结构来看海绵组织具多，吸水性高，可视为保水剂，并且还有"桥"的作用，可提高培养基的空隙度，便于菌丝蔓延。利用玉米芯栽培双孢菇，扩大了原料来源，比麦草栽培双孢菇省工（图 1-119、图 1-120）。

图 1-119　玉米芯　　　　　　图 1-120　粉碎的玉米芯

⑤ 棉籽壳。棉籽壳已广泛应用于各种食用菌的栽培，但大面积利用棉籽壳生产双孢菇还是近几年的事。棉籽壳以其优良的物理性状和丰富的营养成分逐渐受到菇农的青睐。其质地松软，持水性好，含水量为 9.1%，有机质含量为 90.9%，其中粗蛋白含量为 6.20%，纤维素（含木质素）含量为 81.31%，其碳氮比为 27.6：1。和秸秆相比，棉籽壳的透气性略差，生产中一般添加 15%～30% 的碎草更好。最好选用色泽为灰白色、绒少、手握之稍有刺感，并发出"沙沙"响声的棉籽壳。此外，棉籽壳力求新鲜、干燥，颗粒松散，无霉变，无结团，无异味，无螨虫（图 1-121，彩图）。

⑥ 杏鲍菇菌渣。工厂化生产杏鲍菇只采收一潮菇，发菌、出菇时间仅 70 天左右，菌渣中还含有大量已被菌丝分解而尚未利用的营养，如丰富的菌体蛋白、氮源和碳源。生产规模达到日产 2 万袋以上工厂满负荷生产，年产菌渣 6000～7200t，原料来源充足。菌渣 120 元/t，价格较稻草低，比稻草节约原料成本。其菌渣种植双孢菇即实现了杏鲍菇工厂大量菌渣综合利用问题，又减少污染。采菇后的杏鲍菇菌渣脱袋粉碎，晒干（含水量 13%），干燥（时间

图 1-121 棉籽壳

尽量要短），干燥后装袋于通风处保存，保持菌渣干燥，否则易霉变。若季节合适则可将采后的杏鲍菇菌渣经脱袋粉碎后立即使用（图 1-122、彩图，图 1-123）。

图 1-122 粉碎的杏鲍菇菌渣

图 1-123 晒干的杏鲍菇菌渣

（2）粪肥 粪肥是双孢菇生产中需要量仅次于秸秆的主要原料，使用量一般占培养料总量的 35%～60%，主要作用是保持培养料合适的物理性状并补充培养料中氮源的不足。粪肥的种类很多，牛、马、猪、羊、鸡、鸭、鹅等动物的粪都可使用。粪肥因其来源不同，其营养成分也不一样，各有优缺点（图 1-124、图 1-125）。

① 牛粪。牛是反刍动物，饲料消化彻底，特别是食用青草的耕牛及牧牛，其粪养分不高，干牛粪含氮量为 1.65%，比马粪含氮量高，奶牛粪含氮量次之，为 1.33%。一头成年牛全年粪便大约可栽培 50m² 双孢菇。牛粪营养虽然不是很高，但后劲足，在辽

图 1-124　粪晒干

图 1-125　粪粉碎

宁朝阳市数量大，是较理想双孢菇种植材料，但其性热、质黏，使用时最好晒干打碎。栽培时要根据牛粪质量确定其具体用量，还要适量添加含氮量高的其他辅料。若与含氮量高的猪粪、鸡粪混合搭配使用更为理想。

②　驴马粪。性热、质松，保水性强，发酵效果好，碳氮比为21∶1，是很理想的粪肥。含氮量比牛、猪粪低，仅为0.58％，因其含氮量不高，使用时要通过增加饼肥或尿素等含氮化肥提高含氮量，提高营养成分。

③　猪粪。含氮量为2％，磷、钾含量也较高，其中速效氮含量较高，为速效性粪肥。但猪粪性冷、质黏，发酵时升温慢。用猪粪种双孢菇，出菇快而密，但菇型小，菇质欠佳，易早衰，前期产量高，后期产量低。使用猪粪时也应适量增加含氮辅料，生产上采用猪、牛粪混合堆料，能使双孢菇前后期产菇量较为均衡。需指出，含土或草的猪厩肥含氮量为0.45％，比纯猪粪低得多。

④　鸡粪。新鲜鸡粪中含水分50％、有机质25.5％、氮1.65％、磷1.54％、钾0.85％。鸡粪的营养成分较全，氮含量高，堆料发热快、温度高，但碱性强、黏度大，不宜大量使用。如果采用鲜鸡粪且未经后发酵，则双孢菇菌床和菇体易感病。烘干鸡粪的含氮量为3％左右，此外还含有双孢菇高产所必需的脂肪以及未消化完全的饲料颗粒，大都是碳水化合物（占有机物的45％～50％）。生产实践证明，烘干鸡粪作为堆肥的优良添加物，效果相当好。

⑤　羊粪。含碳较少，质地又细，不宜大量使用，必须与其他

粪肥搭配才能使用。代替部分猪、牛粪，栽培效果也很好。

（3）饼肥 饼肥是花生饼、豆饼、菜籽饼、棉籽饼等的通称，含氮量高，是双孢菇生长的良好氮源，一般添加量为培养料总量的 $2\%\sim5\%$。

2. 辅助原料

辅助原料简称辅料，约占培养料总量的 5%。其作用是补充营养，改善理化性状，加快发酵速度。因辅料所起作用不同，常在发酵时分批加入。

（1）化肥 主要用尿素和碳酸氢铵等，其中尿素含氮量高（46%），易溶于水，是很好的氮源，应优先使用。尿素含氮量高，在水溶液中呈中性，但不能直接被蘑菇菌丝吸收利用，必须经过堆制过程中好氧微生物的作用，转化为碳酸氢铵的形式固定下来，才能被双孢菇菌丝利用。尿素转化速度受堆料的温度、酸碱度影响。使用尿素时不宜多，宜早不宜迟。尿素使用量一般占干重的 $0.5\%\sim2\%$，且应在建堆时一次加入，或在建堆和第 1 次翻堆时分 2 次加完。加入过多或过迟，会使培养料内产生大量的游离氨，轻者造成鬼伞大量发生，重者抑制双孢菇菌丝生长，甚至使菌种不能萌发。在添加氮肥时要注意三点：一是碳氮比计算好后，作为有限度的补氮物质进行添加，切忌过多；二是宜早不宜迟，在建堆和第 1 次翻堆时一定要添加完毕，否则培养料后期氨气过重影响发菌；三是两种以上化肥混合添加比单一添加好，但硫酸铵、尿素等不能与石灰同时混合使用。

（2）矿物质元素

① 过磷酸钙。也叫普钙，大多数为灰白色粉末，微溶于水，易吸湿结块，含磷 16.5%，含钙 17.5%，是一种弱水溶性的迟效酸性磷肥。其主要成分：水溶性磷酸钙 $30\%\sim50\%$，硫酸钙（石膏）40% 左右，游离酸 $4\%\sim5\%$。双孢菇堆料中添加过磷酸钙，可补充磷、钙素的不足，同时磷能促进微生物的分解活动，有利于堆料发酵腐熟，还能与堆料中过量游离氨结合形成氨化过磷酸钙，防止堆肥中铵态氮的散失。过磷酸钙是一种缓冲物质，具有改善堆

肥理化性状的作用。过磷酸钙使用量一般为 $0.5\%\sim1\%$，常在第 1、第 2 次翻堆时分 2 次加入。注意不要与石灰一起混合使用，应分开使用。

② 石膏。即硫酸钙，其微溶于水，培养料中添加石膏，一方面直接为双孢菇生长提供硫、钙等营养，而且可使秸秆表面的胶体粒子、腐殖质等凝结成颗粒结构而沉淀下来，产生凝析现象，使黏结的料堆变松散，形成有利于氨气挥发、通气性良好的物理结构，提高了培养料的持水性和保肥力。石膏本身不含氮、磷、钾等元素，但其可固化气态氮为化合态氮，并减少培养料中氮素损失，加速培养料有机质分解，使可溶性磷、钾迅速释放而被双孢菇吸收利用。石膏因其本身的弱酸性，添加于培养料后，还可调节堆肥酸碱度。另外，石膏还能与双孢菇菌丝产生的草酸结合，使菌丝表面形成草酸钙薄膜，起到抵御外界不良环境、保护菌丝的作用。石膏用量为培养料干重的 $1\%\sim2\%$，常在第 1、第 2 次翻堆时分 2 次加入。

③ 石灰。为碱性物质，常用作消毒剂、杀菌剂和防潮剂，其不仅可以调节酸碱度和补充钙元素，还可降解培养料中农药残留量，有着重要作用。石灰的用量一般为料干重的 $1\%\sim2\%$，石灰一般在第 1 次建堆时开始加入，并视培养料的酸碱度情况逐次加入。

石灰有生石灰和熟石灰之分。生石灰是以碳酸钙为主的石灰石或贝壳等天然原料经 $800\sim1000℃$ 高温煅烧所得的产品，呈块状结构，又叫氧化钙。生石灰吸水后则成为熟石灰，或叫消石灰，呈粉状结构，又叫氢氧化钙。熟石灰吸收二氧化碳后，其中一部分转变成轻质碳酸钙。熟石灰、生石灰为碱性物质，主要用来中和培养料的酸度，中和堆肥酸度的能力若以碳酸钙为 100 计算，则熟石灰为 135，生石灰为 179，生石灰比熟石灰效果更好。但石灰不能与氨态化肥（如碳酸氢氨、硫酸铵等）同时混合使用，也不应与水溶性的磷肥同时混合使用，否则会发生不良化学反应。在堆肥之前，用 $1\%\sim2\%$ 的石灰水预湿草料，可以软化原料组织，提高草料的持水力，改善堆肥的理化性状。石灰还有补充钙元素，降解堆肥中农药残留的作用。此外，石灰也常用来对双孢菇用水和出菇场地进行杀菌消毒。阳畦及菇棚在铺料前撒上石灰粉或喷洒石灰水，不仅有消毒杀菌作用，还有杀死线虫的效果。秋季多雨季节或空气相对湿度大时，菌种培养场地或种瓶棉塞外表撒上石灰粉，可以降低环境湿度，减少杂菌的发生。出菇床面经常喷洒低浓度的清石灰水，能及时中和料床的酸度，可延长出菇时间，提高产量，因此石灰被誉为双孢菇栽培的"万金油"。

④ 碳酸钙。又叫白垩，或石灰石粉，呈弱碱性，其性质稳定，但不具消毒能力。碳酸钙不溶于水，但如果水中有较多的二氧化碳，则能使其溶解，生成可溶性的碳酸氢钙。双孢菇菌丝体在含水的基质中生长，并不断排出二氧化碳，而二氧化碳又为碳酸钙所吸收生成碳酸氢钙，碳酸氢钙可溶于水释放出钙离子，能不断地为双孢菇提供钙质营养。碳酸钙除补充钙素外，还能中和菌丝生长时产生的有机酸，使堆肥的 pH 值不致下降到过低，其用量一般为堆肥干重的 $1\%\sim2\%$。

二、培养料配方

1. 常用配方推荐

（1）草粪等量配方（以 $100m^2$ 计）　草 2000kg，粪 2000kg，饼肥 50kg，尿素 30kg，过磷酸钙 30kg，石膏粉 50kg，碳酸钙 40kg，石灰 40kg。C/N＝30/1，含氮量 1.54%。

（2）草多粪少配方（以 $100m^2$ 计）　草 2500kg，粪 1500kg，饼肥 50kg，尿素 28kg，碳酸氢铵 30kg，磷肥 30kg，石膏 50kg，碳酸钙 40kg，石灰 40kg。C/N＝30/1，含氮量 1.47%。

（3）草少粪多配方（以 $100m^2$ 计）　草 1500kg，粪 2500kg，饼肥 50kg，尿素 20kg，过磷酸钙 30kg，石膏 50kg，碳酸钙 40kg，石灰 40kg。C/N＝29/1，含氮量 1.52%。

（4）工厂化培养料的配比（供参考）　基本配方：干麦秆 $53\%\sim55\%$，干鸡粪或牛马粪 $42\%\sim47\%$，石膏 $3\%\sim4\%$，尿素

0.2％，豆粕2％。

以栽培面积480m² 的菇房（一间长50m、宽5m、高5m的菇房）为例，需要优质麦秸28t，鸡粪22t，石膏2.2t，尿素90kg，豆粕1.2t。

三、碳氮比及计算

碳氮比是培养料中碳的总量与氮的总量的比值，它表示培养料中碳氮浓度的相对量。培养料碳氮比（C/N）是否合理，与培养料发酵好坏密切相关，直接影响双孢菇的出菇时间和产量。培养料中适宜的碳氮比在发酵前为（30～35）：1，发酵结束后降为（17～18）：1，出菇结束后废料中只有（11～15）：1。培养料发酵时，高温微生物繁殖会分解大量碳素营养，产生大量能量，其中一部分能量用于微生物自身生长繁殖需要，大部分能量以热能的形式释放出去，而氮素营养却转化为菌体蛋白保留了下来。培养料中若氮素过少，会明显影响双孢菇的产量，若氮素过多，会导致出菇困难，同时也增加了种菇成本，造成不必要的浪费，因此培养料的配方中一定要计算好合理的碳氮比（表1-4）。

培养料发酵前的碳氮比的计算方法：先将湿料折算成干料，再分别计算出各种原料中的总碳量和总氮量，然后算出总碳量和总氮量的比值即为碳氮比。例如以常用配方1为例，培养料用干麦草2000kg，干牛粪2000kg，菜籽饼50kg，其碳氮比和需要添加的尿素计算如下。

麦草含碳量＝2000×46.5％＝930kg

奶牛粪含碳量＝2000×31.8％＝636kg

菜籽饼含碳量＝50×45.2％＝22.6kg

总含碳量＝930＋636＋22.6＝1588.6kg

麦草含氮量＝2000×0.48％＝9.6kg

奶牛粪含氮量＝2000×1.33％＝26.6kg

菜籽饼含氮量＝50×4.6％＝2.3kg

总含氮量＝9.6＋26.6＋2.3＝38.5kg

表 1-4　常用原料碳、氮含量及碳氮比

类别	原料名称	碳素(C)/%	氮素(N)/%	C/N
草料	麦草	46.5	0.48	96.9
	大麦草	47.0	0.65	72.3
	玉米秆	46.7	0.48	97.3
	玉米芯	42.3	0.48	88.1
	棉籽壳	56.0	2.03	27.6
	葵籽壳	49.8	0.82	60.7
农产品下脚料	麦麸	44.7	2.20	20.3
	米糠	41.2	2.08	19.8
	豆饼	45.4	6.71	6.76
	菜籽饼	45.2	4.60	9.8
	啤酒糟	47.7	6.00	8.0
粪肥	马粪	12.2	0.58	21.1
	黄牛粪	38.6	1.78	21.7
	奶牛粪	31.8	1.33	24.0
	猪粪	25.0	2.00	12.5
	羊粪	16.2	0.65	25.0
	干鸡粪	30.0	3.0	10.0
化肥	尿素 $CO(NH_2)_2$	46.0		
	碳酸氢铵 NH_4HCO_3	17.5		
	碳酸铵 $(NH_4)_2CO_3$	12.5		
	硫酸铵 $(NH_4)_2SO_4$	21.2		
	硝酸铵 NH_4NO_3	35.0		

碳氮比＝1588.6：38.5＝41.26：1

发酵前碳氮比应为（30～35）：1，主料中含碳量偏多，含氮量偏少，还应添加氮素。总含氮量应为 1588.6÷（30～35）＝45.39～52.95kg，还需要加氮素（45.39～52.95）－38.5＝6.89～14.45kg。折合尿素（6.89～14.45）÷46％＝14.98～31.41kg 或碳酸氢铵（6.89～14.45）÷17.5％＝39.37～82.57kg，即还需添加尿素 14.98～31.41kg 或碳酸氢铵 39.37～82.57kg。

四、培养料中含氮量及计算

氮素也是双孢菇生长发育的一种重要营养，碳氮比只能反映碳素与氮素的比例关系，主要影响双孢菇出菇的快慢，而培养料中氮素的绝对含量则代表营养水平的高低，直接决定双孢菇的产量。培养料含氮量过低，双孢菇产量不高，含氮量过高会使料发酵后容易导致氨气过重，影响双孢菇的生长。高产配方中发酵前含氮量最低要达到培养料干重的 1.5%，最高不超过 1.7%。上面例子中的添加尿素前含氮量为 $38.5\text{kg} \div [(2000+2000) \times 0.85] = 1.132\%$，含氮量偏低；添加尿素后含氮量为 $(52.95 \sim 45.39)\text{kg} \div [(2000+2000) \times 0.85] = 1.56 \sim 1.33$（其中乘 0.85 是要减去料中 15% 左右的水分），添加尿素 31.41kg（或碳酸氢铵 82.57kg）后含氮量比较合适（含氮量 1.56%）。

根据以上碳氮比和含氮量两方面的计算综合考虑，配方中应添加尿素约 30kg 或碳酸铵 70kg 较好。

第五节 ▶▶ 双孢菇发酵技术

一、发酵的必要性

双孢菇是草腐菌，分解纤维素、木质素等大分子物质的能力较差，直接利用秸秆有困难，因此培养料必须通过堆制发酵，经过多种有益微生物作用，将大分子物质降解转化成可以直接吸收利用的物质。培养料发酵后，粪臭物质如游离氨、硫化氢等有毒物质被消除，粪草变得柔软疏松，透气性、吸水性等理化性状得到一定改善；同时分解大分子物质的微生物死亡后，留下的代谢物和菌体蛋白，对双孢菇的生长具有活化和促进作用。此外，在堆制发酵过程中，料温可达到 70℃ 以上，可以杀死培养料中一些中低温型的有害病菌及害虫，减轻病虫害对双孢菇生长的危害。由此可见，堆制发酵对双孢菇栽培来说是必需的，是非常重要的技术环节。

二、发酵过程中微生物活动规律和培养料理化性状的变化

1. 发酵过程中微生物活动规律

建堆后，料堆中各类低、中、高温的微生物群体很快建立。初期，由于堆温低、料内微生物以细菌最多，中温微生物次之，高温微生物较少。细菌优先利用料内结构不很复杂的物质加快自身的繁殖，从而促使堆温上升，接着中温（20～38℃）放线菌、中温（40～50℃）纤维分解菌等腐殖霉菌大量繁殖，此时结构复杂的纤维素、半纤维素、果酸、淀粉高分子物质得以分解。随后料温继续上升，一些中低温的微生物相继死亡，高温（50～65℃）放线菌、高温纤维分解菌等腐殖霉菌增多。当堆温升到 70℃ 以上时，料堆中心腐殖霉菌微生物几乎不复存在，出现一些嗜热放线菌和嗜热细菌。当堆温超过 80℃ 时，大部分微生物被杀死，物质的分解和转化无法进行，加上微生物的繁殖活动，料堆内的通气条件、营养成分、含水量的分布都先后出现不平衡状况，进而造成微生物的活动逐渐减弱，堆温开始回落。生产上采用翻堆等措施，就是重新调整和改善料堆内部的通气、水分、营养条件，以促进微生物再度繁殖活动。当培养料经微生物多次分解转化，并达到双孢菇生产所需要的标准时，堆制发酵就此结束。

2. 发酵过程中培养料理化性状的变化

堆制过程中，各种利用粪草的微生物类群通过各自分泌的酶系，分解培养料的成分变为可溶性成分，把蛋白质等有机物转化为各种氨基酸，铵盐把非代谢氮转化为微生物菌体蛋白或木质素蛋白复合物，以便菌丝的吸收和作用。微生物在活动中产生的发酵热，可使培养料的质地由硬变软，拉力减小，色泽由黄变棕，还可以杀死相当部分的有害病虫。微生物制造的各种碳水化合物，如多糖可增加培养料的吸水和保水力。微生物制造的生长激素、维生素（如

腐殖酶类合成的 B 族维生素）和嗜热放线菌产生的生物素、硫胺素、泛酸和烟酸等，可以促进菌丝的生长，培养料中死亡的微生物残体也为双孢菇生长积累各种各样的营养源及水分。由此可见，各种微生物的繁殖活动为双孢菇的生长制造了一种具有选择性的优质培养料。必须指出的是，建堆后料内微生物的活动规律和培养料理化性状的变化是受料堆本身的水、空气、营养、温度等条件制约的。

三、我国发酵技术的发展历史

我国在 20 世纪 80 年代前一般对培养料进行一次发酵，即建堆后依靠微生物活动自发增温而达到发酵的目的。由于堆温内外不均，杂菌杀灭不彻底，栽培中杂菌污染率较高，产量偏低。20 世纪 70 年代后期，香港中文大学张树庭教授首次将国外先进的二次发酵技术引进到国内，并逐渐在国内推广，极大地促进了我国双孢菇发展。国外对培养料的发酵多采用隧道式集中发酵，工业化程度较高，国内小部分企业主要采用隧道式集中发酵，大部分企业采用分散式的室内床架式二次发酵。

四、双孢菇二次发酵

（一）二次发酵的历史

在 20 世纪 50 年代，美国人兰伯特用蘑菇堆肥中的厌氧发酵区、好氧发酵区、带有放线菌的高温区、干燥冷却区分别栽培蘑菇，发现用好氧发酵区的堆肥栽培效果最好。其他发酵区如在50～55℃温度和适当的通风条件下再进行堆制，堆肥质量可得到改进，因此提出二次发酵工艺。

1. 料堆的层次及发酵特点

料堆中的温度分布不均匀，从外到内一般分为外层冷却区、放线菌活跃区、最佳发酵区、厌氧发酵区，不同区分布见图 1-126。

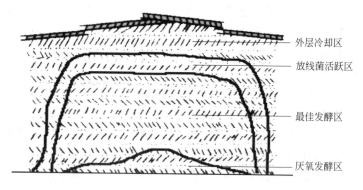

图 1-126 不同区分布图

2. 不同区的发酵特点

（1）外层冷却区 是和外界空气直接接触的料堆表层，也是微生物的保护层，厚度 7～15cm。由于风吹日晒，水分损失较多，温度一般在 35℃左右，透气，干燥。

（2）放线菌活跃区 温度 50℃左右，料上产生白色放线菌。

（3）最佳发酵区 温度 70～80℃，这层中微生物不能存活，但化学反应却很活跃，该区发酵效果最好。

（4）厌氧发酵区 是料堆中下部温度较低而且呈过湿状态的料层，温度一般 20～30℃，常常会因缺氧而进行厌氧发酵，有氨臭味，这层料不适合双孢菇菌丝生长。

（二）二次发酵法的优点和流程

1. 二次发酵法的优点

二次发酵技术是蘑菇标准化规范栽培的重要步骤，是蘑菇高产栽培不可缺少的技术措施，与传统的一次发酵相比具有诸多优点，具体如下。

① 节约时间。二次发酵比常规发酵培养料堆制时间缩短了 7～

10 天，降低了堆制的劳动强度。

② 减少了杂菌和害虫。后发酵（第二次发酵）阶段通过巴氏消毒杀死了大量有害微生物以及料中的虫卵、幼虫等，同时还对菇房环境进行了 1 次彻底消毒，有效地控制了栽培过程中的病虫害。

③ 可提早出菇，增产 20％左右。经过后发酵，培养料腐熟均匀，质地松软，消除了料内氨味，通气性好，菌丝定植快，而且在二次发酵过程中，培养料得到进一步分解，可溶性养分和菌体蛋白明显增多，使菌丝生长旺盛，出菇早，产量高，质量好。

④ 经过二次发酵，栽培用药量明显减少，降低了对栽培环境污染和菇体中农药残留量。

2. 二次发酵法的流程

原料预湿（约 70％含水率）→预堆→建堆→前发酵（即第一次发酵，12～14 天，翻堆 3～4 次）→后发酵（即第二次发酵，5～7 天）→发酵合格。

（三）前发酵和后发酵结束后培养料的特征比较（表 1-5）

表 1-5　前发酵和后发酵结束后培养料的特征比较

判断标准	前发酵后（装床时）	后发酵后（接种时）
色泽	暗褐色	灰白色
秸秆的纤维	硬、不易拉断	柔软、轻拉即断
紧握检测含水量	可滴下 2～3 滴水（含水量为 68％～73％）	不滴水（含水量为 65％～68％）
臭味	有较大氨味及厩肥气味，氨气浓度为 0.15％～0.4％	甜香味，几乎无氨味，氨气浓度在 0.04％以下
手感	黏性强、滑，弄脏手	完全无黏性，不污手，有弹性
浸于水中	着色液不透明	着色液透明
酸碱度	pH 值为 7.5～8.0	pH 值为 7.0～7.5
含氮量	1.8％～2.0％	2％～2.4％

（四）隧道式二次发酵

二次式发酵在播种前 20 天左右进行，分为前发酵和后发酵两个阶段。前发酵需翻 3～4 次，堆预湿、建堆和翻堆与一次发酵相同。后发酵分三个阶段，第一阶段为升温阶段，将料堆温度上升至 58～62℃，并保持 12～24h，是巴氏消毒的过程；第二阶段是恒温阶段，将菇房中的料温通过通风降温至 50～52℃，保持 4～6 天；第三阶段是降温阶段，停止加热，使房温和料温逐渐降低，当料温在 28℃以下时，后发酵就结束。现在的方式主要有室内床架式二次发酵和工厂化隧道式二次发酵，下面主要介绍隧道式二次发酵。

1. 隧道式二次发酵的历史和优点

意大利人率先发明了隧道式二次发酵，20 世纪 70 年代在法国和荷兰应用成功。它的应用使蘑菇栽培更容易进行机械化传输、装床、接种和出料等工作，节约了大量的人力资源、能源，简化了环境控制操作。隧道式二次发酵与架床式二次发酵相比，优点如下。

① 常规床架式二次发酵过程中，菇床的料温和室温差距通常可以达到 10～15℃，但在隧道式集中发酵中，二者温差仅为 1～2℃，这对正确维持高温有益微生物最适条件（48～52℃）是很有效的。

② 不必在栽培室中进行高温高湿条件下的巴氏杀菌，所以对建筑设施、附属机器、电力系统损坏少。

③ 能有效地利用堆料发酵热，省能源，效率高。

2. 场地要求

工厂化双孢菇生产的培养料发酵在菌料工厂内完成，菌料厂封闭运行，分原料储备区、预湿混料区、前发酵（一次发酵）区和后发酵（二次发酵）区四个部分，对场地的要求是地势高，排水畅通，水源充足，菌料厂的地面除原料储备区外都应采取水泥硬化，并根据生产需求设计合理的给排水系统，菌料工厂的布局见图 1-127。

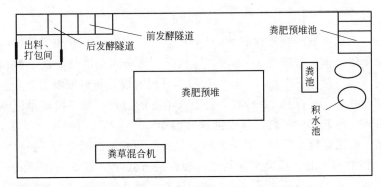

图 1-127　双孢菇培养料隧道发酵场平面设计图

表 1-6 为隧道式二次发酵时间表。

表 1-6　隧道式二次发酵时间表

发酵阶段	程序	时间	场所和要求
前发酵	预湿	2 天	混拌机械或化粪-浸草池,草粪含水达 73%～75%
	预堆	3～4 天	露天料场,翻堆 1 次,料温 70℃
	发酵	8～14 天	发酵槽,倒仓 2～3 次,料温 80℃
后发酵	升温	1 天	发酵隧道
	杀菌	8～12h	巴氏杀菌温度 58～60℃
	发酵	5～6 天	温度 48～52℃

3. 前发酵

（1）发酵槽的结构　　无论国内还是国外，新建的料场几乎普遍采用发酵槽进行前发酵。发酵槽是一种开放式的发酵设施，其供风构造与发酵隧道相似，三面有围墙拢住堆料，一面敞开便于进出堆料，上有防雨棚。地板下设坡度 2%、高度 0.15m 的高压风管，高压风管按一定距离朝地面设置通气喷嘴。发酵槽长 25～45m，宽 5～8.5m，风压 5000～7000Pa，供风量 15～20m³/t·h。发酵槽采用间歇式通气方式，间歇时间根据料温上升需要调整。发酵槽受气候影响小，便于监测氧气流量及调控堆料温度（图 1-128～图 1-131）。

图 1-128　建造中发酵槽

图 1-129　安装高压风嘴

图 1-130　建好发酵槽

图 1-131　整体情况

（2）培养料基本配方　目前国内工厂化双孢菇栽培主要以麦秆和禽畜粪为主要原料，南方水稻产区也有阶段性采用稻草为主原料的。基本配方：干麦秆 53%～55%，干鸡粪或牛马粪 42%～47%，石膏 3%～4%，尿素 0.2%，豆粕 2%。

以栽培面积 480m² 的菇房（一间长 50m、宽 5m、高 5m 的菇房）为例，需要优质麦秸 28t，鸡粪 22t，石膏 2.2t，尿素 90kg，豆粕 1.2t。

（3）原料预处理

① 麦草和鸡粪的收集。由于麦秆和稻草原料是季节性的培养料来源，因此收购麦秆和稻草必须在一季收够储存 1 年的用量。禽畜粪也必须有固定来源，并保持有 20～30 天的储备量。双孢菇工厂麦草的储备用方块草捆形式码垛，一般每个产季都会收储 1 年所

用的麦草用量，以后按生产计划分批投料。投料时，要将麦草解捆，抖松，因麦秸在压捆过程中草茎被压扁，重新抖松后吸水较容易。鸡粪要选尽量干燥的，如有结块需要粉碎，鸡粪在使用前须用4～5天时间进行调质，使鸡粪含水适宜，结构松散，以利混合。如果没有干鸡粪，将采取湿鸡粪浸料工艺。

②培养料预湿、混料。详见表1-7。

表1-7 预湿、混料的工序表（有预湿池）

1天	2天	3天	4天	5天	6天
麦草预处理	浸料	翻料	捞料	麦草、鸡粪、石膏在混料生产线混合	进入料仓进行一次发酵
鸡粪调质			鸡粪、石膏预混		

a. 麦秸的预湿。

（a）露天料场预湿：可以在露天料场上起大堆，将麦秸铺60～80cm厚，用水喷淋，让麦秸充分吸收水分。麦秸的预湿时间为4～6天，每天都要保证麦秸是湿透的。在此期间用铲车翻料2～3次，使麦秸混匀并提供微生物增殖必需的氧气。

（b）在浸料池内预湿：麦草打捆绳要捡干净，以免缠堵设备。将松散的麦草用铲车推进浸料池反复混合和浸水，一般一批料投25t左右麦草，在浸料池中形成的体积为200～210m³，浸料预湿时间48h，在此期间用铲车翻料3～4次，一般48h后捞料并在料场建堆。冬天时要避免冰块混入料堆，同时泡料和捞料后池内漂一层干草以防结冰（图1-132～图1-134）。

图1-132 预湿池　　图1-133 预湿池预湿麦草　　图1-134 露天料场

b. 捞料：捞料时在池内把料举高再抛下1次，捞到场地举高把料抖下。目的就是让料均匀。天气暖时料堆要矮，易于保存草内的水分。冬天时要堆成大圆堆，同时遮盖风口保温（图1-135、图1-136）。

图 1-135 将预湿麦草捞出

图 1-136 捞出的麦草

c. 鸡粪预湿：把鸡粪加入搅拌机内进行破碎，同时加入适量的水进行稀释，以鸡粪能顺利抽出即可。搅拌完毕后打开出粪口，鸡粪经筛网过滤后流入储粪池内就可使用了。

d. 闷堆：就是把麦秸处理成中间凹、四周凸、深 80cm 的方坑，然后将拌匀的液态鸡粪通过管道导入麦草中，让麦草充分吸收鸡粪。闷堆的时间通常在 12h 左右。

e. 混料：在混料生产线上首先将尿素、石膏和豆粕搅拌均匀，然后用铲车把它们均匀地撒在麦秸和鸡粪上，接着用铲车把原料加入大型搅拌混料机内。这些原料在混料机内搅拌均匀后，经过传送带传出，水分含量灵活调节，以达到 70％为宜（图 1-137、图 1-138）。

图 1-137 混料

图 1-138 露天料场翻堆

③ 料仓一次发酵。目前现代化的工厂一次发酵在料仓内完成，料仓分上下两层，上层装料，下层送风，送风方式可以是层板式的，也可以是管路式的，料仓的强制送风系统必须有穿透料层的能力。培养料经过混料调质后，立即用入料机装入料仓，进行一次发酵。采用发酵槽进行一次发酵一般为 9 天（可根据所用原材料的不同，适当调整发酵天数），期间倒仓 2 次。料温达到 80℃维持 1 天

倒仓；料温再达到 80℃维持 3 天倒仓；料温最后达到 80℃维持 1 天转入发酵隧道。在转仓过程中，重新启动发酵后，料温会再度上升到 70～80℃，当料温小于 68℃或大于 82℃时，需进行调整，以防止烧料或低温发酵（图 1-139、图 1-140）。

图 1-139　第一次发酵　　　　　　图 1-140　转仓后再次发酵

4. 隧道式二次发酵的技术要点

（1）进二次隧道前的准备工作

第一，检查风嘴是否通畅及有无破损，风管是否有积水，风道是否有泄压，抛料机是否运转正常。

第二，检查料的水分是否适合，从而做相应调整，料的高度以 1.9～2.0m 为准，前后均匀一致。

第三，抛料机压过草料堵死的封嘴一定要清理掉，新风口滤网每月定期清洗 1 次。

（2）隧道装填堆料　经过良好料仓发酵的培养料需要运进二次发酵隧道进行巴氏灭菌，时间 7～9 天。在隧道系统中，装料是非常关键的，在装隧道时要用摆头抛料机（小型隧道 20m×4m）或顶置式落料系统（大型隧道 40m×6m）将前发酵的培养料松散一致地抛堆成宽 4m、厚 1.8～2.1m 的料堆，堆料密度每平方米 1t。如果堆料密度不匀，堆料密度高的部分（堆得紧的地方）循环风受阻，此处堆料就会变成缺氧状态。在装填堆料时应注意：草料不要紧贴门口，留 20cm 的距离；没有特殊情况入料要一次完成，避免产生断层；入料后插好温度探头，关闭大门，漏气的位置用发泡胶密封，清理场地卫生。进料 1～2h 后开风机，开风机前，打开水封井内的三通阀，排掉可能的存水（图 1-141～图 1-144）。

图 1-141 进料前发酵隧道

图 1-142 摆头抛料机进料

图 1-143 顶置落料

图 1-144 关闭仓门

（3）隧道密闭发酵 堆料在隧道中发酵时，由高压风机产生强气流，经料堆底部风道吹过料层，循环利用或排出。堆料中插有温度探头，与控制仪及通风系统联动，通过调整新风与循环风的比例，即可保障堆料发酵所需要的氧气和温度。隧道下部的通风地面对着空气入口呈 2％的坡度，目的是维持前后空间的压力均衡和有利于排除积水。采用密闭式隧道发酵时，由于隧道内既可蒸汽加温，又可加湿和加压通气，可不必翻堆，直至发酵料达到标准；对于发酵不均匀的隧道，需要进行 1～2 次机械翻堆或边转场边翻堆继续堆制，直至发酵料达到标准（图 1-145）。

发酵过程中的温度、湿度、pH 值等指标都是通过温度控制系统、调气控制系统、高压控制系统来实现的。发酵时，通过自动调控装置对发酵料进行监督，发酵温度控制在 78～82℃，氧气含量在 15％以上。发酵过程中当发酵仓内温度、通气发生异常时，自动调控装置会自动启动控制系统，使培养料自动发酵（图 1-146）。

（4）严格的隧道式二次发酵分 6 个阶段 分别是均温阶段、升

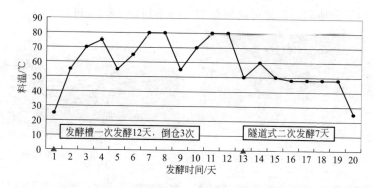

图 1-145 双孢菇堆料发酵 20 天温度曲线

温阶段、巴氏灭菌阶段、冷却阶段、选择培养阶段、降温播种阶段。

① 均温阶段。隧道填料后，用 3～6h 进行均温，使料层不同位置料温趋于一致，每吨培养料每小时给 150～200m³ 的循环风，间隙给 5%～10% 的新风（图 1-147）。

图 1-146 自动调控装置

图 1-147 第一阶段（均温阶段）

② 升温阶段。料层温度稳定一致后，以每小时升 1℃ 的速度将料温逐步升到 58℃，过快过慢均需调节，这种温度的升降显示着微生物的生长规律，须严格遵守，风量控制在 150m³/(t·h)，供氧 10%（图 1-148）。

③ 巴氏灭菌阶段。料温 58℃，保持 8h，要严防料温大于 60℃，否则会产生不利影响。在此期间，主要是利用巴氏消毒的原理，将培养料内残留的杂菌虫害杀死，但料温不能偏高，如偏高会

图 1-148　第二阶段（升温阶段）

伤害到发酵有益微生物，造成后期选择不利，培养料营养难以转化。风量 120m³/(t·h)，供氧 10%，风机控制按设定程序进行。

④ 冷却阶段。巴氏灭菌结束后，要在 4h 内将料温降到 48℃，平均每小时降 3℃，在 48℃的选择调节点进行特异性选择，环境控制按程序操作。

⑤ 选择培养阶段。在 48℃料温的调节点进行为期 2～3 天的选择培养，使放线菌等有益微生物得到大量繁殖，风量 100～150m³/(t·h)，供氧充足，空温要服务于料温，如果选择正确，在后期，料温会呈爬升现象，但要把料温控制在稍低于 50℃的范围，风量 175m³/(t·h)。如果出现难以抑制的大于 50℃的情况，说明选择效果不好，需要调整（图 1-149）。

图 1-149　第五阶段（选择培养阶段）

⑥ 降温播种阶段。当发酵料呈棕褐色，料内有大量的白色放线菌等有益微生物的菌斑、菌丝体，闻不到氨味或其他刺激性异味，略带甜面包味，草茎柔软疏松有弹性，用手拉即断，不黏无滑感，不污手时，说明发酵结束。这时需加大新风量，将料温从 48℃降到 25℃，进行出料播种（图 1-150）。

图 1-150　第六阶段（降温播种阶段）

五、双孢菇隧道式三次发酵

三次发酵是采用具有保温性能的密闭式隧道进行双孢菇菌丝的集中发菌处理的过程。将二次发酵的培养料料温降到 30℃进行通风，通风完全结束后，人才可以进入菇房进行翻格，将培养料均匀地摊铺在各层床架上，上下翻透抖松，然后整平料面，再重新密闭菇房，通入蒸汽加热，使料温维持在 48～52℃，培养 48h，打开门窗通气，待料温稳定在 28℃以下时进行播种，菌种在最佳的环境条件下培养 14 天，在三次发酵室内就完成三次发酵过程。"三次发酵"与"二次发酵"有四个明显的不同。一是培养料的营养不同，通过"三次发酵"，培养料内有利于双孢菇菌丝生长的特异营养源积累多。二是抗病能力不同，经过"三次发酵"后，料内游离氨减少，杂菌明显减少。三是出菇时间不同，经过"三次发酵"后，出菇时间提前 1 周左右，与双区制栽培模式相比，每年通常可新增 2 批次栽培。四是产量不同，产量提高 15％左右。"三次发酵"技术，国外已经大面积推广使用，国内正在积极试验。在二次发酵成功的地区，可以根据自己的条件做些试验，逐步发展；在生产条件差，二次发酵还不够成熟地区，应先掌握好"二次发酵"技术，提高现有的双孢菇产量，等条件成熟后再进行"三次发酵"试验。

虽然双孢菇堆料的发酵场地有所不同，但是各发酵阶段的天数基本相同，三次发酵的时间表：预堆 3～4 天；第一次发酵 8～14 天；第二次发酵 4～7 天；第三次发酵（隧道发菌）15～18 天。这三次发酵的总周期为 35～42 天（5～6 周）。

第六节 ▶▶ 双孢菇工厂化播种、发菌管理

一、菌种选择和使用

优质的双孢菇菌种是丰产的前提。双孢菇菌种相当于农作物的种子，菌种遗传性状的优劣和培养质量的好坏，直接影响到栽培的成败和效果。菌种优劣主要取决于菌种的种性，其次是制种技术水平的高低。有些人在上年表现不错的菇房（棚）中经组织分离采种后，自己保存直接使用；或从一些所谓的"有信誉的研究所或厂家"引种，不做出菇试验，就直接投入生产使用。这样做虽然可以成功，但出现意外，发生问题的可能性也不小，一旦出现问题，损失将会是十分惨重的。所以，种植户最好到信得过的单位购种。

双孢菇菌种的制作质量，涉及广大种菇农户的切身利益，也是关系到一个地区的食用菌产业能否健康持续发展下去的大事情，所以必须确保菌种制作的质量。菌种制作单位或个人必须具备扎实的专业基础知识和合格的制种设备，更要有良好的职业道德，还要有认真负责和一丝不苟的工作态度。所有操作环节都要细心、规范，严格按操作要求操作，不允许有丝毫的差错。具体到农户用种要注意以下事项。

1. 选用本地的当家品种

双孢菇也和其他农作物一样，有好多个栽培品种，不同气候特点、不同培养料、不同栽培方式、不同栽培季节，对品种要求都是不同的。南方地区表现突出的品种，在北方地区不一定表现好；稻草栽培表现优良的品种，在麦草栽培中表现不一定优良；适合秋季栽培的好品种，春季栽培可能会出菇很少。选好适合本地大面积推广的优秀当家品种是制种者必须做好的一项基本工作，一般需要经过多点对比试验或长期栽培中筛选才能确定。好的当家品种必须有

以下六方面的特点：有较高的丰产性能；适合本地的栽培原料；适合本地的气候条件；有较好的商品特性；要符合栽培目的（鲜销或制罐）；要适合栽培季节（反季节栽培与正常季节栽培要用不同的品种）。

2. 菌龄要合适

菌龄是指菌丝长满基质培养成熟所需要的时间。菌龄的长短与培养温度、培养基成分、接种量大小等因素有关。适龄的菌种菌丝量大，菌丝活性强，使用价值高；幼龄的菌种菌丝量少，使用价值低；超龄的菌种菌丝量虽大，但菌丝已呈衰老状态，活性下降，使用效果差。因此幼龄菌种需继续培养后再使用，超龄菌种在生产中应避免使用。适龄菌种若不立即使用，应置于低温下存放，以延缓菌丝衰老程度。

生长在培养基不同部位菌丝体的菌龄不同，一般生长在接种点附近的菌丝体成熟早，衰老快，菌龄长，而离接种点远的菌丝体发育迟，菌龄短。在适温培养条件下，双孢菇母种12～15天可长满培养基表面，长满后再延长3～5天使用较好。原种、栽培种30～40天长满瓶，长满后再延长7～10天使用较好。延长时间的目的是促进菌丝体向培养基内部生长，增加菌丝量，这点在制作菌丝穿透较慢的谷粒菌种时尤其要注意。

一般来说低温下培养的菌种，时间延长一些，对菌种的质量无明显影响。但在高温下培养时，则不能随意延长时间，因为高温下菌丝体的生理代谢旺盛，它不但要大量消耗堆肥中的养分，同时还会加快自身的衰老速度。

3. 注意菌种的打包和运输

在大生产播种前，要把培养好的菌种从菌种场运输到农户手中，在打包、运输过程中容易产生二次污染（主要是虫害），一定要注意防范。因此，在打包前1～2天应对菌种喷洒500～800倍敌敌畏液杀虫、防虫；包装用的塑料袋、运输工具、铺垫物以及农户家临时储藏菌种的场地、用具等都要用300～500倍敌敌畏液喷洒杀虫。菌种运输应尽量选在不下雨的阴天或晴天的傍晚至清晨时间运输，以免雨水渗入菌种瓶内污染菌种或太阳照射产生 30℃ 以上高温烧伤菌种。农户存放菌种的场地应远离禽畜笼舍和存放粮食、饲料的较干燥冷凉的地方，分开单层摆放，注意通风和防鼠。

4. 正确使用菌种

在播种前 2 天，用 500 倍敌敌畏液喷洒瓶口，熏杀菌种表面可能存在的害虫；播种时，先将菌种瓶和器具用 2%～3% 的来苏儿液（或 500～1000 倍高锰酸钾液）浸泡消毒后，再掏菌种。此时一定要注意两点：一是将瓶中有青色、绿色、黄色、红色等杂色的菌种坚决弃去不用，因为这些菌种已经感染杂菌，绝不能将其混入其他菌种内使用，否则会导致大面积的污染；二是将瓶口表层的菌种单独收集使用，因其带杂菌和害虫的可能性较大，最好弃去不用。

二、工厂化播种

1. 播种前的准备工作

① 提前一天备好菌种，剔除杂菌和老化菌种，菌皮和死菌要捡掉。菌种瓶（袋）表面用 0.1% 高锰酸钾或 2% 来苏儿溶液消毒 2min，然后戴上经过 75% 酒精消毒的手套将菌种取出掰成玉米粒大小放入消毒好的容器中（图 1-151、图 1-152）。

图 1-151　优质菌种　　　　　图 1-152　老化菌种

② 菇房提前消毒备用，机器设备、场地提前一天清洗消毒。上料和造料班组负责各自的设备和场地，铲车的清洗消毒尤为重要

（特别是车底盘），要特别重视。

③ 上料前要调试好设备，以免延误上料工作。

④ 上料时的工具和滑梯必须经过清洗消毒。

参考图 1-153～图 1-156。

图 1-153　不锈钢架子

图 1-154　铺网布

图 1-155　挑选优质麦粒菌种

图 1-156　调试好设备

2. 播种方法

隧道式二次发酵结束后，将培养料的温度降到 25～27℃，利用专用运料车转运至出菇房的自动化上料机处，进行播种上料作业。播种前要做好菇房消毒工作，播种时要避开高温天气，并且当天播完。播种上料机会自动将料抖松、均匀添料，同时按每平方米 0.85kg 的接种量将菌种混入均匀料中，然后将混入料内菌种的培养料压成和床板高度相同的料块，高度 23cm 左右，这样可以使料与菌种紧密接触，又可以使培养料保持一定湿度。在料运输过程中再用每平方米 0.15kg 的菌种均匀覆盖表面，使播种量达到 1.0kg/m²。在播种时要注意料温不超过 28℃，以防烧菌。播完后要覆盖一层带有微孔的聚乙烯薄膜，既可通风，又能保温、保湿。覆盖薄膜后要及时补充菇房水分，首先在膜表层喷 1 次水，然后在地面喷 1 次水，保持空气湿度 $60\%\sim70\%$（图 1-157～图 1-160）。

图 1-157　上料机上料

图 1-158　加菌种

图 1-159　输送料

图 1-160　播种后的菌床

3. 播种应注意的问题

① 上料是多设备配合作业，工人不要擅自离岗，应紧密配合，保障工作进度和人身安全。

② 造料班只要铲车作业即可，最后工人换上干净工作鞋清理铲车无法拾起的料。

③ 上料场地掉下的料，与地面接触的不要拾起。

④ 调整好拉料的速度，避免隆起和断节。

⑤ 表面菌种床边不要漏洒，补料后的表面不要忘记补种。

⑥ 播种操作手要精力集中，出料过快时要手工补种。

⑦ 工作完成后要及时清理菇房和场地。

三、双孢菇工厂化覆土前发菌管理

工厂化周年栽培的发菌采用自动调温调湿，发菌培养在养菌室进行，人为调节菌丝生长发育的温度、湿度、光照和二氧化碳浓度等环境条件，时间为 13～15 天。此过程中，培养料的温度控制在

24~26℃，室内温度22~24℃，室内空气湿度控制在70%，二氧化碳浓度控制在0.5%～1.1%。理化指标应为水分65%~67%、含氮量2.2%～2.4%、pH值6.4～6.9。

1. 菌床发菌

播种后1～3天菇房紧闭门窗，少通风，以保湿为主，使菌种迅速萌发定植。播种3天后，菌丝萌发并吃料，适当增加菇房通风换气，保证菌丝生长所需要的新鲜空气。播种7天后，菌丝已长满培养料表面，并深入培养料3cm左右，此时增大通风量，保证培养料内菌丝生长所需的充足氧气，为菌丝向下生长创造条件，当菌丝长满培养料三分之二时要揭去盖在料面的薄膜。发菌期间，冬季通过蒸汽加温，夏季则通过制冷维持温度。空气相对湿度不够可采用料面喷水保湿，通常每天喷水1次，以防料面干燥影响菌丝生长。如果湿空气相对过大，则应适度通风换气，降低湿度。为了防止杂菌滋生，每隔2～3天每个菇房喷1次50%的1000倍的多菌灵可湿性粉剂。菇房的空气相对湿度管理采用自动增湿机增湿，增湿机的喷雾雾点大小和喷量也是可控的。因为光线对菌丝有抑制作用，整个过程要避光培养（图1-161～图1-166，彩图）。

图1-161 播种后保湿　　　　图1-162 菌种萌发

2. 菌块发菌

为了避免菇农在发酵和发菌中遇到风险，现在有些企业推广块式发菌，即利用蘑菇堆肥打包机将三次发酵料（发好菌的料）或二次发酵（未接种）的双孢菇培养料均匀播入菌种、压块、再覆上塑料薄膜，再将菌块运到发菌室进行发菌，然后将发好菌的菌块发给

图 1-163　菌种吃料

图 1-164　料面生长

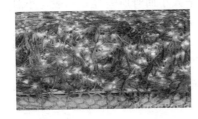

图 1-165　纵向吃料

图 1-166　吃透培养料

菇农。这是双区制生产的一种方式，既让菇农避免了风险，又解决了鲜菇不能远途运输的难题。例如荷兰能够向远在 10000km 之外的日本、印度尼西亚等国家大量出口发好菌丝的料块，在消费市场附近出菇（图 1-167、图 1-168）。

图 1-167　双孢菇堆肥打包机打包

图 1-168　菌块发菌

　　双孢菇堆肥打包机由三大部件组成（进料槽、模压机、覆膜机），它们的特点如下。

　　（1）进料槽　此部件长 5.8m，高 3.85m，宽 3.4m，功率 9kW。受料槽承接培养料后，由受料槽底部环形传送带传送。传送带上方有撒播蘑菇菌种的漏斗，调节漏斗孔大小和传送带速率控制播种量，将菌种均匀地撒播在运动中的培养料中。荷兰采用三次发酵即发好菌的基料，压块打包时不再接种。

（2）模压机 此部件长 8.2m，高 2.8m，宽 1.9m，功率为 25kW。撒播上菌种的培养料被装入长方形模具内，经液压装置挤压成长方形料块，规格为 0.6m（长）×0.4m（宽）×0.2m（厚）＝0.048m³（19～20kg/块）。自动液压装置连续不断地将料块从模具中推出，速率因压块机功率大小而有所差异，一般每小时压块 700～900 包（每分钟 12～15 块）。

（3）覆膜机 此部件长 4.15m，高 1.75m，宽 1.8m，功率为 25kW。培养料块传送到包膜机。包膜机安装两卷宽 0.9m 的聚乙烯塑料薄膜，上下两面包裹培养料块，料块两侧留有透气口，通过加热器时塑料薄膜收缩而包紧料块，既保水分，又便于转运。

第七节 ▶▶ 双孢菇覆土及覆土后发菌管理

把覆土材料覆盖在双孢菇菌丝已经定植生长的培养料表面的操作过程，叫覆土。双孢菇栽培必须覆土，覆土质量和方法的好坏，与双孢菇的产量和质量有直接的关系。

一、覆土作用

① 覆土可促使菌丝在营养较差（与培养料相比）的土层中由营养生长转向生殖生长。尽管培养料中菌丝长得非常好，如不覆上合适的泥土，子实体一般不会发生。

② 土壤微生物的活动能刺激和诱导双孢菇子实体的形成。有人通过试验证实，将覆土材料进行高温消毒（80℃以上），则菌丝不形成子实体。双孢菇菌丝在新陈代谢过程中产生的乙烯、丙酮之类的挥发性物质，可激发土中微生物的活动，还可诱导子实体产

生。土壤中微生物，如臭味假单孢杆菌及芽孢杆菌属中的一些种类对双孢菇子实体的形成有明显的刺激作用，可诱导菌丝生成更多的双孢菇。

③ 覆土后，改变了料面和土层中氧气和二氧化碳的比例。由于菌丝代谢过程中产生的二氧化碳及土壤微生物的活动，使二氧化碳浓度增加，菌丝在高浓度的二氧化碳中，就要向二氧化碳浓度低的土壤外生长。在通风良好的菇房内，土层上部和表面二氧化碳浓度较低（0.03%～0.1%），能促进子实体的形成。

④ 覆土可创造一个稳定的温湿度环境及提供子实体生长所需要的大量水分，有利于菇蕾的形成和子实体的顺利长大。

⑤ 覆土可起到对料面菌丝机械刺激、促进结菇及支持菇体的作用。

二、覆土材料要求和选择

1. 要求

① 结构疏松、透气性好、有一定的团粒结构。

② 有较高的持水能力，以供应双孢菇子实体的生长。

③ 含有少量的腐殖质（5%～10%）和矿物质（起缓冲作用），但不肥沃。

④ 有适宜的酸碱度，以 pH 值 7.2～8 为宜，以抑制其他霉菌的生长。

⑤ 无害虫和病菌，而含有必需的有益微生物，如臭味假单孢杆菌等。

⑥ 含盐量低于 0.4%。

2. 选择

覆土材料以泥炭土、壤土、黏壤土为好。这样的土壤透气性好、持水力强、干不成块、湿不发黏，喷水不板结、失水不龟裂。

黄泥土、沙壤土、沙土等透气性好，但持水力差、无养分、黏性差、不易形成颗粒，不适合作覆土材料。黏土的持水力强，但吸水速度慢、透气性差、易板结，一般都不使用。国内常用的覆土有稻田土、麦田土、塘泥土、河泥土、田园土等。此外随着覆土工艺的改革，目前已成功运用了土中加稻壳做覆土材料，简化了粗、细土的覆土工艺，效果也很好。

3. 注意事项

① 覆土应根据不同覆土材料的持水率，调节覆土中的含水量，最大限度地提供双孢菇生长所需的水分。沙壤土（砻糠细土）的含水量宜保持在 18%～20%（即手握成团、落地即散、手掰土粒不见白为好），砻糠河泥土的含水量应保持在 33%～35%，不同质地的泥炭（或草炭）可维持在 75%～85%，应用持水率高的覆土材料可有效地提高产量和品质。

② 除了河泥土、塘泥、冲击土之外，其他覆土材料多从表土层以下 30cm 挖取，并经过烈日暴晒 24h 以上，以杀死病菌孢子和害虫卵，然后打碎存在通风处备用。未经暴晒的新土，不仅带病菌和害虫，还含有多量的二价铁离子，对双孢菇菌丝有毒害作用。晒后土中铁离子变成三价铁，不影响双孢菇菌丝生长。

三、覆土时间

覆土是一项极为重要的工作，在老菇农中流传着"覆土迟一天，出菇迟十天"的口头语，可见适时覆土的重要性。一般当菌丝即将长满培养料就要开始覆土，约在接种后 22～25 天。覆土过早，会影响菌丝生长，延迟子实体形成。覆土过迟，则菌丝容易暴露，使表层容易暴露。一些栽培者为了早出菇，菌丝未长满就覆土，似乎争取了时间，其实适得其反。在这种情况下，料面的菌丝向上往土层生长，料内菌丝则继续往下生长。结果，菌丝向两个方向生长，使菌丝爬土慢，延迟了出菇时间。

四、覆土前的准备工作

1. 检查杂菌和病虫害

必须检查用于覆盖的土壤中是否有潜伏的害虫或是否受到杂菌污染，尤其是疣孢霉、绿霉和螨类。一旦发现，必须弃之不用。

2. 适度调水"吊菌丝"

覆土前菇床培养料表面应保持适度干燥，若料面在覆土前长期保持较高的湿度，容易诱发菌床菌丝徒长，形成菌被，因此应及时开门窗进行适度通风，适当吹干料面。若料面太干，肉眼已很难看到菌丝时，可以在盖土前 2～3 天以 1% 石灰清水细雾润湿料面，促进料内菌丝复壮，进行"吊菌丝"处理，使菌丝返回料面后再覆土，这样对阻止培养料酸碱度下降和防止杂菌污染很有好处。"吊菌丝"后料面不能太湿，否则要等料面稍干后再覆土。

3. 整平菌床"搔菌"

料面覆土前要进行 1 次"搔菌"，即用手将料面轻轻搔动、拉平，并用木板轻轻压一压，这样可使料面的菌丝断裂成更多的菌丝段，待覆土调水后，往料面和土层中生长的绒毛菌丝会更多、更旺。

五、覆土方法

温室、简易菇房（棚）覆土主要采用稻壳土一次覆土法、粗细土覆土法，工厂化栽培使用草炭土覆土法，下面主要介绍草炭土覆土法。

草炭土是草本-木本泥炭，具有吸水性强、疏松多孔、通气性好、不易板结的良好物理形状。使用草炭土覆土材料，一般可提早出菇 3～5 天，增产 15% 左右。目前国外特别是欧美各国的蘑菇

栽培，几乎都使用草炭土作覆土材料。据荷兰蘑菇专家讲，在其
$30kg/m^2$ 的蘑菇单产中，有 15kg 菇是基础产量，一般生产技术就
能够实现；有 10kg 菇是隧道发酵技术的结果；还有 5kg 菇是覆草
炭土的结果。国外工厂化蘑菇生产一般采用 75％湿泥炭和 25％甜
菜渣（碱性）混合覆土配方，但不同国家具体方法不同。荷兰采用
的泥炭土覆土材料的组成为黑色泥炭土 65％、棕色泥炭土 25％、
纯河沙 5％和磨碎泥炭岩 5％，将之充分混合后使用。日本一般在
土壤中添加泥炭土以改变土壤的通透性，在 $5m^3$ 土壤中添加 $1m^3$
泥炭，再加入 60kg 碳酸钙、30kg 石灰，混合后使用。我国很多地
方也使用草炭土，采用纯草炭土和混合覆土两种方式。

1. 草炭土的选择

使用草炭土，应选择成熟度高、植物残渣少、黑褐色、物理性
状较好的。块大而坚实、含泥量多的、湿润时易板结的不可用。取
得草炭土后，要暴晒、打碎，使之颗粒直径在 0.5～2.5cm，捡去
植物残渣方可使用（图 1-169，彩图）。

图 1-169　草炭土

2. 制土工艺流程

根据不同气候条件，制土分为药物熏蒸和蒸汽灭菌两种。

（1）药物熏蒸法　草炭土要求在覆土前 1 周制备好（指的是药
物灭菌），制备前要将场地清洗干净，消毒后方可工作。由于天然
草炭土含有腐殖酸，草炭土在使用之前，需要加入碳酸钙，比例为
草炭土 85％、碳酸钙 15％；加入碳酸钙的目的是用于提高 pH 值，

增加钙元素含量以及提高覆土的比重。将草炭土的 pH 值调整至
7.5～7.8，水分调整到饱和状态即可。例如，1 间菇房 600m² 床面
积，按覆土 0.04m 厚计算用土约 24m³，先用 24L 甲醛和 10kg 菌
灵兑水 2000～3000L 拌土，塑料覆盖堆闷 48h 备用。

具体操作步骤如下。

草炭土进入混拌程序时，工人鞋子必须洁净并在消毒盘内踩过
后方可进入工作区。

第一，制土搅拌机中加入 50 袋草炭土、40kg 轻质碳酸钙、
10kg 熟石灰，搅拌均匀。

第二，加入拌有混合药物的水（药物定量，水不定量）。

第三，草炭土要制成 0.5～2.5cm 颗粒，加水操作人员要时刻
关注水分的多少，同时做到水分药物一致，土搅拌成大颗粒为止。

第四，制作好的草炭土用塑料膜覆盖 48h（图 1-170、图 1-
171，彩图）。

图 1-170 覆土制作　　　　　图 1-171 制作好的覆土

（2）蒸汽灭菌法　把成袋的草炭土交叉摆放在托盘上，袋子之
间留有空隙，利于蒸汽穿透，正确插好温度计，盖好塑料布，用沙
袋压好底部，通入蒸汽，当温度达到 56～58℃时，保持 10h。蒸汽
灭菌时，温度探头一定要整个压在袋子下面，同时灭菌温度不可超
过 60℃。当拌土时加入轻质碳酸钙、熟石灰，加水调土成大颗粒，
同时盖膜。

3. 制土注意事项

① 草炭土要求在覆土前 1 周制备好（指的是药物灭菌）。

② 制土负责人员要做好原料和药物的用量，同时记录备案。

③ 用完药物的包装物要堆放指定地点，切记不要在场地乱放。

④ 工作结束后将工作场地清理干净，制土车间要时刻保持卫生，禁止乱堆乱放杂物。

4. 覆土前平整料面的注意事项

① 覆土前 3 天把长满菌丝的料面重新整平，操作时把隆起的料取下填充到凹陷处，填入到凹陷处的料必须压实，不能是虚的，以利于覆土时土层均匀一致。

② 为避免二次污染，操作人员服装要求洁净，鞋子要求经过消毒盘消毒方可进入工作区域。整平料面前拿入房间的工具、滑梯必须是经过清洗消毒的，整平结束后立即清扫冲洗地面。

5. 覆土方法及注意事项

（1）覆土方法　覆土可一次进行，不分粗、细土，用覆土机在培养料表面均匀覆盖厚度 3～4cm 的草炭土（图 1-172）。

图 1-172　机器上土

（2）覆土注意事项

第一，注意工作人员和机械消毒。

上土所用工具、滑梯必须经过消毒方能使用，工作服和鞋子干净，尤其是人工铲土工人的鞋子。

第二，土层均匀一致。

平整覆土时，要求土层均匀一致，要做到多退少补。易被忽视的是床边和床中间部分，都要做到均匀一致。

第三，颗粒大小适度，颗粒间有适度缝隙。

大于5cm的颗粒要求掰开，但也不要弄得太碎，覆土最好的颗粒是0.5～2.5cm。平整好的覆土，要用木片轻轻拍打，使颗粒凸起部变平，但同时颗粒之间的缝隙明显存在。

第四，覆土工作要求在一天完成，覆土后及时清理、冲洗工具和场地卫生（图1-173、图1-174，彩图）。

图1-173 覆土后的床面　　　　图1-174 覆土后清洁卫生

六、工厂化覆土后发菌管理

如果说料层发好菌等于农田已下好种子的话，那么覆土层长好、长足又不徒长，等于农田已经出全苗。只有出苗才能长庄稼，也只有土层中发好菌丝才能出菇（这是土生菌的规律）。料层菌丝生长得再好，土层没有菌丝也不会出好菇，至少说不会产多少蘑菇。可见覆土后的发菌管理同样重要。覆土到出菇需要15～20天，期间以菌丝生长为主。

1. 工厂化覆土后发菌管理（以100m²出菇面积为例）

覆土后1周：维持床温23～25℃，室内气温21～22℃，通风量200～300m³/h，CO_2含量在0.8％～1.3％间浮动。覆草炭土完毕后，需要对培养床面的草炭土浇水，一般7天喷水4次约450L，空气湿度控制在80％～85％。

一般情况下，菌丝穿透草炭土厚度的70％～80％，约7天时可进行搔菌。此时可以使用搔菌机或耙等工具，将草炭土表面2cm左右厚度耙松，主要目的是将直径大于3cm的草炭土打散，使菌丝可以更加容易和均匀地向外生长，以利于菇蕾均匀的扭结。搔菌后将床面上多余的草炭土用耙等工具除掉，使长出床面的菌丝更均匀，让整个栽培室整齐扭结，为以后的统一管理、集中采摘打下基础（图1-175、图1-176，彩图）。

图1-175　喷雾水管保湿　　　　　图1-176　符合搔菌标准的覆土

2. 注意事项

（1）合理选择覆土材料　草炭土是双孢菇理想的覆土材料，目前所用覆土材料有河泥、水稻田土、菜园土、冲积壤土等，无论上述哪一种覆土材料，绝对含水量不足20％（俗称"饱墒"，为适耕上限，土壤有效含水量最大）。其原因是土壤由石头风化而来的，含有大量的沙粒（二氧化硅），所以土壤含水量很低，难获高产。草炭土具有高度孔隙度，吸水率高达78％，而且吸水速度快，可满足子实体生长需要的大量水分，不容易造成漏床现象，能够大幅度提高单产。

（2）覆土要均匀并用木板刮平，并且不能过厚过薄　无论是机器覆土还是人工上土，要求是土层均匀一致，这一点极其重要。覆土不均的害处：一是打水时厚的土层水分不够，而薄的土层水分会渗入料内；二是菌丝上土时间不一，从而导致出菇不整齐。覆土过薄，吸水保水性能差，易出密菇、小菇、薄皮、开伞菇；覆土过厚，透气性差，易出稀菇、大菇、顶泥菇，产量低。

（3）根据土中水分情况喷水 经常向土中雾状喷水，保持土层湿润，喷水时要轻喷、细喷、勤喷，切忌过多水分流入料中。若有冒菌丝出现，在菌丝处补盖一层薄薄的土，厚度以盖住菌丝即可。

第八节 ▶▶ 双孢菇工厂化出菇管理

工厂化周年栽培的出菇管理，由于采用自动调温调湿，蘑菇又是恒温出菇类型，所以管理相对容易。出菇期温控根据不同品种，调节在 13～18℃ 范围内，粪草料的湿度控制在 60%～65%，菇房空气相对湿度控制在 90%～95%，二氧化碳浓度低于 0.2%。菇床的喷水管理根据覆土的干湿度决定加水量，培养料的含水量除感官检测外，还可用水分测量仪测定。菇房空气相对湿度管理采用自动增湿机增湿，增湿机的喷雾雾点大小和喷量是可控的，并且可以根据二氧化碳浓度调节新鲜空气的进入量和循环量。具体管理措施如下。

一、诱导双孢菇原基形成阶段管理（以 100m² 出菇面积为例）

覆土后 8～10 天，等菌丝长到覆土层 2/3 时降温诱导双孢菇原基形成。料温在降低到 15～17℃，空气温度降低到 14℃，空气相对湿度保持在 90%～92%，二氧化碳浓度低于 0.2%，这种环境促使双孢菇菌丝由营养生长转向生殖生长。一般而言，菇房通风降温 3～4 天之后在覆土表层形成菌蕾（原基）。具体注意以下几点。

1. 降温

覆土后第 2 周，一般第 8～10 天，等菌丝长到覆土层 2/3 时再降温，过早降温会诱导原基在覆土内形成，对双孢菇的产量和质量产生不良影响。降温需要 30～38h 完成，持续约 3 天，在降温时将床温降到 15～17℃，室内气温降到 14℃，降温太慢第一潮菇出菇密度小。覆土后第 3 周，一般第 18 天生成大量原基，床温 15～

17℃，室内气温 14℃（图 1-177）。

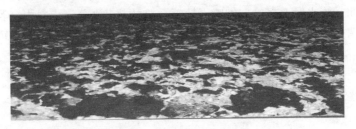

图 1-177　符合降温刺激标准的覆土层

2. 增氧

覆土后根据外界温度情况调节新鲜空气的进入量和循环量。覆土后第 2 周，一般第 8～10 天时以 2400m³/h 的大通风量降温，同时将空气中的 CO_2 含量降到 0.2%。覆土后第 3 周，一般第 18 天生成大量原基，维持 800m³/h 的通风量，将空气中的 CO_2 含量限制在 0.2%。出菇期间空气 CO_2 含量超过 0.2%，会对双孢菇的发育造成不利影响，如幼菇发育不良，朵小、菇轻、柄长、易开伞，或形成葱头形的畸形菇。CO_2 含量如果超过 0.6%，菇床"冒菌"即形成浓密的菌被而不出菇。

3. 增湿催蕾

覆土后第 2 周，一般第 8～10 天时，根据覆土的干湿度，喷水 3 次约 200L。覆土后第 3 周，一般第 18 天生成大量原基，喷水 4 次约 500L。在生产实践中，喷水还须掌握一些技巧，如料温上升说明菌丝活力旺盛，需水量较大，如料温平稳或开始下降则限制喷水。喷水还要看堆肥含水量多少，水多少浇，水少多浇（图 1-178，彩图）。

二、出菇管理阶段

覆土后 4～6 周，进入出菇管理阶段，主要控制温度在 14～

17℃，供应氧气和排除废气，加强喷水管理，双孢菇发生及发育的环境条件和具体要点见表1-8，图1-179是栽培车间外景。

图 1-178 幼蕾

图 1-179 栽培车间外景

表 1-8 双孢菇发生及发育的环境条件

时期	菇 床			空 气		
	温度/℃	水分/%	pH 值	温度/℃	湿度/%	CO_2/%
覆土后	16～25	65～68	7.0～7.2	15～22	90～95	1～0.4
出菇期	16～17	65～66	6.5～6.8	15～16	80～85	0.2 以下

1. 控制温度

温度最好保持在 14～17℃，这个温度不仅适合菇体发育，还可抑制杂菌与害虫的繁殖。在第一、第二潮菇大量发生时，必须把室温降到 14℃，可提高双孢菇质量。采完一潮菇需要菌丝复壮再出菇时，可适当提高料温。当然，如果休假日需要延缓采菇，可把温度降到 12℃。但是，利用低温延缓蘑菇的发生会造成减产，其损伤是不能完全恢复的。图 1-180 是栽培车间环境控制空调机组。

图 1-180　栽培车间环境控制空调机组

2. 供应氧气和排除废气

双孢菇空调化生产需要供应氧气和排除废气（主要是 CO_2），菇房每小时必须换气即供新风若干次。为使菇房各处达到均一的气候条件，避免局部温差和 CO_2 浓度过高，还要充分进行室内空气循环，出菇期的空气循环需要每小时 10～12 次。为了提高双孢菇的产量和质量，室内 CO_2 含量必须保持在 0.2% 以下。CO_2 含量过高对人体也十分有害，达到 2% 时人就感到憋闷了。人在短期内能忍耐的最大 CO_2 含量为 5%，如果进了菇房有憋闷的感觉，就应该加大通风供氧量。在空调菇室中，可在双孢菇发育阶段（菌盖直径 1.5～2cm）减少通风，适度增加 CO_2 含量促使菇柄伸长，便于割菇机运行（表 1-9、表 1-10、图 1-181）。

表 1-9　不同床温、不同产菇量情况下的菇房所需通风量

床温/℃	产菇量/(kg/m²)	菇房内需换新鲜空气	
		/[m³/(h·m²)]	/[m³/(h·500m²)]
16	2	2.0	1000
18	2	2.8	1400
16	3	3.0	1500
18	3	4.2	2100
16	5	5.0	2500
17	5	6.0	3000
18	5	7.0	3500
20	6	12.0	6000

注：装湿料 100kg/m²。

表 1-10　菇房空气 CO_2 含量对出菇的影响

CO_2 含量	原基	幼菇	成菇
0.1%以下	大量发生	正常出菇	柄短、正常
0.2%～0.3%	少量	葱头形	柄长、开伞
0.4%～0.5%	很少发生	畸形、枯死	畸形
0.6%以上	形成菌被	无菇	无菇

图 1-181　加强通风

3. 加强喷水管理

　　双孢菇长到黄豆粒大小开始加水，并且根据覆土的干湿决定加水量，随着菇蕾的长大，降低空气相对湿度至 80%～85%。在生产实践中，喷水还须掌握一些技巧，如料温上升说明菌丝活力旺盛，需水量较大，料温平稳或开始下降则限制喷水。喷水还要看堆肥含水量多少，水多少浇，水少多浇。菇蕾米粒大小时少喷水，幼菇密要多喷水。喷水后 2～2.5h 必须使菇体晾干，否则易发生细菌性斑点。一潮菇采摘 75%～80% 就要及时补水，促进二潮菇发育。三潮菇喷水量要少，因为料的活力降低，且病害易滋生，一般采三潮菇就放弃。总之，正确喷水很关键，出错就可能前功尽弃（图 1-182）。

　　第一批双孢菇出菇采摘周期为 3～4 天。采摘结束后，对培养床面进行浇水，每日 1.5～2L/m^2，持续 3～4 天。此步骤中，室温控制在 16～20℃，培养料温度控制在 18～22℃，空气湿度控制在 65%～80%，二氧化碳浓度控制在 0.8%～1.5%。风筒下要挂带孔薄膜防止吹干床面（图 1-183～图 1-186）。

图 1-182　保持地面湿润

图 1-183　防风挂膜

图 1-184　带孔薄膜

图 1-185　幼菇

图 1-186　成菇

第二批双孢菇出菇采摘周期为 3～4 天。采摘结束后，对培养床面进行浇水，每日 1.5～2L/m²，持续 3～4 天。此步骤中，室温控制在 16～20℃，培养料温度控制在 18～22℃，空气湿度控制在65％～80％，二氧化碳浓度控制在 0.8％～1.5％（图 1-187）。

第三批双孢菇出菇采摘周期为 3～4 天。采摘结束后，对培养床面进行浇水，每日 1.5～2L/m²，持续 3～4 天。此步骤中，室温控制在 17～20℃，培养料温度控制在 18～22℃，空气湿度控制在 65％～80％，二氧化碳浓度控制在 0.8％～1.5％（图 1-188）。

图 1-187　第二批双孢菇出菇

图 1-188　第三批双孢菇出菇

4. 及时清理菇房和保持场地卫生

菇厂必须讲究卫生。因为，一个细菌进菇房 10h 条件适宜的情况下就能繁殖成 100 万个！所以杂菌侵染对蘑菇生产是毁灭性的，尤其夏季更严重。菇房进气必须用过滤装置滤除杂菌孢子，过滤器面积 $0.36m^2/100m^2$（图 1-189）。

图 1-189　及时清理菇房和保持场地卫生

第九节　▶▶双孢菇采收

一、采收时机

当子实体长到标准规定的大小且未成薄菇时应及时采摘。柄粗盖厚的菇，菇盖长到 $3.5\sim4.5cm$ 未成薄菇时采摘；柄细盖薄的菇，菇盖在 $2\sim3cm$ 未成薄菇时采摘。潮头菇稳采，中间菇少留，潮尾菇速采。菇房温度在 18℃ 以上要及早采摘，在 14℃ 以下可适当推迟采摘。出菇密度大要及早采摘，出菇密度小，适当推迟采摘（图 1-190～图 1-193，彩图）。

图 1-190　适时采收的子实体

图 1-191　适时采收的子实体的菌肉

图 1-192　过迟采收的子实体

图 1-193　过迟采收的子实体菌肉

二、采收卫生要求

采摘人员应注意个人卫生，不得留长指甲。采摘前手、工具要经清洗消毒，保证菇盖不留机械伤、不留指甲痕，菇柄不带泥根（图 1-194）。

三、采收方法

鲜菇采收有人工采收和机械采收两种方法。人工采收时，采收人员站在附架于床架边梁上的可升降采收车（篮）内进行手工逐个采收，采后的鲜菇集中加工。人工采收时，在菇较密或采收前期（1～3 潮菇），采摘时先向下稍压，再轻轻旋转采下，避免带动周

图 1-194 戴手套、戴头套

围小菇，后期采菇时采取直拔方式。采摘丛菇时，要用小刀分别切下。采摘时应随采随切柄，切口平整，菇柄和菇帽比例为 1：3，不能带有泥根，切柄后的菇应随手放在光滑洁净通风的塑料筐中。为保证质量，采菇前不要喷水，以免采菇时菌盖或菌柄变红。机械采收是采用专用采收车沿着床架行走进行割采，采收后的鲜菇由传送带传出集中加工。为适应机械采收，对蘑菇菌床中粪草发酵料熟度、厚度的一致性，菌种种龄的一致性都有严格的要求。由于人体温度和菇体温度存在差异，在潮湿的环境条件下直接用手指去捏菇体，会产生指纹印，因此要戴上手套采摘（图 1-195、图 1-196）。

图 1-195 工厂化利用机器采收

图 1-196 装筐

四、采收后管理

1. 挑根补土

每批菇采收后，应及时挑除遗留在床面上的老根、菇脚和死菇。因其已失去吸收养分和结菇能力，若继续留在土层内不仅影响菌丝生长，推迟转潮时间，而且时间长了还会发霉、腐烂，引起病虫危害。每批菇采收后把带走的土补上（不要补干土），使床面平整。

2. 喷水追肥

每次挑根后，需及时用较湿润的覆土材料重新补平，保持原来的厚度。每次采收后停止喷水 2～3 天，待菌丝恢复生长后继续喷水。要根据覆土情况决定加水多少，同时打 1 次杀菌剂，不论任何时间加水都不能过多渗入料内。第二、第三潮菇以后，结合喷水向菇床进行追肥。

3. 保持卫生

每次采完菇后及时清理地面（包括菇房内和通道），在菇房内和通道地面不许残留菇根、泥土、培养料和其他残留物，保持地面干净，并保证菇棚通道全天干净。

五、分级要求

根据国家鲜双孢菇标准，一级品、二级品菇均要求色泽洁白，具有鲜蘑菇固有气味，无异味，蛆、螨不允许存在。脱水率：鲜菇经离心减重不超过 6g，经漂洗后的菇不超过 13g。一级品要求整只带柄、形态完整、切开为实心、表面光滑无凹陷、呈圆形或近似圆形；直径 3cm 以下，菇柄切削平整，柄长 1.5cm 以下，无薄菇、无开伞、无鳞片、无空心、无泥根、无斑点、无病虫害、无机械伤、无污染、无杂质、无变色菇。二级品要求整只带柄、形态完整、切开见菌褶、表面无凹陷、呈圆形或近似圆形；直径 2～4cm，菇柄切削平整，柄长 2cm 以下，菌褶不变红、不发黑，畸形菇不多于 10%，无开伞、无脱柄、无烂柄、无泥根、无斑点、无污染、无杂质、无变色菇，允许小空心，轻度机械伤。鲜双孢菇的品质标准见表 1-11。

表 1-11　鲜双孢菇的品质标准

级别	指标描述
1 级	菌盖不开伞,切开为实心,直径 3cm 以下,柄长 1.5cm 以下
2 级	菌盖不开伞,切开见菌褶,直径 2～4cm,柄长 2cm 以下
3 级	菌膜略开,未开伞,直径 4～6cm,菌柄长 2.5～3cm
级外	开伞菇约占 5%,主要用于制作蘑菇汤料

图 1-197 为鲜双孢菇分级后装箱。

图 1-197　鲜双孢菇分级后装箱

六、撤料、消毒、培养料再利用

出菇结束后,需及时撤料,把菇房打扫干净,进行严格消毒,为下茬蘑菇或其他作物生长创造有利条件。

1. 撤料、消毒

工厂化栽培,收获完毕,在风机内循环的状态下向菇房注入蒸汽消毒后撤料。料灭菌前关闭新风口,大门密封,启动风机(40Hz),检查是否有漏气的地方。消毒时温度探头要插在底层,注入蒸汽使料温达到 65℃保持 4h,或 60℃保持 8h 以上杀菌,温度降下来,清料时将网布与菇室门口一端的卷网机连接,然后慢慢卷拖网布从床上拖出残料。如果不能及时撤料,当温度下降到 50℃以下时,要及时打开菇房大门。一个周期结束,准备下一个周期栽培。下料后清洗菇房和网布，待下次上料时再药物灭菌，方可上料（图 1-198、图 1-199）。

图 1-198　撒料　　　　　　　　　图 1-199　清洗网布

2. 培养料的再利用

出完菇后的残料占播种时堆料重的 2/3，经测定，蘑菇残料中的有机质含量高达 48％，含氮 1.5％，是高质量的有机肥。由于质地松软，经过发酵和蘑菇菌丝进一步的分解，可溶性、速效肥分多，便于植物的吸收和利用。种植户用蘑菇废料经发酵后种植葡萄、草莓、番茄等蔬菜，不但节约了成本，疏松了土壤，而且品质好，产量高（表 1-12，图 1-200～图 1-202）。

表 1-12　蘑菇残料的化验分析结果

成　分	有机质	腐殖酸	含氮量	P_2O_5	K_2O	其他
含量/％	48.00	20.67	1.50	1.51	2.08	26.24

图 1-200　种葡萄　　　　图 1-201　种草莓　　　　图 1-202　种番茄

第十节 ▶ **双孢菇的包装、保鲜、运输与储藏**

一、包装

双孢菇鲜菇的包装应分为两层。外包装（箱、筐）应牢固、干燥、清洁、无异味、无毒，便于装卸、仓储和运输。包装上的标志和标签应标明产品名称、生产者、产地、净含量和采收日期等，字迹应清晰、完整、准确。

二、保鲜

1. 低温保鲜

低温储藏是双孢菇常用的保鲜技术。蘑菇采收后，修剪菇柄，分级，并用清水冲洗干净，如需护色可用 0.01％焦亚硫酸钠水溶液漂洗 3～5min，然后进行预冷处理，使菇体温度降至 3～5℃，沥干水分。装入通风塑料箱中的双孢菇分批进库，以减少一次大量进库的压力，避免冷库温度波动太大。在采后冷却阶段，由于使用通风塑料筐，冷气能够很快使菇体中心温度降到指定温度，保证了品质。一般冷库温度宜常保持在 1～3℃，空气相对湿度保持在 90％～95％；同时，还要注意经常通风，控制冷库二氧化碳浓度不超过 0.3％，这样在冷库内储藏的蘑菇可保鲜 1 周左右（图 1-203）。

2. 气调保鲜

采摘下的鲜蘑菇经漂洗分级后，沥干水分，装入通气塑料箱中或分装于塑料袋内。调整袋内或冷库的氧气浓度和二氧化碳浓度，使氧气浓度降低为 1％，二氧化碳浓度为 2.5％。袋内最好放入吸水材料，防止冷凝水产生。在这种环境下，蘑菇菌盖开伞和菌柄伸长极为缓慢，生长明显受到抑制，开伞很少，蘑菇洁白。气调保鲜可用于蘑菇商贸活动中（图 1-204）。

图 1-203　冷库内储藏的蘑菇

图 1-204　装入通气塑料箱中

三、加工

1. 罐藏加工

我国蘑菇产品绝大部分加工成了罐头，并以外销为主。制罐是将蘑菇密封在容器里经一定的高温处理（一般温度 121℃，保温 30min），杀灭可引起罐头蘑菇腐败和产毒致病的微生物；另一方面要尽可能保证蘑菇的形态、色泽、营养、风味、质地不受损失，因此掌握好灭菌温度和时间十分关键。制罐工艺包括罐头包装物准备、原料处理、装罐、排气、封口、杀菌和冷却等几个环节。图 1-205 为双孢菇罐头。

2. 盐渍加工

盐渍加工是把新鲜蘑菇预煮冷却后放入高浓度的食盐溶液中，食盐产生的高渗透压使蘑菇组织中含有的水分和可溶性物质从细胞中渗出，盐水渗入，菇体含盐量逐渐与食盐溶液平衡，同时也使菇体内外的微生物因高渗透压而处于生理干燥状态，停止生长发育，起到防腐作用。蘑菇盐渍加工分为一次盐渍法和二次盐渍法。盐渍用食盐溶液浓度为20～22°Bé（波美度）（100L 清水加 40kg 食盐，加热溶解即成）（图 1-206）。

图 1-205　双孢菇罐头

图 1-206　盐渍

（1）一次法　用 75kg 食盐溶液加 125kg 预煮冷却的蘑菇，加标准盐封面，每天测盐水浓度，上、下翻动 1 次。若盐水浓度下降，添加食盐至 20～22°Bé。96～144h 后，盐水浓度稳定在 18°Bé 时，可进行分级包装。

（2）二次法　把一次法盐渍48h 得到的半成品再倒入缸中，加入 22°Bé 食盐溶液盐渍48h。待盐水浓度稳定在 18°Bé 时进行分级包装。包装要按外贸部门要求的标准，选用清洁卫生、封口严密的塑料桶，盐水浓度保持在 18°Bé，盐水要清，色泽黄亮而无杂质。包装时，先在桶内加入 3kg 添加了 0.2% 柠檬酸的 20～22°Bé 的盐水，按双孢菇等级分别分级、称重、装桶，再加上述盐水加盖封严，可长期保藏或长途运输。

3. 速冻加工

速冻加工是将经预处理的蘑菇在 $-30 \sim -35℃$ 或更低的温度下速冻后用塑料容器进行包装，或包装后再进行速冻，然后存放于 $-18℃$ 温度下冷藏，以抑制微生物的生长和发育，防止腐败，达到长期保藏的目的。速冻加工工艺包括原料选择、切柄、清洗、护色、热烫、冷却、分级、挑选修整、包装、速冻和冷藏等几个环节。

4. 干制加工

干制主要是利用热能烘烤或冷冻干燥使蘑菇脱水，并使其中可溶性物质的浓度提高到微生物难以利用的程度，达到长期保藏的目的。蘑菇干制产品的含水量一般要求在 $7\% \sim 8\%$。

（1）双孢菇干片烘干法　用双孢菇切片机把清洗干净的菇纵切成 $3 \sim 3.5\text{mm}$ 厚的薄片，均匀地铺放于烘干机（图 1-207）的烤筛上，不要重叠。先在 $50 \sim 55℃$ 条件下干燥，再升高到 $65 \sim 70℃$，临近结束时，逐步降温。一般干燥至菇片一捏就碎时即可。一级品要求色泽白至灰白，片型完整；二级品片型稍有碎缺，色泽淡黄。产品经分级后，包装储藏（图 1-208）。

图 1-207　烘干机　　　　　图 1-208　双孢菇干片

（2）双孢菇冷冻干燥法　其优点是双孢菇无须杀青，预处理干净的双孢菇即可用于加工，制品能较好地保持原有的色、香、味、形和营养价值。由此法干燥的产品质地较脆，故应注意挑选适当的包装材料。为了长期保藏，最好采用真空包装，并在包装袋内充氮。双孢菇冷冻干燥的工艺：原料清理，送入冷冻干燥系统的密闭容器中，在零下 20℃冷冻，然后在较高真空度下缓慢升温。约经 10h，因升华而脱水干燥，双孢菇失水率占鲜菇重量的 90%，产品含水 7%～8%。产品具有良好的复原性，只要在热水中浸泡数分钟就能恢复原状，复水率可达 80%，除硬度略逊于鲜菇外，其风味与鲜菇相似。

四、双孢菇的运输与储藏

双孢菇鲜菇组织柔嫩、含水量高，保鲜期比较短，干菇质脆易碎，运输时轻装、轻卸，避免机械损伤。运输工具要清洁、卫生、无污染物、无杂物，防日晒，防雨淋。不可裸露运输，不得与有毒有害物品、鲜活动物混装混运，应在低温条件下运输，以保持产品的良好品质。双孢菇产品最好能在 1～5℃的冷库中储存（图 1-209）。

图 1-209　双孢菇运输

第十一节　▶▶ 双孢菇病虫害防治技术

一、主要竞争性病害

（一）木霉

1. 病原

木霉属于半知菌门、丝孢纲丝孢目、丛梗孢科、木霉属，常见的木霉有绿色木霉、康宁木霉。木霉菌落生长初期为白色，致密，圆形，向四周扩展，菌落中央产绿色孢子，最后整个菌落全部变成深绿色或蓝绿色。菌丝白色，透明有隔，纤细，宽度为 $1.5\sim2.4\mu m$。分生孢子梗直径 $2.5\sim3.5\mu m$，垂直对称分枝，分枝后可再分枝，分生孢子单生或簇生，圆形，绿色，产孢部分尖削，微弯，尖端着生分生孢子团，含孢子 $4\sim12$ 个。木霉分生孢子无色，球形至卵形，$(2.5\sim4.5)\mu m\times(2\sim4)\mu m$，菌落外观浅绿、黄绿或绿色（图 1-210、图 1-211，彩图）。

图 1-210　木霉孢子　　　　　　　图 1-211　木霉菌落

2. 症状

木霉在蘑菇育种、栽培过程中的培养料、覆土和子实体均会发生危害，是最严重的竞争性杂菌。一旦接种面落入了木霉孢子，孢子迅速萌发形成菌丝。木霉菌丝初期呈纤细、白色絮状，菌丝生长迅速，2 天后能产生绿色的分生孢子团。当料被侵染后，菌丝阶段不易察觉，直到出现霉层时才能引起注意；起初只是点状或斑块状，当条件合适或菌丝不很健壮时，很快发展为片状，直至污染整个菌袋或料床。若不及时采取措施，菇房内短时间即可成一片绿色，由于大量孢子飞扬，给以后的生产留下严重隐患。蘑菇子实体受木霉侵染后，表面的木霉菌丝产生分生孢子，出现微褐色的病斑，最后整个子实体腐烂（图 1-212～图 1-214，彩图）。

图 1-212　母种污　　　图 1-213　栽培种　　　图 1-214　培养料
　染木霉　　　　　　污染木霉　　　　　污染木霉

3. 发病条件和传播途径

（1）发病条件　木霉菌丝体和分生孢子广泛分布于自然界中，通过气流、水滴侵入寄主。木霉菌丝生长温度 4～42℃，25～30℃生长最适宜，孢子萌发温度 10～35℃，15～30℃萌发率最高，25～27℃菌落由白变绿只需 4～5 昼夜，高温对菌丝生长和萌发有利。孢子萌发要求相对湿度 95％以上，菌丝生长 pH 值为 3.5～5.8，在 pH 值 4～5 条件下生长最快。菌丝较耐二氧化碳，在通风不良的菇房内，木霉菌丝能大量繁殖快速地侵染培养基、菌丝和菇体。

（2）传播途径　栽培多年的老菇房、带菌的工具和场所是主要的初侵染源，分生孢子可以多次侵染，在高温高湿条件下，重复浸染更为频繁。

4. 防治方法

（1）清洁卫生减少病原　保持生产场地环境清洁干燥，无废料和污染料堆积。拌料装袋车间应与无菌室有隔离，防止拌料时产生的灰尘与灭过菌的菌袋接触时落下杂菌。

（2）科学调制配方，防止营养过剩　配置培养料配方时，尽量不加入糖分，防止培养料酸化。平衡碳氮比，防止氮源超标。制种时按比例加入 1∶1000 倍克霉灵，在高温季节有一定预防效果。

（3）减少破袋是防治杂菌污染的有效环节　聚丙烯袋厚度在 0.04～0.05mm，袋子上无微孔，底部缝隙密封好，装袋时应防止袋底摩擦造成破袋。

（4）灭菌彻底，密封冷却　在整个灭菌过程中防止中途降温和灶内热循环不均匀现象，常压灭菌需要 100℃保持 10h 以上，高压灭菌需 125℃保持 2h 以上。等温度降低，菌袋收缩后才能开门取出。出锅后的菌袋要尽量避免与外部未消毒的空气接触，放在彻底消毒的冷却室。

（5）选用优质菌种，严格接种

① 确保接种室和接种箱清洁无菌。接种室应设有缓冲间，在菌袋进入之前要进行消毒，在接种前用 40％二氯异氰尿酸钠熏蒸，

能有效地防治木霉孢子。有条件的地方尽量用无菌操作台放入接种室内接种，并且在接种前提前打开操作台半小时，这样能形成无菌环境。

② 严格接种。在接种时要使用纯净、适龄和具有旺盛活力的菌种，适当增加用种量，减少木霉侵染机会。在人工调温的接种室内，最好在 20℃ 低温下接种。接种操作要严格、规范，不使霉菌孢子落于料中。

（6）恒温发菌，及时检查木霉　22～25℃ 发菌可有效降低由温差引起的空气流通而带入的杂菌，减少木霉污染。发菌期勤检查，及时检出污染袋，以降低重复污染机会。菌种发菌期间，每 5 天左右对培养室喷洒 1：1000 倍克霉灵，对环境进行消毒。发现木霉后，及时用 1：1000 倍克霉灵喷洒或注射、涂抹污染区和菌袋，污染严重的菌袋要及时作焚烧或深埋处理。

（7）出菇期干湿交替，保持通风　适当降低空气湿度，减少浇水次数，防止蘑菇长期在湿度大环境下生长，在菇体转潮期不应天天浇水，保证一定干燥度。发现感染木霉的子实体要及时摘除，并在摘除处用 1：1000 倍克霉灵喷洒消毒。

（二）链孢霉

1. 病原

链孢霉亦叫脉孢霉、粗糙脉孢霉、红面包霉，俗称红霉菌、红娥子，常见的有粗糙脉孢菌和间型脉孢菌。在分类学上属子囊菌亚门、粪壳霉目、粪壳霉科。链孢霉生长初期呈绒毛状，白色或灰色，匍匐生长，分枝。具隔膜，生长疏松，呈棉絮状。分生孢子梗直接从菌丝上长出，与菌丝无明显差异，梗顶端形成分生孢子。分生孢子卵形或近球形，成串悬挂在气生菌丝上，呈橘红色。大量分生孢子堆集成团时，外观与猴头菌子实体相似。

2. 症状

该菌的孢子萌发、菌丝生长速度极快。特别是气生菌丝（也叫产孢菌丝）顽强有力，它能穿出菌种的封口材料，挤破菌种袋，形成数量极大的分生孢子团，有当日萌发、隔日产孢、高速繁殖之特性。在 20～30℃的温度范围内，在斜面培养基上，一昼夜可长满整个试管。在麦粒培养料上，如发现感染上链孢霉，料面迅速形成橙红色或粉红色的霉层——分生孢子堆。霉层如在塑料袋内，可通过某些孔隙迅速布满袋外，在潮湿的棉塞上，霉层厚可达 1cm。3天后整个生产场地都布满了链孢霉红色的孢子，菌袋一经污染很难彻底清除，常引起整批菌种或菌袋报废造成毁灭性损失。该菌来势之猛、蔓延之快、危害之大，并不亚于木霉。一旦大发生，便是灭顶之灾（图 1-215，彩图）。

图 1-215　链孢霉

3. 发病条件和传播途径

（1）发病条件

① 温度：链孢霉菌丝在 4～44℃均能生长，25～36℃生长最快，4℃以下停止生长，4～24℃生长缓慢。链孢霉菌丝有快速繁殖的特性，在 31～40℃条件下，只需 8h 菌丝就能长满整个试管斜面。孢子在 15～30℃萌发率最高，低于 10℃萌发率低。由于链孢霉在 30℃以上生长迅速，在高温期第 1 天只要发现一部分菌袋感染上了链孢霉，第 2 天就会传至整个房间，导致"满膛红"。而双孢菇菌种生产大多在高温季节，因此它是菌种生产期间危害最严重的一种病害。链孢霉孢子极耐高温，在湿热的 70℃下持续 4min 后才会失去活力，干热 121℃下持续 1h 仍有发芽能力，并且穿透力极强，能穿透报纸甚至是塑料

薄膜。

②湿度：在食用菌适宜生长的含水量范围内（53%～67%），链孢霉生长迅速。棉塞受潮时能透过棉塞迅速伸入瓶内，并在棉塞上形成厚厚的粉红色的霉层。含水量在40%以下或80%以上，则生长受阻。

③酸碱度：培养基的pH值在3～9范围内都能生长，最适为pH值5～7.5。

④空气：链孢霉属好气性微生物，在氧气充足时，分生孢子形成快，无氧或缺氧时，菌丝不能生长，孢子不能形成。

⑤营养：菌种培养料糖分和淀粉过量是链孢霉菌发生和蔓延的重要原因之一。

（2）传播途径　链孢霉广泛分布于自然界土壤中和禾本科植物上，尤其在玉米芯上极易发生。其分生孢子在空气中到处飘浮，主要以分生孢子传播危害，是高温季节发生的最重要的杂菌。

4. 防治办法

①接种室和培养室内外要搞好常规消毒，链孢霉污染的培养料切不可在菌种场内外到处堆放。链孢霉一般主要是从原料的麦麸、米糠等带入，所以要求菇农在选用原材料时，要用新鲜、无结块、无霉质的，同时要清理操作场地周围报废的霉烂物，当天制棒剩下的培养料一定要清理干净。

②培养料和接种工具灭菌要彻底，接种箱认真消毒，菌种要求无杂菌。

③菌种适龄、健壮，接种要严格无菌操作，降低接种过程的杂菌污染率。严防划破菌种和栽培的塑料袋，防止链孢霉孢子从破口处侵入。

④降低培养室内空气湿度和温度，控制链孢霉的生长。

⑤要及时检查菌种瓶、菌种袋，如发现链孢霉，在分生孢子团上（红色的链孢霉菌块）涂上柴油（可防止链孢霉的扩散），挑出来烧毁，杜绝链孢霉孢子再次感染。

(三) 褐色石膏霉

1. 病原

褐色石膏霉，属于半知菌亚门、丝孢纲、无孢目、无孢科。褐色石膏霉只有菌丝和菌核两种形态。菌丝初为白色，后渐变为褐色。菌核由球形的细胞组成，组织紧密，球形或不规则，用手触及有滑石粉状感觉。

2. 症状

褐色石膏霉又名黄丝葚霉，俗称"白粉病""黄粉病"，是草腐菌和覆土类品种常见的竞争性杂菌。发病初期，在培养料表面或覆土层面上出现浓密的白色菌落，随着菌落不断扩大，中心菌落的菌丝由白色逐渐转变为肉桂色，最后形成褐色粉末状菌落。

一般生产中很难注意到石膏霉菌丝初期的发展，只有当其形成"圆圈病"时才慌忙用药，以图"药到病除"，但往往因"药不对症"而收效甚微，危害大。这种霉菌初为斑块状浓密的白色菌丝，像撒上石膏粉一样，成熟后变成肉桂色。常发生在培养料及覆土层表面，有石膏霉生长的地方，双孢菇菌丝生长受到抑制。当杂菌干枯减少后，双孢菇仍可生长，但活力已大减（图1-216，彩图）。

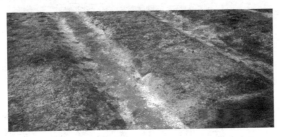

图1-216　褐色石膏霉感染症状

3. 发病条件和传播途径

在高温高湿环境、偏碱性的条件下容易发生褐色石膏霉，如蘑菇培养料在发酵过于熟化、料中氨含量偏高、水分偏多、温度偏高、覆土材料未经处理或处理效果不佳的情况下，容易出现褐色石膏霉危害。褐色石膏霉产生的褐色粉末（菌核）在空气中传播，成为下次侵染的病原。

4. 防治方法

① 掌握好发酵料的腐熟度，高温期栽培时适当减少培养料的氮肥含量，并降低料中含水量。

② 以通风、避光的方式降低发菌期菇房温度。当菇床出现褐色石膏霉时，应及时挖出病块，病块处不浇水，让其干燥，对石膏霉类病害侵染区扩大 5～10cm 范围，将病区覆土连同基料 5cm 纵深挖除，并随即清理出，再往料面喷代森锌 500 倍液或 50％的多菌灵 1000 倍液，2～3 天后补上新土，待病菌消除后再浇水促菇（图 1-217，彩图）。

图 1-217　处理后菌丝吃料正常

（四）疣孢褐地碗菌

1. 病原

疣孢褐地碗菌属子囊菌亚门、盘菌纲、盘菌目、盘菌科、盘菌属，子囊菌。子囊盘较小，丛生，无柄，深杯状，暗褐色，直径 3～6cm。子囊上部圆柱形，向下渐成长柄，有孢子部分（90～150）μm×（12～16）μm。孢子单行排列、椭圆形，有明显小疣，无色或稍有色，一般含有两个油滴，（18～22）μm×（8～10）μm。菌丝细长，浅黄色，有横隔，顶部膨大。

2. 病症

疣孢褐地碗菌俗称"假木耳"，在覆土上长出一颗一颗圆形、形似碗状的子囊盘。初出现时为近圆形，中间有一个开口，长大后，顶端开口形成碗状、无柄的子实体。子实体呈肉色，后期边缘开裂呈花瓣状。典型表现是覆土层上及菇畦周边或墙体上长满一层质地如木耳类的碗状肥嫩子实体，使双孢菇发生数量少甚至不发生菇蕾，自然影响产菇量。

3. 发病条件和传播途径

在有机质丰富、菇房湿度较大、通风较差的条件下容易发生。疣孢褐地碗菌生存在土壤和有机物质上，病菌随着栽培料、覆土材料进入菇床，也可由孢子随水和空气传入菇床，经过一段时间繁殖后发病（图 1-218，彩图）。

图 1-218 地碗菌危害状况

4. 防治方法

① 选择地势高、通风好的栽培场地，防止畦面积水引发疣孢褐地碗菌。

② 原材料必须新鲜、干燥、无霉变，培养料中加入 0.1％ 的 50％ 多菌灵。培养料最好进行二次发酵，消灭培养料中的病原菌。

③ 选用覆土要慎重，必要时进行消毒处理。

④ 一旦发现要及时挖除，小心移至菇房外，防止孢子成熟和扩散，并对染病处用无公害药物处理。连片棚区最好能集中挖除处

理、集中烧毁或深埋 40cm 以下，不可乱弃。

（五）鬼伞

1. 病原

鬼伞属担子菌亚门、层菌纲、伞菌目、鬼伞科、鬼伞属。侵害双孢菇的鬼伞主要有毛头鬼伞、长根鬼伞、墨汁鬼伞和粪污鬼伞。鬼伞菌丝白色，子实体早期白色，很快变黑液化。

2. 病症

在鬼伞生长的菇床表面见不到菌丝，只见到一簇簇的鬼伞小菇蕾从中冒出，很快即开伞并流出墨汁般的液汁，令人十分厌恶。鬼伞会与蘑菇菌丝竞争，影响蘑菇产量。

3. 发病条件和传播途径

鬼伞喜高温高湿的环境条件，在 25～40℃生长迅速，20℃以下则发生较少。培养料 pH 值在 4～10 鬼伞都能生长，其繁殖力极强，一旦发生，如不及时防治，则迅速成为整个菇床的优势品种。鬼伞在自然界中广泛分布，孢子和菌丝生存于秸秆和厩肥上，由空气、水流和培养料带菌造成危害（图 1-219，彩图）。

图 1-219　菇床上产生的鬼伞

4. 防治方法

① 搞好菇房（场）的环境卫生，选择新鲜、干燥、无霉变的稻草、棉籽壳等原料，使用前先暴晒 1～2 天。

② 培养料成熟度要好，游离氨多时要用甲醛处理后再上床。适当加大播种量，让蘑菇菌丝尽快长满菌床，抑制鬼伞的发生。

③ 当菇床上发现鬼伞时，应在其开伞前及时拔除，防止其孢子传播而污染环境，拔除后及时用 1：1000 倍的克霉灵喷洒菇床。

二、主要侵染性病害

（一）蘑菇褐腐病

褐腐病又称疣孢霉病、湿泡病、白腐病等，它属半知菌亚门、丛梗孢目、丛梗孢科、疣孢霉属。分生孢子梗呈轮枝状分枝，顶端单生分生孢子。无性孢子有两种形态：一种是薄壁分生孢子；另一种是双细胞的厚垣孢子。

1. 发病症状

蘑菇子实体受到疣孢霉严重感染时，子实体分化受阻，形成畸形菇，受轻度感染时，菌柄肿大成泡状或出现褐色斑点。蘑菇发育阶段不同，症状也不同。子实体未分化时被感染，会形成如马勃状的组织块，其上覆盖一层白色绒毛状菌丝，这种组织块逐渐变褐，并从患病组织中渗出暗褐色汁液。如果在蘑菇菌柄和菌盖分化后感病，菌柄就会变褐色，基部有绒毛状病菌菌丝。在子实体发育末期被感染子实体被感染部位（菌柄或菌盖）会出现角状淡褐色斑点，而看不到病菌菌丝。若病菇组织留在菇床上，会逐渐变色，并渗出褐色汁液（图 1-220，彩图）。

图 1-220　蘑菇褐腐病病菇

2. 发生条件

疣孢霉是土壤习居菌，蘑菇疣孢霉病的初侵染源主要是覆土中的疣孢霉厚垣孢子。旧菇房栽培床架及周围环境中存在的疣孢霉孢子也可成为初侵染源。疣孢霉厚垣孢子在土中很少萌发，只有当周围有蘑菇菌丝生长时才受刺激而萌发，萌发的菌丝可侵染蘑菇子实体。疣孢霉厚垣孢子的抗逆性很强，在土壤中可存活 1 年以上，故上一年留在土壤中的疣孢霉厚垣孢子都可能成为下一年的初侵染源。若随意乱丢病菇，致使土壤中疣孢霉孢子数增加，加上覆土消毒不严，往往导致疣孢霉病大发生。

疣孢霉病的次侵染源（重复感染源）是菇床上的病菇。病菇上的疣孢霉孢子在喷水期间散向四周传播，人、昆虫、螨类、气流等也可传播。高温、高湿环境条件有利于疣孢霉病发生。当菇房温度连续几天高于 18℃，空气不流通，相对湿度在 90% 以上时，疣孢霉病就会发生，蘑菇从开始感染疣孢霉到发病约需 10 天。当温度低于 10℃ 时，疣孢霉病则很少发生。

3. 防治措施

（1）覆土处理　覆土是疣孢霉的主要传播媒介，因而消毒覆土是控制疣孢霉病发生的关键。覆土材料宜用距地表 15cm 以下的土，这样可避免把地表层的病虫害带入菇房。疣孢霉病发生严重的地区，河泥、塘泥等含疣孢霉孢子较多，不宜使用。覆土材料取回后，在烈日下曝晒至干燥状态，使用时每立方米土用 5% 甲醛溶液 10kg，调至土粒呈湿润状态，然后用薄膜覆盖密闭 1 天，再摊开晾 1 天，让甲醛挥发后使用。若用蒸汽消毒覆土，可在 65℃ 下保持 1h。

（2）菇房处理　菇房位置应远离垃圾场、猪牛棚等病虫较多的场所。若培养料在菇房内进行二次发酵，可结合巴氏消毒法通过蒸汽消毒。若不在菇房内进行二次发酵，可用甲醛消毒，按每立方米 10ml 甲醛、5g 高锰酸钾的量熏蒸 12h，或用气雾消毒盒按每立方米 4g 熏蒸 2h 以上。

（3）覆土后出菇之前处理　在菇房及周围环境均匀喷洒苯并咪唑类农药，可有效防止疣孢霉病发生，常用的农药有多菌灵、甲基托布津、疣孢净等，使用浓度 500～1000 倍。

（4）发病菇床处理　若遇疣孢霉病大面积发生，注意通风换气，应立即停止喷水，挖掉菇床上的病菇及疣孢霉菌丝块。菇房用甲醛或气雾消毒盒熏蒸 1h，用量处理同上，注意不能熏蒸太久。熏蒸后立即通风 2～3 天，待菇床表面干燥，再均匀喷洒上述苯并咪唑类农药，使用浓度同上。注意一定要喷湿喷匀表层覆土，周围环境也要均匀喷雾，这样再调水之后，仍可正常出菇。

（二）胡桃肉状菌

胡桃肉状菌是食用菌病害，是一种生活在土壤中的真菌，在自然界分布很广泛，土壤是它的传染源。

1. 发病症状

侵染菌种时，在未长满的菌种瓶中出现浓密的白色菌丝，菌丝较短，有许多小白点，易被误认为是菌丝徒长或发生菌丝变异。拔掉棉塞，会闻到一种漂白粉味道。

培养料感染此病，会出现成串、不规则的白色小菇蕾，向四周扩散，并有浓烈的漂白粉味，蘑菇菌丝逐渐消失。在覆土层中与培养料上形成不规则脑状物，表面有不规则的皱褶，极似核桃仁和花椰菜。它的子囊果有时可集成很大一团，直径可达 5～10cm。但很容易分开成许多小块，直径 0.5～1.5cm 不等。菌肉疏松质软，捏破后有一股令人厌恶的腥臭味。

2. 发病条件

胡桃肉状菌在温度 16～29℃范围内，菌丝生长速度超过蘑菇菌丝生长速度，特别是蘑菇菌丝能刺激该菌的萌发、生长。在28℃的条件下，经过 9～10 天就可以形成许多子囊果。该病菌适于在含水量 65%～70%的培养料上生长，空气湿度在 95%以上时生长最旺盛。在 pH 值 4～10 范围可生长，最适 pH 值 5～6。因此，高湿度、高含水量、偏酸性的情况下，胡桃肉状菌最适宜生长。

3. 传播途径

土壤是胡桃肉状菌的传染源，没有充分发酵的培养料及感染有胡桃肉状菌的蘑菇菌种，都是它的传染途径。另外，操作人员的手、工具、昆虫都可以传播此病。还有旧菇房原有的床架、地面没有彻底地进行消毒就继续使用，也是造成该病流行的原因。

4. 防治措施

胡桃肉状菌有较强的耐热和抗药能力，又是土壤中的一种常见菌，发生危害时它和蘑菇菌丝混杂在培养料中，只能采取综合防治措施。

① 不要到有该病大量发生的疫区去购买菌种。也不要到有该病发生的菇房去选择种菇和分离菌种。

② 患过此病的菇房，要严格消毒，有条件的地方，应淘汰竹木床架。

③ 堆制培养料要防止料偏湿，保证堆温上升到 75℃左右。因为胡桃肉状菌的子囊果和孢子在 70℃上保持 12h 就会被杀死。

④ 在选择土壤时，不要选择在上年已发生病害的蘑菇废料田中去挖取覆盖泥土。土壤挖取后，用甲醛喷雾后闷 2～3 天进行消毒。

⑤ 菇房的管理要注意通风换气，要防止菇房形成一个高温、高湿、又不通气的不良环境。对已发生胡桃肉状菌的床面，要马上撒上一层生石灰粉，面积比发病区大。同时，停止喷水 15～20 天，检查该病是否已被控制，连同土粒取出菇房处理，覆上高 pH 值的新土粒。当气温下降到 15℃ 以下时，再喷水，过一段时间后，还能长出蘑菇。

（三）轮枝霉病

轮枝霉病又叫干泡病、干腐病、黑斑病等，属真菌门、半知菌亚门、丝孢纲、丝孢目、丛梗孢科。它除危害双孢菇、平菇外，还侵染银耳。

1. 发病症状

一般不侵染菌丝体，只侵染子实体。轮枝霉病蔓延很快，对子实体具有很强侵染力，原幼菇受侵染后，病菌菌丝能侵入子实体的髓部，使菌柄基部异常膨大并变褐，外层干裂。如在子实体中后期受侵染，在菌盖上还产生许多不规则的、针头大小的褐色斑点，并逐渐扩大产生凹陷，凹陷部分呈灰白色，充满轮枝霉的分生孢子，菌柄加粗变褐，外层组织剥裂，病菇歪斜畸形，不腐烂，无臭味，最后干裂枯死，切开病菇观察，其组织内部呈黄褐色、干燥、疏松状。蘑菇从感染到出现褐色病斑，病程约需14天（图1-221，彩图）。

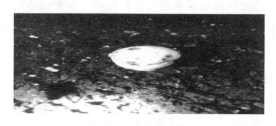

图 1-221　轮枝霉病

2. 发病条件

轮枝霉病菌广泛存活于土壤及空气中，其最适生长温度为22℃左右，低于12℃时生活能力很差，基本不表现危害症状。该病菌的分生孢子常黏成一堆，通过菇蝇、螨类传播，也可黏附于土壤、工具及人体等各处传播，还可随培养料及覆土进入菇房。该病原菌的首次侵染主要是由土壤和空气中存活的病原孢子萌发所致，而发病后的迅速蔓延则是通过人体、工具、气流、虫类甚至溅水传播，当出菇室温度高、通风不良、空气相对湿度大时易发病。

3. 防治措施

一是对于该病多发地区，双孢菇覆土后，除了栽培床外，对菇房的床架、地面、墙壁等处喷洒一遍 500 倍的疣霉净药液进行预防。二是发病初期，应立即停止喷水，降温到 15℃ 以下，同时在病菇周围可用 2% 甲醛、1∶500 倍的疣霉净药液连续喷洒 2 次以上。危害比较严重时，先清理所有病菇，停止用水，通风干燥，将病菇焚烧后再喷药，可抑制病菌蔓延。三是对所有可能带菌的工具、材料等均使用 500 倍的疣霉净药液刷洗，同时对害虫进行 1 次彻底杀灭处理，以防虫体带菌。

（四）细菌性斑点病

蘑菇细菌性斑点病又名细菌性麻脸病，是蘑菇生产上的常见病害，在高温高湿的环境下，迅速发病和流行，严重影响了品质和产量。

1. 病原菌与症状

斑点病是由一种广泛分布于空气、土壤、水源和培养料中的托拉斯假单孢杆菌引发的疾病，此病最典型的症状是菌盖表面产生暗褐色小区或病斑。发病初期颜色较浅淡，逐渐发展为暗褐色病斑，严重的导致菇体畸形，菌盖上发生斑点症状的地方会裂开。有时菌柄可发病，菌盖症状分布的部分通常都是菌盖上水分保持较长久的部分。在长期潮湿的状况下，其组织抗性降低而导致细菌侵入发病（图 1-222，彩图）。

2. 发病条件

在出菇阶段的温度范围内，引发斑点病的重要因素是湿度。当菇房内湿度超过 90%，加上通气不够，凝聚在菇盖上的水分得不到及时蒸发，就极易引起细菌侵入而发病。病原菌一旦在蘑菇上蔓延，使得覆土里细菌数量超过临界水平时，大量的蘑菇就会得病。

图 1-222　细菌性斑点病

3. 防治措施

① 适当降低菇场内湿度，加大通风量，是减少细菌性病害的有效方法。

② 药剂防治：当出现病状要及时用药，控制病害程度。选用对细菌防效较好的药剂，如 200～400mg/kg 链霉素，能有效地控制住病害的蔓延和发展。

③ 及时清除病菇和废料，保持菇场清洁干净。

三、主要生理性病害

（一）菌丝生长常见生理病害

1. 播种后菌种不萌发

（1）原因　播种时温度过高，连续 2～3 天高于 32℃，使菌丝灼伤；播种后温度高于 30℃，且菇房通风不良，使菌种因闷热而不萌发；料内氨气过重，使菌丝中毒；菌种老化等。

（2）防治方法　如播种后遇高温天气，要在早、晚通风，使菇房温度下降，防止菇房长期处于闷热状态；如料内氨气过重，可采用打扦、翻格等措施，排除氨气，再进行补种；如果菌种老化，必须重新补种。

2. 菌种萌发不吃料

（1）原因　培养料太干或太湿，培养料偏酸。

（2）防治方法　如培养料太干，可用报纸覆盖，向报纸上喷洒1%石灰水加湿或提高空气相对湿度；如培养料太湿，可采取反打扦或撬料处理，再加大通风，使料内水分蒸发；如培养料偏酸，可用 pH 值 8.0～9.0 的石灰水喷洒。

3. 覆土后菌丝不上土

（1）覆土层水分过多　覆土层水分过多，水分渗透到培养料内，料面菌丝萎缩或死亡，造成菌丝不上土，此时可停水并打扦加强通风，使菌丝恢复生长。

（2）水分不足　虽然土表层水分较合适，但与培养料表面接触的土层较干，菌丝无法上土。此时可加大调水量和喷水次数。

（3）土层酸碱度不适宜　覆土材料 pH 值不能低于 5.0，否则菌丝不能上土。此时可用 pH 值 8.0～9.0 的石灰水进行调节。

4. 覆土后菌丝徒长

（1）产生原因　调水后菇房温度在 22℃ 以上，二氧化碳浓度在 0.1% 以上，空气相对湿度在 90% 以上，通风又不良，使菌丝处于适于菌丝生长而不利扭结出菇的条件下，菌丝会徒长。

（2）解决办法　调水要慢，不可过急。表层土要适当偏干一些以促进菌丝在土中生长。喷水在早、晚气温低时进行，加大通风，降低湿度，使菇房环境适于出菇而不适于菌丝生长。在菌丝生长到一定程度时，可加大通风使菌丝倒伏，抑制菌丝向土面生长。如气温较高，不适于出菇或床面已经轻度冒菌丝，可加盖一薄层细土，待气温下降后再调水结菇。如果菌丝已经形成菌皮，可用刀片、钉耙、竹片等将菌皮刮去，适当补土，加强通风，促使断裂的菌丝扭结出菇。如果温度不适合结菇，最好连同菌丝及表土一起扒掉，再覆一层细土，待温度适宜再调水促菇。

（二）出菇常见生理病害

1. 死菇

（1）症状　菌床上长出的幼菇开始萎缩、发黄，最后成片或成批死亡。

（2）病因

① 出菇时温度高（22℃以上），或春季气温回升过快，连续数天温度超过21℃，造成营养倒流，菇蕾或幼菇因得不到营养而萎缩死亡。

② 菇房通气不良，二氧化碳浓度高，小菇因缺氧而死亡。

③ 覆土后至出菇前，菌丝生长过快，出菇部位高，出菇太密，部分菇蕾也因得不到营养而死亡。

④ 气温较高（22℃以上），空气湿度大（95%以上），通气又差，造成菌丝体或覆土表面积水，小菇由于得不到充足氧气窒息而死。

⑤ 采菇时操作不慎，伤及小菇而死。

⑥ 覆土层盐分偏高或含有有害物质，以及喷洒过浓的肥水，造成养分不畅。

（3）防治方法　首先查找和分析死亡原因，采取有针对性的防治措施。要根据当地气候条件，选择最佳播种期，避开高温时出菇；调整好菇房温度，防止高温侵袭；喷水的同时要开门窗通风，防止床面积水；采菇时小心操作；选择覆土要适宜，如覆土不适，要换土；追施营养浓度要适当；出菇期间最好不使用化学药物。

2. 地雷菇

（1）症状　地雷菇又称顶泥菇，指在培养料内、料表或粗土层下发生，长大后破土顶泥而出的菇。地雷菇多出现于产菇初期，质量差、出菇稀。而且在出土过程中，会常常伤害周围幼小菇蕾，影响正常出菇的产量和质量（图1-223）。

图 1-223　地雷菇

（2）病因

① 培养料过湿、培养料混有泥土、覆土层过干，使菌丝在覆土层下或培养料内扭结分化形成原基，顶泥而出。

② 土层调水时间过长，加上菇房通风过量，菇房温度降低，都会抑制菌丝向土内生长，造成提早结菇；土层过厚，调水不及时，调水过快、过急或调水后通风过量，土层湿度不够，菌丝迟迟不上细土，会使结菇位下降，最后形成地雷菇。

③ 结菇水喷用过早、过急或过大，会抑制菌丝向土层上部生长，使菌丝在粗土粒之间扭结形成原基，造成出菇稀、结菇部位不正常、"地雷菇"增多。

（3）防治方法　科学调制培养料，达到含水量适中、料中无杂质、不混入泥土；覆土层厚薄要均匀，干湿均匀；覆土后及时恰当调水，调水的同时适当通风。但通风量不宜过大，调水后减少通风量，保持菇房空气相对湿度 85％左右，勿使料温和覆土温度相差过大，促使菌丝向土层生长、幼菇顺利出土；适时适量喷洒"结菇水"。

3. 薄皮菇

（1）症状　菌盖与菌柄的间隙偏大，柄细、盖薄，提早开伞（图 1-224，彩图）。

（2）病因

① 出菇期间气温变化大，昼夜温差在 10～15℃或受冷空气侵袭。

图 1-224 薄皮菇

② 温度偏高而湿度又偏低，床面也偏干，子实体生长快，但得不到适宜的水分，致使幼菇早开伞。

③ 培养料薄而偏干，覆土薄、水分又不足，幼菇由于得不到充足营养和水分，菇体小、菌盖薄、提早开伞成熟。

④ 采收偏晚。

（3）防治方法　调控好菇房温度和湿度，防止昼夜温差过大，气温骤变时，适当关闭通气窗，或在菇房顶及窗口加草帘，以保持菇房适宜的温度和湿度；培养料发酵要好，含水量适中，菌床上铺料厚度适当，覆土调水及时而适宜；采收要适度，不能过晚。

4. 空根菇

（1）症状　双孢菇菌柄变成白色疏松的髓，有时髓收缩脱落成中空的现象，对双孢菇的产量和质量影响很大（图 1-225，彩图）。

图 1-225 空根菇

（2）病因　菇房温度超过18℃时，子实体迅速生长，如果此时菇房喷水少、空气湿度低，覆土中含水量也不足，形成上干下湿菌床，子实体由于得不到充足水分，菌柄髓部因缺水而形成空心。

（3）防治方法　每潮菇发生后要适当喷1次出菇水，使土层水分充足；当菇房温度高时，加强菇房通风，通风在早、晚进行；覆土后调足水分，同时保持空气湿度85%～90%；每采收1潮菇后，喷1次重水，使整个出菇期间有足够水分。

5. 锈斑菇

（1）症状　子实体表面形成铁锈色斑点，形似细菌斑点病，但与细菌斑点病不同的是斑点仅发生在子实体表面，不向内部扩展，影响双孢菇的质量（图1-226，彩图）。

图 1-226　锈斑菇

（2）病因　菇房喷水时未同时开门窗通气，菇房湿度达95%以上，加之气温低，水分蒸发慢，菇体上长期凝结有水珠，久之形成铁锈斑；覆土带有铁锈色时，子实体表面也会产生铁锈斑。

（3）防治方法　喷水时和喷水后都要加强通风，待水汽落下后适当关闭门窗；阴雨天和潮湿天气，要加强菇房通风，促使子实体表面水分蒸发；杜绝用铁锈色的土壤覆土；铁锈斑严重的菇床，可喷0.5%～1%的食盐水1～2次，喷后及时通风，能防止锈斑的发生。

6. 鳞片菇

（1）症状　菌盖表面出现龟裂起皮，似鳞片（图 1-227，彩图）。

图 1-227　鳞片菇

（2）病因　产菇期土层板结、土层含水少、空气湿度偏低，不能满足菇体生长所需的水分和营养；菇房温度低、干湿变化大，菇体处于低温及干燥的环境中，菌盖表皮细胞失水快、发育慢；甲醛气体刺激菇体；与栽培菌株有关。

（3）防治方法　产菇期保持适宜的土层湿度和空气相对湿度；菌床缺水要补水；长菇期不要用甲醛等刺激性药物；使用优质菌株。

四、双孢菇主要虫害

在栽培双孢菇中，有多种害虫不但危害蘑菇菌丝、子实体，又是传染各种病害的媒介。双孢菇害虫主要有螨类和昆虫等，跳虫、蝼蛄、蛞蝓，甚至老鼠也对双孢菇有一定危害。

1. 螨虫

（1）发生特点　危害的螨类（图 1-228）较多，主要有蒲螨和粉螨。其形态特征及发生规律如下。

① 蒲螨。雌虫身体呈椭圆形，两端略长，黄白色或淡褐色，扁平，长 0.2mm 左右，头部较圆，具有可以活动的针状螯肢。雄螨体较短，近似菱形，第 4 对足末端向内弯曲，附节末端有一粗爪。蒲螨行动较缓慢，喜群体生活。主食菇类菌丝，制种、发菌、

出菇期都有发生。大量发生后，犹如撒上了一层土黄色药粉。

② 粉螨。体型比蒲螨大，圆形，白色，单个行动，吞食菌丝。大量发生时，可使培养料菌丝衰退，但不造成毁灭性危害。

图 1-228　螨虫

（2）危害情况　螨繁殖能力极强，个体很小，分散活动时很难发现，当聚集成堆被发现时，已对生产造成损害，使人防不胜防。螨不仅危害食用菌本身，而且对人体也有危害。一是螨直接取食菌丝，造成接种后不发菌或发菌后出现"退菌"现象，导致培养料变黑腐烂。二是取食子实体，子实体生长阶段发生螨害时，大量的菌螨爬上子实体，取食菌褶中的担孢子，并栖息于菌褶中，不但影响鲜菇品质，而且危害人体健康。三是直接危害工作人员，菌螨爬到人体上与皮肤接触后，将引起皮肤瘙痒等症状。

（3）防治方法

① 菌种要挑选好。把握好菌种质量关，挑选不带害螨的菌种接种，使菌种纯洁纯净。

② 环境要卫生。菇房培养室和出菇场地要远离禽舍和麸皮仓库，发菌前先用40%乐果0.25kg与20%三氯杀螨醇混合液喷洒培养室和出菇场地，然后再将菌袋移入。

③ 清除污染源。对于污染或危害严重的培养料要及时清除，同时对污染的环境进行清洁和消毒。

④ 烟叶诱杀。将新鲜烟叶平铺在菌螨危害的培养料面上，待烟叶上菌螨聚集较多时，轻轻将烟叶取下，用火烧掉。

⑤ 猪骨诱杀。将新鲜猪骨头排放在菌螨危害的床面上，待诱集到一部分螨虫时，将猪骨轻轻拿离，用沸水烫死，如此反复直到杀完为止。

⑥ 糖醋纱布诱杀。取沸水 1000ml、醋 1000ml、蔗糖 100g，混匀，搅拌溶解后，滴入 2 滴敌敌畏拌匀即为糖醋液。把纱布放入配制好的糖醋液中浸泡湿透，再铺放在螨虫危害的培养料上或菇床上，诱集菌螨到纱布上后，取下纱布用沸水将螨虫烫死。

⑦ 油香饼粉诱杀。取适量菜籽饼研成饼粉，入热锅内，用微火干炒至饼粉散发出浓郁的油香味时出锅。在菌螨危害的料面上或床面上盖上湿布，湿布上面再铺纱布，将油香饼粉撒于纱布上，待菌螨聚集纱布后，取下纱布用沸水烫死。连续诱杀几次，即可达到彻底根治的目的。

2. 线虫

（1）发生特点　线虫（图 1-229）是线虫门、线虫纲的一种极微小的蠕形小动物，种类繁多，其中有几种（食菌茎线虫、蘑菇滑刃线虫和小杆线虫）对蘑菇危害极大。线虫喜湿，喜中温，18℃时繁殖最快，幼虫在 2～4 天成熟，成熟后以体内繁殖的方式生出几条小幼虫。温度 55℃时 5h，60℃时 3h 可致死。线虫耐干旱本领特强，遇到干旱时呈假死状态，不食不动仍维持生命。土壤和水是线虫的主要传染源，人类和动物的活动、风、气流也能使线虫传播。潮湿、闷热、不通风菇房容易受线虫危害。

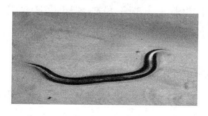

图 1-229　线虫

（2）危害情况　受线虫侵染，菇房内土层菌丝消失，培养料变黑，有臭味，出菇减少，局部出现死菇，并逐步扩大。死菇菇盖呈褐色，有一股难闻的鱼腥臭气，挤出病菇液汁，镜检又能检出线虫。蘑菇线虫在料中取食蘑菇菌丝，破坏培养料层，难以发现，往往到成片菇床不出菇时才觉察，危害性很大，并且发生后难以用药剂防治。

（3）防治方法

① 菇房消毒。定期加强菇房四周环境的清洁卫生工作，用杀虫剂喷洒消毒消灭虫源。

每季结束后，及时清除废料。在培养料进房 7～10 天前，对空菇房进行消毒处理：用高压水枪仔细冲洗菇房四周、顶部和床架各个部位，清除残留的线虫。老菇房去除地面表土 2cm，铲除地表残留的线虫，撒一层石灰粉。

消毒时首先密封菇房，按每平方米甲醛 15ml、敌敌畏 3ml 用量计算，熏蒸消毒 3 昼夜，然后通风。在培养料进房前 1 天，在地面撒 0.5cm 厚的石灰粉，提高土表的酸碱度，控制线虫等病虫的危害。

② 严格培养料二次发酵工艺。由于菇房底层温度较低，在培养料进房时，底下 2 层床架不堆放培养料，以便提高料温，杀死培养料中的线虫。巴氏消毒阶段，要求室温（测不同部位）均匀，达 60℃ 以上，持续 8～10 小时以上，杀死每个角落的线虫及其他有害生物。然后慢慢降温，使菇房的室温在 48～55℃ 保温发酵 4～6 天。

③ 严格进行覆土材料选择和消毒。取土选择在远离虫源区；取表土 30cm 以下的泥土，晒干粉碎备用；覆土用的砻糠在储藏中要远离虫源，在使用前用 pH 值 12 石灰水浸泡 24h；最好用草炭代替砻糠。

按每 90m² 的覆土材料用甲醛 3～5kg、敌敌畏 1kg 进行消毒，根据覆土的干湿度稀释一定的浓度，快速、均匀地拌入土中，立即用薄膜密封。密封时间根据气温而定，一般气温 30℃ 以上为 72h；25～30℃ 为 5 昼夜；25℃ 以下为 7 昼夜。在覆土前揭去薄膜，让多余的甲醛挥发。

3. 菇蝇

（1）发生特点　菇蝇又称粪蝇，属双翅目，成虫体色为淡褐色或黑色，体长 2～5mm。有趋光性，爬行很快，能跳跃，常在培养料表面或土层上急速的爬来爬去。卵白色、细小，散生或堆生，幼虫白色或黄白色（图 1-230，彩图），长 3～4mm，俗称菌蛆。菇蝇在 24℃时完成卵—幼虫—蛹—成虫的生活史，周期只需 14 天。在 16℃时则需要 50 天，一年周而复始可繁殖多代。

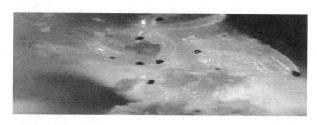

图 1-230　菇蝇幼虫

（2）危害情况　成虫不直接危害蘑菇，但能传播病菌和螨。幼虫啃食菌丝及子实体，被害床面菌丝消失，子实体被啃食成蜂巢状，失去商品价值。

（3）防治方法

① 卫生防治。菇房内外要保持清洁，死菇、菇根等废弃物不得在菇房及菇房外附近倾倒。

② 生态防治。堆料前粪肥先进行预堆，进房后采用后发酵技术，使用优良菌种，培育强壮菌丝，增强抵抗力，可达到防止蝇蛆发生的效果。

③ 药物防治。以菊乐合酯效果最好，可用 1000～1500 倍稀释液喷洒，也可以棉球蘸敌敌畏原液吊于空间驱杀。

④ 菇房门窗安装纱窗，防止菇蚊、菇蝇进入菇房危害。菇房内挂黏虫黄板（黄板边设一个小灯吸引害虫）和杀虫灯，杀灭菇房内的菇蚊、菇蝇成虫。

五、双孢菇病虫害综合防治

双孢菇病虫害如果发生量少，可通过药物等措施来控制杀灭，但是一旦大量发生，至今还没有一种有效办法来控制消灭。因此，双孢菇病虫害应以预防为主，运用一切手段做好综合防治工作。

1. 双孢菇病虫害来源

（1）菌种带有病虫害　使用的双孢菇菌种若未经严格检查，混有病菌和害虫，用这些菌种栽培会导致病虫害发生。

（2）培养料和覆土带有病虫害　若培养料没有发酵彻底或覆土消毒不严格，往往将病菌及虫卵带入菇床。

（3）自然传播　菇房墙壁、地面、床架及空气中都存在有大量病菌，在双孢菇制种及栽培中，稍有疏忽病菌就会侵入菌种内或料床上。害虫则潜伏在菇房周围的废料、杂草和枯枝落叶中，旧菇房床架及各种缝隙也会有害虫存在。当双孢菇栽培时，这些害虫嗅到双孢菇气味就会纷纷而来，反复产卵繁殖，危害双孢菇。

2. 综合防治措施

（1）选用优质菌种　生产上应选用高产、优质、抗病虫害能力强、抗逆性强的菌株。用于栽培的双孢菇菌种一般应由专业菌种厂生产供应，如省、市、县各级双孢菇菌种站等，这样可确保使用优质菌种。优质菌种一般应具备菌龄适宜，生命力强，不带病虫害，外观色泽洁白，打开菌种前可闻到双孢菇香味。凡是菌龄过长，菌丝萎缩、吐黄水、色泽暗淡，或菌丝严重徒长，以及有绿色、黑色或橘红色等杂菌孢子的菌种都是不合格的菌种，不可采用。

（2）做好培养料的发酵及覆土消毒工作　培养料成分配比适当，酸碱度及含水量适宜，堆制发酵好，这样一方面有利于双孢菇菌丝定植生长，使双孢菇菌丝体生长健壮，增强自身抗病虫害的能力，另一方面，培养料经过发酵可杀死料中的绝大部分病菌孢子和虫卵，减少病虫害来源。覆土也是传播病虫害的主要媒介，覆土材料应取用地表 30cm 以下的土，并经严格消毒处理。

（3）做好菇房的清理卫生工作　菇房位置应远离垃圾场、猪牛棚等病虫害较多的场所。菇房在使用前除了做好常规清洁卫生外，应进行 1 次全面消毒杀虫工作。栽培床架、菇房的墙壁、地面及周围空间等均应用甲醛和敌敌畏或气雾消毒盒密闭熏蒸 12～24h，另外，菇房的门窗最好装上纱门、纱窗，以防害虫飞入。

（4）做好双孢菇栽培的管理工作 根据各地的气候条件适时播种，加强菇房温度、水分、湿度、通风等管理。摘除的病菇及污染的培养料要及时处理，不宜久留。双孢菇在栽培过程中要经常检查床面，发现有病虫害出现或有异常气味要及时处理。

第二章

金针菇工厂化栽培

第一节 ▶▶ 金针菇概述

金针菇（*Flamnzulina Velutipes*），又名毛柄金钱菌、增智菇等，属于真菌门、担子菌亚纲、伞菌目、金钱菌属。金针菇以其菌盖滑嫩、柄脆、营养丰富、味美适口而著称于世，是凉拌菜和火锅的上好食材，深受大众喜爱。每 100g 鲜菇中含蛋白质 2.72g，脂肪 0.13g，碳水化合物 5.45g，粗纤维达 1.77g，铁 0.22mg，钙 0.097mg，磷 1.48mg，钠 0.22mg，镁 0.31mg，钾 3.7mg。据测定，金针菇氨基酸含量非常丰富，尤其是赖氨酸含量特别高，赖氨酸具有促进儿童智力发育的功能，故被称为"增智菇"。金针菇所含的朴菇素（flammulin）是一种碱性蛋白，具有显著的抗癌作用。常食金针菇可以预防高血压病，使胆固醇含量降低，还可以促进胃肠蠕动，防止消化道病变。它所含的酸性和中性的膳食纤维能吸收胆汁酸盐，调节胆固醇代谢和治疗肝脏及肠胃道溃疡病。1984 年 5 月，美国总统里根访华期间，在国宴上品尝了用金针菇做成的名菜"彩丝金扣"，倍加赞赏。金针菇的栽培历史悠久，早在公元 6 世纪《齐民要术》中已记载了金针菇的接种和培养方法，1928 年日本的森本彦三郎发明了以木屑和米糠为原料的金针菇栽培法，20 世纪 30 年代我国的裴维蕃、潘志农等也进行了瓶栽试验。日本 20 世纪 70 年代建立了瓶栽工厂化生产模式，从装瓶、接种、搔菌、挖瓶均采用了机械化操作手段，对生长环境进行人工控制，实现了周年化生产。1984年日本长野县通过生物工程方法育出了白色金针菇新品种，现在我国已得到大面积推广。在20世纪末，我国上海实现了金针菇人工栽培工厂化生产。近些年，规模化生产技术越来越成熟，形成了工厂化塑料栽培和工厂化瓶式栽培模式，整个生产过程55～70天，生物学转化率为100％～140％。

一、金针菇形态特征

金针菇的生理结构由菌丝体和子实体两个部分构成。

1. 菌丝体

菌丝体白色，绒毛状，有横隔、分枝及锁状联合，菌丝体发育到一定程度，互相扭结后形成子实体原基，原基进一步发育成子实体（图2-1、图2-2，彩图）。

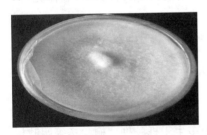 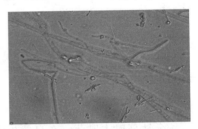

图2-1 菌丝生长外观形态　　　图2-2 菌丝显微形态

2. 子实体

菌丝体发育到一定程度，互相扭结后形成子实体原基，原基进一步发育成子实体。金针菇子实体丛生，极少单生，由菌盖、菌柄和菌褶等部分组成（图2-3，彩图）。

（1）菌盖　菌盖呈黄褐色或淡黄色或白色，幼小时呈尖球形至半球形，以后慢慢展开为扁平状，直径2～15mm不等，表面有胶质的薄皮，湿时黏滑，边缘薄，中央厚，菌肉白色。

（2）菌柄　菌柄细长中央生，长3.5～15cm，直径2～8mm，

图 2-3　金针菇子实体

脆嫩，淡黄色或白色，无绒毛或少绒毛，初期菌柄中实，内部髓心充实，后期变中空。菌柄基部相连，上部呈肉质，下部为革质。

（3）菌褶　菌褶白色或淡黄色，不等长，较稀疏，片状，放射状排列于菌盖的下面菌肉上。孢子生长在菌褶的两面，表面光滑，长椭圆形，孢子印白色。

二、金针菇营养需求

1. 碳源

金针菇属木腐菌，在自然界中多生于栎、桦、榆、杨等阔叶树的朽木上，在新的木屑上菌丝生长不是太理想。其碳源主要有淀粉、纤维素、木质素、葡萄糖等碳水化合物，金针菇栽培料中提供碳源常用原料有棉籽壳、阔叶树木屑（陈旧木屑为佳）、玉米芯、稻草、麦秸等。金针菇菌丝体在分解、摄取养料时，能不断地分泌出多种酶，将大分子化合物分解成金针菇菌丝体易于吸收的各种营养物质。

2. 氮源

金针菇通常可利用无机氮和有机氮。常利用的无机氮有铵盐，硝酸盐利用较差；用的有机氮有黄豆粉浸汁、玉米粉、马铃薯浸

第二章 金针菇工厂化栽培 ◀◀ 137

汁、牛肉浸膏、蛋白胨、酵母膏、尿素、豆饼、米糠、麸皮等。不同种类的氮源对金针菇菌丝生长的影响差异很大，有机氮源明显优于无机氮源，铵态氮优于硝态氮。金针菇在营养生长阶段，碳氮比以（20～25）∶1为好，而在生殖生长阶段以（30～40）∶1为宜。

3. 矿质营养

金针菇的生长发育需要钙、磷、钾、硫、镁等矿质元素，常利用的矿质元素有碳酸钙、硫酸镁、磷酸二氢钾、磷肥、石膏等。金针菇从这些无机盐中获得磷、铁、镁等元素。其中以磷、钾、镁三元素为最重要，适宜浓度是每升培养基加 100～150mg。镁离子和磷酸根可使金针菇菌丝生长旺盛、生长速度增快、子实体原基分化速度加快。

4. 维生素

一般情况下，金针菇是维生素 B_1、维生素 B_2 的天然缺陷型，在富含维生素 B_1、维生素 B_2 的培养基上菌丝生长速度快，粉孢子量少；反之，则菌丝生长速度减慢，粉孢子数量也会相应增加。麦麸和米糠中含有 B 族维生素，不需额外添加。

三、金针菇环境需求

1. 温度

金针菇属低温恒温结实性菌类，是食用菌中最耐寒的品种，故有冬菇之称。金针菇在 15～25℃时，孢子大量形成，在 16℃时孢子萌发，24℃最为适宜，超过 30℃不能萌发。菌丝在 3～34℃可生长，最适生长温度为 23～25℃，在 34℃以上生长停止。菌丝的耐低温能力很强，在 -21℃时经 18 天仍能存活。子实体生长温度范围是 5～20℃，适宜生长温度为 8～15℃。金针菇虽然能耐较低的温度，但在 3℃以下菌盖则变为麦芽糖色，冰点以下变为褐色，温度极低还会出现两个菇盖连在一起的畸形菇。

2. 湿度

菌丝体生长阶段，培养料的含水量为 $60\%\sim65\%$，空气相对湿度为 $60\%\sim65\%$；子实体生长阶段，空气相对湿度为 $80\%\sim90\%$，这样可以促进子实体迅速生长，菇丛密集、萌发整齐；低于 80% 子实体形成迟缓，甚至不易形成子实体；高于 90% 易使子实体滋生病害。子实体生长分化阶段所用水一定要洁净，水温要适宜。

3. 光照

金针菇菌丝生长阶段需要黑暗条件，光线强会抑制菌丝的生长。无光难以分化成子实体原基，子实体形成和生长阶段需要50～100lx 的散射光，这样可得到菌盖和菌柄色泽浅、基部绒毛少的子实体，并提高子实体产量。但光照时间不宜过强，否则子实体着色不良、菇丛散乱。金针菇对红光和黄光不敏感，为了保证商品价值，菌种或栽培室以红光作为工作光源较稳妥。另外，在管理中要注意子实体有明显的向光性。

4. 空气

金针菇是好气性菌类，必须有足够的氧气供应，才能正常生长。菌丝生长阶段，要注意培养室的通风换气，保持空气新鲜，使之生长健壮。一般情况下，子实体的生长也应具备良好的通风，但是，由于二氧化碳是决定菌盖大小与菌柄长短的主导生态因子，在市场需要小菌盖、长菌柄金针菇商品的条件下，则应适当调控二氧化碳浓度，当增高到 $0.1\%\sim0.2\%$ 时，金针菇菌盖生长明显受抑，菌柄伸长，形成菌盖小、菌柄长的高质量商品菇。实际生产中，最高不要超过 0.5%。如果严重通风不良和湿度过高，极易引发多种病害。

5. 酸碱度

金针菇菌丝体和子实体的生长需要弱酸性环境。菌丝体在 pH

值 4～8 范围内都能生长，pH 值以 6.0～6.5 最适宜，原基的分化和子实体的发育以 pH 值为 5.0～6.0 宜。

四、金针菇生活史

金针菇的生活史比较复杂，有性世代在每个担子上产生四个担孢子，有四种交配型（AB、aB、Ab、ab）。遗传性不同的单核菌丝之间进行结合，产生质配，形成每一个细胞有两个细胞核的双核菌丝。配对菌丝在经过一个阶段的发育之后，就在双核菌丝上扭结，形成原基，并发育成子实体。子实体成熟时，菌褶上形成无数的担子，在担子中进行核配，双倍核经过减数分裂，每个担子小梗先端着生四个担孢子。金针菇按上述的发育程序，完成自己的生活史。但金针菇的生活史和其他木腐食用菌略有不同，单核菌丝也会形成子实体，和双核菌丝的子实体相比，子实体小而且发育不良。

金针菇的无性阶段可产生大量单核或双核的粉孢子。粉孢子在适宜的条件下，萌发成单核菌丝或双核菌丝。单核菌丝经质配形成双核菌丝，并按双核菌丝发育程序，继续生长发育，直到形成担孢子为止。

五、培养特征

金针菇进行无性繁殖时，能或多或少地形成粉孢子，同时金针菇的菌丝还可断裂成节孢子。因而在菌丝培养时，在试管壁或瓶壁上可看到粉状团块的孢子。当菌丝培养时间长，养分不足或环境不适时，粉孢子形成就越多。一般情况下，选择粉孢子少的菌株作为生产上的优良菌种。

另外，金针菇是原基发生快的食用菌品种，因此，在母种、原种、栽培种及栽培袋上，经常可见到淡黄白色或白色的原基、小子实体。试管中粉孢子见图 2-4（彩图），试管中子实体见图 2-5（彩图）。

金针菇与其他食用菌品种不同，其子实体除了生长正常而健壮的主枝外，还可以产生第一次分枝和第二次分枝。菌盖、菌柄容易

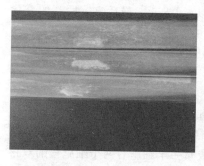
图 2-4 试管中粉孢子

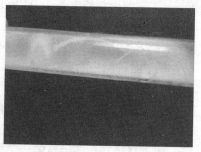
图 2-5 试管中子实体

伸长的子实体常是首先形成的主枝，而菌盖小、菌柄不容易伸长的子实体是从主枝长出来的第一次分枝（第一侧枝），第一次分枝上还可产生第二次分枝。利用金针菇上述性质，栽培时可以利用主枝产生第一、第二次分枝促进大量菇蕾产生，从而获得高产，这是我国独创的、也不同于其他菇类栽培的金针菇再生法栽培。

第二节 ▶▶ 厂址选择、厂房与设备、栽培方式和生产安排

一、工厂化金针菇厂址选择

由于金针菇的消费市场定位于消费水平较高的城市居民，从运输、保鲜的成本考虑，厂址应尽可能靠近消费市场，因为它的发展带有明显的地域特征。再从厂房选择的具体小环境来考虑，大体上包括交通运输、原料来源、地势高低、水源水质、电力供应、日照长短、晒场大小、废料去向等内容，要点如下。

（1）交通便利 选址应选在交通便利、道路条件较好的地方，以利于原材料的购进和产品的外运，以县城周围为好。

（2）环境条件好 水源充足，电力、能源供应有保证，土地平坦，排水通畅，周边社会治安状况良好。

（3）择邻而居　避免与化工厂、畜禽养殖场为邻，以避免废水、废气、害虫及杂菌的危害。

二、工厂化厂房设计与设备

（一）袋栽工厂化生产的设施与设备

1. 厂房建造

工厂化袋栽金针菇大多采用固定式 7～8 架式栽培，层间距 43cm。栽培库的面积不宜过大，48～60m² 较适宜，满库容量大致在 1.2 万～1.5 万包。金针菇袋栽工厂化生产需要专门的厂房设施，常见的由钢结构聚氨酯保温板建成，保温保湿。按照生产工艺，通常将生产厂房分隔为冷却室、接种室、培养室、出菇室、包装室和冷库等。原料仓库、拌料室、装袋室和灭菌室要合理布局，与其他厂房间隔一定距离。常见的层架与彩钢板材一体化专用厂房的建造包括三部分：室内层架制作、菇房彩钢板施工和将室内层架的立柱作为房顶撑重支撑柱，使房顶支撑横梁与层架连成一体。

施工流程如下。

（1）地面施工　10cm 石灰混合土，压实；在压实的石灰混合土上铺设 0.12mm 塑料膜 1 层；在塑料膜上方铺设 6cm 厚泡沫塑料挤塑保温板一层；在保温板上方浇制一层 6cm 厚沙石水泥混凝土；养护混凝土地面 10 天。

（2）菇房内铁制层架制作

① 每间出菇房内放置 4 个铁制层架，中间放置的 2 个层架宽 146cm、长 840cm、高 306cm，两边放置的 2 个层架宽 50cm、长 840cm、高 306cm。

② 菇房内铁制层架角铁采用国标 3×30 型号。

③ 铁制层架高度 8 层，层间距 43cm，下层离地距离 45cm，上层距离房顶高度为 60cm，立柱间距 1.4m，层架每层横撑间距 1.4m。

④ 铁制层架立柱升高至房顶部位，立柱上方设置横梁作为彩

板房房顶的支撑横梁。

⑤ 在铁制层架上方的支撑横梁上直接打孔安装顶层彩板。

⑥ 靠近外墙边沿的底层角铁用膨胀螺丝固定在水泥地面上。

⑦ 铁制层架焊制完工后喷涂灰色防锈漆。

（3）屋顶面板施工

① 顶层彩钢板采用 15cm 厚聚苯夹层复合板。

② 菇房四周墙面采用 10cm 厚聚苯夹层复合板。

③ 顶层彩钢板施工要求。支撑横梁每隔 40cm 彩钢板与横梁角铁共同钻孔，用高强度螺丝将彩钢板固定在横梁角铁上。

（4）房顶支撑横梁与层架连成一体

① 铁制层架的立柱加高至屋顶彩钢板下面的横梁。

② 横梁与立柱连在一起。

锅炉房放置锅炉与燃料，原料仓库主要存放生产原料。

拌料室主要放置搅拌机和送料带，因为培养料搅拌会产生大量粉尘，所以需与其他房间隔离并安装除尘装置，避免污染环境。搅拌机一次拌料量不宜过多，防止损害链齿或轴承。送料带每天完工后必须及时进行保养，保持清洁卫生。

装袋室是手工或机器装料的主要场所，要求有较宽敞的面积，主要放置装袋机、周转筐、周转小车，制袋机安装稳定，定期保养，由专人负责，工作后及时用细纱布打磨清理操作台面，清空机器内部所有残余培养料，谨防滋生杂菌。机器结合部位定期用黄油、链齿油或者机油进行保养。

灭菌室主要放置灭菌锅，是杀菌的主要场所，要求有良好的通风环境。灭菌完毕后培养料在冷却室内冷却。

2. 袋栽工厂化生产常用设备

工厂化生产各个阶段需要不同的生产设备，生产设备的配置应根据生产规模而定。设备配置不足，将影响产量；设备配置过剩，会造成浪费。金针菇再生法工厂化生产需配置的主要设备如下。

（1）搅拌机及送料带 搅拌机用于拌匀、拌湿培养料，常用搅拌机为低速内置螺旋形飞轮的专用搅拌机。因培养料搅拌时需要加水，所以搅拌机上方要排布水管，水管上均匀排布出水孔，各出水孔间隔10cm左右。培养料均匀搅拌至适宜含水量后由送料带将料送出。

搅拌机定期检修，检查链齿、链扣是否完整，检查链齿轴是否磨损、电机运行是否正常等。

（2）高压蒸汽灭菌锅　工厂化生产大多选用高压蒸汽灭菌锅，锅炉工和压力容器操作人员必须持证上岗，树立"安全生产，重在预防"的意识。要求员工上班时间，加强工作纪律，坚守岗位，不得擅离职守，严禁脱岗。严格执行操作制度，加强监管，制定锅炉房安全保卫制度、锅炉设备维修保养制度、锅炉工岗位责任制、锅炉运行操作规程四项制度。

（3）周转筐　用于盛放制作好的栽培袋，一般采用塑料筐，每筐装袋16包。

（4）周转小车　用于盛放和转移周转筐。周转小车将盛满栽培袋的周转筐推进灭菌室，灭菌后又将周转筐拉到冷却室冷却。

（5）接种流水线　专业净化公司安装。

（6）包装机　有袋装、盒装、真空及非真空包装机等，根据产品包装要求，选择包装机类型。

（二）瓶栽工厂化菇房设计与常用设备

1. 金针菇工厂化瓶栽菇房设计

金针菇工厂化生产各室的门统一开向走廊，一般廊宽2m。墙体喷涂聚乙烯发泡隔热层。菇架双列向排列，四周及中间留有过道，以便于操作和空气循环。发菌室菇床7层，层距0.40m；催蕾室和育菇室菇床5～7层，层距0.45m，底层菇床距地面0.25m。菇房可以根据用途分为发菌室，催蕾室和育菇室。

2. 金针菇工厂化瓶栽常用设备

主要有制冷、通风、喷雾、光照四种设备，必要设备有搅拌机、装瓶机、盖瓶机、灭菌锅、前处理机、接种机、搔菌机、包装机、起盖机和脱瓶机以及相关辅助设备，如搬运机、手推车等。可任意选用的设备包括链式传送机、竹筒式输送机、机械手、托盘装卸机叉车、斗车等。

下面就日生产10000瓶的栽培规模进行介绍。

1. 原辅材料的储备地

储藏面积最好200m² 以上，以便能够存放20天以上的生产用量。储藏场所均为水泥地，必须紧靠路边，便于大型货车出入。

2. 培养基配制车间

整个培养基配制车间面积最好在200m² 以上，设置培养料预湿间、大型搅拌机、装袋机。填料后的栽培瓶置入专用的周转筐内，再重叠在周转小车上，直接推入灭菌锅内灭菌。

3. 培养基灭菌室

灭菌室面积最好在100m² 以上，设置2个大型高压灭菌锅（灭菌量5000瓶），国内已采用双门灭菌锅，即锅体外用墙分隔成两部分，灭菌时，菌袋从前门进入后门关闭，灭菌结束后，菌袋从后门拉出，马上进入密闭性良好的冷却室。

4. 冷却室

由于在冷却的过程中存在冷、热空气的交换，这样栽培瓶可能在冷却室中造成冷空气回流带来的污染，因此冷却室要求严格。冷却室面积一般100m²，要求地面及墙体极光滑，冷却室必须进行清洁消毒，最好安装空气净化机，至少保持10000级的净化度。冷却室中的制冷机应设置为内循环，室内安装2~3台大功率制冷空调机，要求功率大、降温快，在最短的时间内将栽培瓶降至合适的温度，可减少空气的交换率，降低污染的风险。同时利用过滤空气使室内形成正压，以阻止外界空气进入冷却室。

5. 接种室

冷却后，将周转小车直接拉入隔壁的接种室，在接种室、无菌操作台和传送带接种，这种方法效率高。接种室必须具备以下特点。

第一，接种室必须有空调设备，使室内温度保持在18~20℃。

第二，接种室的地面必须易于清理，最好用环氧树脂等无尘材料。

第三，接种时由于有栽培种传输至外操作区域，所以室内必须保持一定的正压状态，且新风的引入必须经过高效过滤，室内保持10000级净化度，接种机区域保持100级净化度。

第四，接种室必须安装紫外线灯或臭氧发生器，对室内定期进行消毒、杀菌，紫外线灯安装时要注意角度和安装位置，使接种室消毒均匀周到。

第五，接种操作前后相关器皿、工具必须用75％酒精擦洗、浸泡或火焰灼烧。

6. 菌种培养室

菌种培养室紧挨接种室，有效面积以 $48m^2$（$6m \times 8m$）为宜，有效高度为 4.2m，每间摆放量约 10000 瓶。室内设置四个 7 层栽培架，左右两侧为两个小架（架宽 64cm），中间为两个大架（架宽 105cm），栽培架间的走道宽度为 75cm，层架的间距为 40cm，低层离地面 55cm，长度 6～7m。两侧栽培架不能紧靠墙壁，以利空气循环。每一间都有专用的制冷设备，以及通风、光照、加热、排气系统。根据计划日生产量、单产重量、培养天数及每间栽培架上可存放的数量，就可以计算出所需要的间数。

7. 催蕾室和育菇室

出库尽可能紧靠培养库，库内分隔成若干间，室内温度 5～15℃可任意调控，主要用于催蕾和育菇。出菇室也采用层架摆放，为了使出菇室内各个角落温湿度、通风尽可能均匀，出菇室的有效面积以 $48m^2$（$6m \times 8m$）为宜，每间摆放量约 10000 瓶。每一间都有专用制冷设备，以及通风、光照、加热、排气系统。为了便于操作，出菇库旁还设计包装间及冷藏间。

三、工厂化金针菇栽培工艺流程、栽培方式、时间安排

1. 工厂化栽培金针菇工艺流程

原料堆制发酵→原料过筛→混合配料→一次拌料加水→测含水

量→二次拌料→测含水量→三次拌料→装瓶（袋）→封口→装筐→
装车→蒸汽灭菌→出锅→冷却室降温→进接种室→接种 ➚养菌→搔
菌→催蕾→抑菇→套筒→育菇→采收→包装上市

2. 栽培方式

金针菇栽培根据所用容器有瓶栽和塑料袋栽培，塑料袋栽培投
资较低，栽培适用范围广，便于启动生产，瓶栽投资高，适合工厂
化生产。

3. 时间安排

金针菇属于低温结实性菌类。自然栽培主要考虑出菇温度是否
适宜，北方地区的低温时间较长，因此在自然气温条件下一般多在
9 月制包，10 月下旬到翌年的 4 月出菇。工厂化生产，则不受季节
限制，可周年生产。国内工厂化袋栽金针菇整个生产过程为 65～
70 天（视菌株和发育过程中对温度的控制），工厂化瓶栽周期为
55～60 天（视菌株和发育过程中对温度的控制），仅采一批菇，可
周年生产。

第三节 ▶▶ 工厂化金针菇菌种选择和生产

一、菌种的选择

目前国内栽培金针菇的品种根据子实体的色泽可分为黄色种和
白色种，白色金针菇是黄色金针菇的变异菌株，子实体菌盖与菌柄
都是白色，菌柄基部有绒毛，其他和黄色金针菇相似。黄色品种菌
柄挺直、脆嫩，味道鲜美，栽培一次可采收 3～4 茬菇，产量高。
白色品种子实体为白色，亭亭玉立，一般只采收 1～2 茬菇，产量
比黄色品种低，但出口菇主要以白色品种为佳，适合工厂化栽培。
我国 1982 年在国内选育出优良菌株"三明 1 号"品种，使我国金
针菇生产得到了迅速发展。1984 年，福建三明真菌研究所采用选

育出的"三明1号"菌株为父本，日本"信浓2号"菌株为母本，在国内首先进行金针菇的孢子杂交育种试验，选育出优质、高产、抗病力强的金针菇杂交新菌株"杂交19号"，并推广到全国。与此同时，上海农科院食用菌研究所、华中农业大学等科研单位也各自分离、驯化、选育出许多优良菌株。20世纪90年代前，金针菇栽培品种以黄色为主，20世纪90年代后以栽培白色品种为主，特别是工厂化生产。栽培时不管采用哪种菌株，都要选择菌丝生长健壮、出菇快、产量高、质量好、抗病强的优良品种，向信誉好的科研单位引进优良菌株。

二、优质菌种的标准

母种：菌丝白色或浅灰白色，细绒毛状，初期较蓬松，后期气生菌丝紧贴培养基表面，稍有爬壁现象，能分泌色素，使培养基变为淡黄色。菌丝生长速度较快，黄色品种在 20～22℃ 条件下，10～12天长满斜面，白色品种稍慢。菌丝老化时，表面出现褐色斑块。低温时，有细水珠出现，易出现子实体。如菌丝外观呈细粉状，转为灰白色或略带黄色，已分化的子实体萎缩，都是老化的表现。较老的菌种，管壁易出现粉状物，即粉孢子，凡粉孢子多的品种一般都不理想。

原种（栽培种）：菌丝呈絮状，洁白、浓密、健壮、生长均匀。在相同培养条件下，黄色品种长满瓶（750ml）约需30天，白色种约需35天。如果菌种干涸，菌柱收缩或菌丝自溶，产生大量红褐色液体，说明菌种生活能力弱；如出现黄色，则说明菌种老化；如果菌丝生长稀疏，子实体大量出现，不宜使用。

母种见图2-6，原种见图2-7。

三、菌种生产

（一）菌种分离

菌种分离可利用组织分离、孢子分离、基内菌丝分离法。但因

图 2-6　母种

图 2-7　栽培种

金针菇是盖小肉薄的食用菌，故常用特殊的髓部分离法进行组织分离，即左手抓住菌柄，右手持长柄镊子沿着菇柄方向去掉菌盖，这时菌柄的顶端露出弧形的生长点，用接种针钩取生长点的组织块移入斜面培养基中，该分离法成功率高。

（二）母种的制作

菌种是栽培最关键的环节，菌种的优劣直接影响产量的高低。菌种生产应选用优良的品系，包括自己选育的或从外地引进的优良菌株。而从子实体分离的纯菌种没有经过出菇试验，绝对不能投入大规模生产，否则将带来不可估量的损失。

1. 母种常用斜面培养基配方

（1）马铃薯葡萄糖培养基（PDA）　马铃薯（去皮）200g，葡萄糖 20g，琼脂 18～20g，pH 值 6.5～7.0，水 1000ml。

（2）马铃薯综合培养基　马铃薯（去皮）200g，葡萄糖 20g，琼脂 18～20g，磷酸二氢钾 3g，硫酸镁 1.5g，pH 值 6.5～7.0，水 1000ml。

（3）金针菇复壮培养基　马铃薯（去皮）200g，葡萄糖 20g，蛋白胨 5g，琼脂 18～20g，磷酸二氢钾 3g，硫酸镁 1.5g，pH 值 6.5～7.0，水 1000ml。

2. 母种培养基的制作

按常规方法制作。

3. 母种的扩繁培养

把菌丝生长健壮、旺盛无感染杂菌的母种在经消毒的无菌操作台内接种至已灭菌的空白琼脂斜面培养基中，之后置于23℃左右的温箱内培养。经7～12天后，就成为生产上所用的母种。在适宜的温度下，金针菇母种容易产生子实体，因而生产用的母种试管需及时扩大成原种。

（三）原种和栽培种制作（固体菌种）

1. 原种和栽培种培养基常用配方

（1）木屑培养基　木屑78%，麦麸20%，碳酸钙1%，蔗糖1%。

（2）棉籽壳培养基　棉籽壳88%，麸皮10%，碳酸钙1%，蔗糖1%。

（3）麦粒培养基　麦粒99%，碳酸钙1%。

2. 菌种瓶、袋的选择

原种常用750ml的标准菌种瓶，栽培种一般选用长17cm、宽33cm、厚0.004cm的聚丙烯袋。

3. 原种和栽培种的制作流程

（1）以麦粒为原料的菌种制作工艺流程

原种制作：筛选麦粒→浸泡→煮熟→捞出晾干→拌碳酸钙→分装→擦洗→封口→灭菌→母种接种→培养→得到原种。

栽培种制作：筛选麦粒→浸泡→煮熟→捞出晾干→拌碳酸钙→分装→擦洗→封口→灭菌→原种接种→培养→得到栽培种。

（2）以棉籽壳、木屑为原料的菌种制作工艺流程

原种制作：配料→拌料→装料（穿洞、擦洗、封口）→灭菌→母种接种→培养→得到原种。

栽培种制作：配料→拌料→装料（穿洞、擦洗、封口）→灭菌→原种接种→培养→得到栽培种。

4. 原种和栽培种扩繁培养

把优良的母种在消毒过的无菌接种箱内接种至已灭菌过的原种培养基中，1 支试管母种可接 4～5 瓶原种，接种完毕，立即移进 23℃的恒温箱或培养室内培养。经 30～40 天即长满瓶。菌丝洁白致密，生长均匀，粉孢子少的菌种为优良原种；菌丝生长稀疏、生长区界出现明显的抑制线、瓶内出现已开伞子实体的菌种为不良菌种，应淘汰。原种长好后，就可以用来扩大栽培种，栽培种的培养基配方及其制作与原种相同，但栽培种比原种生长速度更快，25～30 天即可长满瓶。也可以采用塑料袋制作栽培种，成本较低，但成功率比采用瓶子制作的低。

（四）金针菇液体菌种制作

金针菇工厂化生产中，除部分小型企业使用固体菌种外，大部分企业使用液体菌种直接接栽培袋。食用菌液体培养技术起源于美国，1948 年美国人荷姆菲尔德（humfled）首次应用液体深层培养技术，成功地培养出食用菌菌丝体。食用菌液体菌种由于其有利于高效率、工厂化、规范化栽培，解决了食用菌集约化生产中的瓶颈制约难题，越来越受到食用菌栽培者的青睐。但由于发酵罐的操作需要较强的专业知识，提高发酵成功率一直是普通生产者的使用难题。下面笔者结合实践，以 70L 发酵罐为例，介绍金针菇液体菌种规范化操作规程（图 2-8），供大家借鉴。

1. 摇瓶菌种的生产

（1）摇床的种类及选择　采用摇瓶培养液体菌种时，可以采用往复式摇床或者旋转式摇床。往复式摇床的往复频率一般在 80～140r/min，冲程一般为 5～14cm。在频率过快、冲程过大或瓶内液体过多时，振荡使液体容易溅到瓶口纱布上而造成污染。小型工厂一般选用价格较低的往复式摇床。旋转式摇床的偏心距一般为 3～6cm，旋转次数为 60～300r/min，结构比较复杂，加工安装要求比

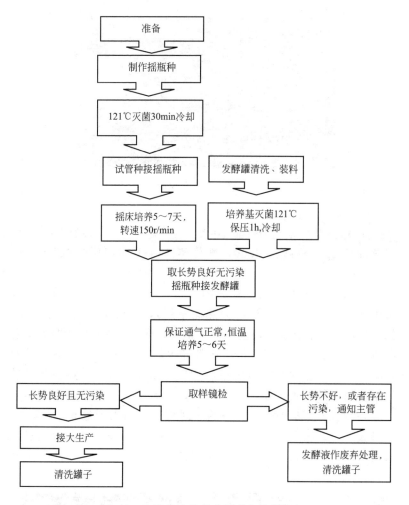

图 2-8 金针菇液体菌种规范化操作规程

往复式摇床高，造价较贵，但是氧的传递好、功率消耗低，培养基一般不会溅到棉塞上，大型工厂或实验室就一定要使用旋转式摇床（图 2-9）。

（2）摇瓶培养的工艺流程 制备培养基→分装→灭菌→冷却→接种→摇床培养→摇瓶培养。

图 2-9 摇床

（3）摇瓶制作要点

① 培养基配方。马铃薯 200g，葡萄糖 20g，蛋白胨 5g，磷酸二氢钾 2.0g，硫酸镁 1.0g，维生素 B_1 1 片，pH 值 6.8～7.0，水 1000ml。

② 制作培养基（图 2-10～图 2-17，图 2-13 彩图）。将土豆在水中文火煮沸 30min（标准为熟而不烂），然后用 6 层纱布过滤，倒掉残渣并洗净铝锅。将滤液倒入锅内，同时加入按配方称好的各种成分，继续加热并搅拌至全部溶化后，停止加热，将水补足 1000ml。加入蛋白胨需将蛋白胨用冷水溶化后加入，避免蛋白胨因结块而分散不均。在一般情况下，培养基原有的酸碱度基本合适，一般 pH 为 6.8～7.0。如果 pH 偏碱，滴入少量 5% 的盐酸，如果偏酸，则滴入 5% 的氢氧化钠。配制时的酸碱度要略高于使用时所需的适宜酸碱度，一般高压灭菌 30min 的培养基 pH 值下降 0.1～0.3。

图 2-10 煮土豆

图 2-11 配药

图 2-12　加土豆滤液

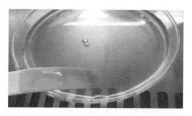

图 2-13　测 pH 值

　　将培养液分装入三角瓶中，分装时为避免培养液黏住瓶壁口，用漏斗进行分装，一般 250～300ml 三角瓶装 50ml 培养液，500ml 锥形瓶内装 150ml 培养液，每瓶加 10 个玻璃珠（容易将菌球打碎成菌丝片段），然后用硅胶透气塞（8cm×8cm 的 12 层纱布、棉塞）塞紧瓶口，再在外加一层牛皮纸（或两层报纸）用细绳系住封口。纱布优点是透气性好，但在摇床振动过程中容易被杂菌孢子侵入，引起杂菌感染。棉花不容易被杂菌孢子侵入，但透气性较差，在灭菌过程中棉塞容易潮湿。硅胶透气塞则透气性好，并且有灭菌不易潮湿的优点。

图 2-14　装瓶

图 2-15　硅胶透气塞

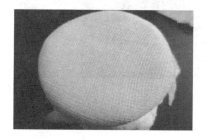

图 2-16　纱布

图 2-17　盖牛皮纸

③ 灭菌、冷却。将三角瓶装入灭菌锅，上面盖上报纸，排气后，待温度升全 121℃开始计时，维持 30min。当压力即将降至零时开始放气，打开锅盖拿出报纸，将锅盖嵌一小缝，以此来烘干塞子。冷却到 30℃以下时取出三角瓶放在超净工作台中，进行接种。

④ 摇瓶接种。选取新培养好的试管斜面菌种 1 支，在酒精灯火焰旁将棉塞顺时针旋转松动，放在一旁，拿起接种钩在火焰上烧红，并慢慢倾斜灼烧，接种时伸入试管琼脂下部，快速冷却，除去菌种前端菌丝，在无菌条件下每瓶迅速接入 2～3cm^2 的金针菇斜面母种一块，再塞入经过灼烧的棉塞，取双层报纸包扎好瓶口，在三角瓶上贴好标签，注明菌种名称、培养基配方、接种日期，然后放到摇床上进行培养。每支斜面可接 4～5 个摇瓶，接入的菌种稍带点培养基为好，最好能使其漂浮在培养基表面，使气生菌丝的一面向上。

⑤ 培养。接种好的菌瓶可置于摇床上培养，也可置于 25℃恒温下静置培养 48h 后，确保无杂菌、气生菌丝延伸到培养液中再放在摇床上进行振荡培养。

往复式摇床的振荡频率为 100r/min，旋转式摇床的频率为 150r/min，培养温度 25℃，培养 5～7 天，经检测无杂菌污染，菌丝干重达 1.5g/100ml，菌丝球直径在 1～2mm 时，可用于生产或进一步扩大培养。由于液体菌种易老化，长好立刻使用。培养好的摇瓶液体种见图 2-18。

图 2-18 培养好的摇瓶液体种

⑥ 保藏。在 4℃条件下保藏。

⑦ 质量要求。取样，目测培养液澄清、菌球密集，无杂质，

色泽棕黄，气味香甜，菌丝球似小米粥，无自溶、脱壁现象，显微镜镜检无杂菌为合格菌种。

2. 液体发酵罐的生产

液体发酵罐流程：罐的清洗和检查→煮罐空消（对发酵罐体灭菌）→配料→对滤芯、无菌水、接种枪管灭菌→上料→实消（培养基灭菌）→降温→发酵罐接种→培养→取样检测→接菌袋（瓶）。

（1）发酵设备的选择注意问题 "工欲善其事，必先利其器"，液体菌种制备过程中，设备的选型配置非常关键。发酵罐是制备液体菌种的主要生产设备，在发酵过程中处于中心地位。按照不同的划分标准，其类型也有所区别。根据工艺操作，有分批发酵型和连续发酵型；根据灭菌方式，有内置灭菌型和外置灭菌型；根据搅拌形式，有机械搅拌型和空气搅拌型；根据控制方式，有计算机自动化控制和人工控制；还有移动型和固定型、立式和卧式、单层和夹层等区别。在选型时企业一定要根据生产工艺需要，结合本身实际情况来确定配置。空气净化系统是液体菌种发酵的又一关键设备，一般要注意几个关键点。一是空气压缩机，无论是往复式或螺杆式，都应选择无油的规格型号。并相应配置备份机组，防止生产过程中因故障停机造成重大损失。二是冷干机，压缩空气降温必须低于露点，保证油水分离的效果。三是多级高效过滤器，末端过滤要求达到 $0.01\mu m$，发酵罐进气管上还应配备有小型飞碟过滤器，以加强生产操作过程中的保护。四是调温装置，可以根据需要对进入发酵罐的空气做适当调温。

（2）发酵罐清洗和检查 发酵罐在每次使用后或再次使用之前都必须用流动的清水进行彻底清洗（图 2-19），除去罐壁的菌球、菌块、料液及其他污物。对于内壁黏附的污物可以用特制的长柄铁质刷揩拭，洗罐水从罐底接种阀排出。如有大的菌料（块）不能排出，可卸下进气管的喷嘴排出菌料（块）。清洗的标准：罐内壁无悬挂物，无残留菌球，排放的水清澈无污物。罐清洗完毕可加水，加水量以超过加热管为宜（绝对禁止加热管干烧）。然后启动设备，观察检查控制柜、加热管工作是否正常，各阀门有无渗漏，检查合

图 2-19　彻底清洗发酵罐

格方能开始工作。

（3）煮罐空消（对发酵罐体灭菌）　下列情况之一者须要煮罐：新罐，初次使用须要煮罐；上一次污染杂菌的罐；更换生产品种的罐；长时间不用的罐。煮灌是对罐内进行预消毒的过程，具体操作方法如下。

①　关闭罐底部的接种阀和进气阀，把水从进料口加入至视镜中线，盖上进料口盖，拧紧，关闭排气口。

②　启动电源，按控制柜灭菌键，屏幕上加热指示灯亮，此时设备进入灭菌状态。

③　当温度达到100℃时排放冷气，微微打开排气阀直至灭菌结束。

④　当控制柜显示屏上显示温度123℃时，控制柜自动计时，显示屏上交叉显示温度和计时时间。当时间达35min后，控制柜自动报警，此时按控制柜报警停止键，并关闭排气阀，闷20min后，打开排气阀、接种口、进气口，把罐内的水放掉，煮罐结束。

在煮罐的同时进行煮料、灭滤芯及接种枪。

（4）液体培养基配制

①　配方。马铃薯100g，红糖15g，葡萄糖10g，麦麸40g，蛋白胨2.0g，磷酸二氢钾2.0g，硫酸镁1.0g，维生素$B_1$1片，泡敌0.3ml，pH值6.8～7.0，水1000ml。

为了避免在培养过程中产生大量泡沫，在配制培养基时，可加入 0.02％的食用植物油如豆油，也可到化工商店购买"泡敌"（学名为聚环氧丙烷甘油醚），加入量为 0.03％（1000ml 溶液加入 0.3ml），作为消泡剂。

在一般情况下，培养液黏度高，菌丝碎片小；黏度低，碎片大。为增加培养液的黏度，可以加入适量的玉米粉，这样就能培养出小颗粒的菌丝球，一旦接入固体培养基，分散度好，发育迅速，可促成在短时间内出现子实体。

② 选料。马铃薯应新鲜无霉烂、不生芽、不变绿；麦麸选用新鲜无霉变、无辣味、不结块的大片麦麸，如麦麸过细，用 15～20 目筛子过筛，取筛上大片麦麸；磷酸二氢钾、硫酸镁选用瓶装试剂，分析纯或化学纯均可。

③ 制备。将马铃薯去皮，去芽眼，切成 0.3～0.5cm 薄片，放入不锈钢锅内，加适量水煮沸，加入用水浸泡过的麦麸，继续用水煮沸 30min，用 4 层经水浸湿拧干的纱布过滤，将红糖、葡萄糖、KH_2PO_4、蛋白胨、$MgSO_4$、维生素 B_1 依次加入，再用小火加热使其完全溶解，加水到所需数量（图 2-20～图 2-25）。

图 2-20　马铃薯

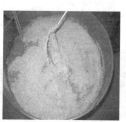
图 2-21　麦麸

图 2-22　煮沸

图 2-23　过滤

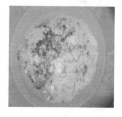
图 2-24　称量的药品

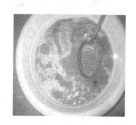
图 2-25　溶解药品

（5）滤芯、滤芯上盖及进气管、接种枪及软管的灭菌　拆下滤芯外壳灭菌，也可整体灭菌。进气管口、接种枪及软管口用 8～10 层医用脱脂纱布包扎。装锅时，滤芯向下，滤芯上盖接口处的出气管无折角、盘管无折角，口向上，瓶上盖一层聚丙烯塑料膜。0.05MPa 排气循环 2 次或打开排气阀待冒大气 5～10min，121℃ 计时 60min。接种枪及软管口包扎见图 2-26。

图 2-26　接种枪及软管口包扎

（6）上料　关闭下端进气阀和接种阀（出料口），将营养液由进料口倒入处理好的发酵罐中（图 2-27），加泡敌 15ml（图 2-28），用水冲洗煮料锅，装料量为罐体总容积的 60％～80％，70L 罐体加量（45±5）L。加料高度以高于视镜上边缘 10cm 为宜。拧紧进料口盖，以防泄气。

图 2-27　加营养液

图 2-28　加泡敌

（7）培养基灭菌　关闭所有阀门，启动电源，随着灭菌温度的升高，压力表上升到 0.05MPa 时打开排气阀，排气至零，然后关闭，再次升到 0.05MPa 时，再次打开排气阀微排，1min 后关闭。温度上升到 121～125℃，压力在 0.12～0.14MPa 时，保持 60min 后关闭灭菌开关，灭菌结束。灭菌过程中打开排料口排料 3 次，排出阀门处生料共 3～5L，同时对阀门管路进行杀菌。

（8）培养基冷却　培养基冷却，是把培养基温度降至 25～28℃ 的过程，可采用两种冷却方法。一是利用循环冷却水进行冷却降温，将自来水管接到冷却水进口，由出水口排出。要观察压力表降到 0.05～0.08MPa 时，打开气泵，再打开放气阀，调节罐压到 0.02MPa，表盘温度降到 28℃ 以下准备接种。二是接管通气，在培养料灭菌最后一次放料后，用火焰灼烧进气口 10～20s，迅速接上进气管。由于此时罐压还很高，不能立即通气，可通过调整储气罐（也叫油水分离器）底阀使气压维持在 0.12MPa 左右，同时缓慢开大培养罐顶部的排气阀。待罐压至 0.1MPa 时即可关闭储气罐底阀，微开排气阀，"先接后放"，待储气罐的压力高于罐压 0.02MPa 开阀进气，使培养基在气体的搅拌下迅速降温，并一直通气供氧直至培养结束。待高于培养温度 2℃ 关掉冷却水，可延长加热管寿命。正常情况下，70L 发酵罐冷却至培养温度约需 60min。

（9）罐内接种　首先要准备好火焰圈（棉花缠紧，用纱布套上）、火机、95% 工业酒精、手套（耐热、耐火）和预湿手套等用品。

接种时套上火焰圈（把脱脂棉做成条状，用 95% 酒精浸泡），同时打开排气阀，罐压接近 0 时关闭。利用火焰保护进行罐内接种，把火圈放在进料口的上方点燃，快开进料口盖（图 2-29，彩图），摇瓶封口塞在靠近火焰拔掉（接种前要摇动摇瓶让瓶内菌种转动），在火焰上方烧烤瓶口，将 1000～1500ml 摇瓶液体种迅速接入发酵罐（图 2-30，彩图）。迅速把进料口盖过火焰烧后盖好（图 2-31，彩图），拧紧，熄灭火焰，移走火圈接种完毕。打开排气阀，恢复微压状态（0.01～0.02MPa），并设定培养的温度。每次接种完毕，检查滤芯和逆子阀，看看菌液是否倒流。

（10）培养　启动设备控制柜进入培养状态，温度 22℃，pH 值为 6.5，培养时间 84～96h，灌压 0.02～0.04MPa（罐压低于 0.02MPa 易染杂菌，高于 0.04MPa 气体气泡直径变小，溶氧减少），通气量 1：0.8（也就是说，每分钟通入发酵罐中空气量是培

图 2-29　开进料口盖　　　图 2-30　接种　　　图 2-31　盖进料口盖

养液体积的 80％）。不能停电（或培养期间空气压缩机不能停止工作），一旦停电应迅速关闭发酵罐及空气系统进、排气阀，第一时间关掉排气阀，动作要快，罐内保持压力在 0.02～0.04MPa，压力下降要连接备用电源。发酵罐培养见图 2-32。

图 2-32　发酵罐培养

（11）取样检测　取样检测这一步是至关重要的环节，此步骤将直接决定成败，检测不好可能会导致全军覆没。下面介绍一下液体菌种的取样和检测方法。

① 取样。从样品瓶中或培养罐取样应该在接种前的 24h 进行，国内生产的发酵罐都有取样口，取样环节会给发酵罐带来染菌的机会，这也是一些工厂不愿意进行取样检测的原因，所以取样必须操作熟练，按照严格无菌操作程序进行。取样容器一般为灭过菌的 500ml 三角瓶和试管。具体操作如下：提前做好三角瓶或试管琼脂培养基，并提前做好灭菌工作，再用此三角瓶或试管，在培养罐的下面消毒的放料处，接少量的培养液（这一步两人操作，一个人负责火焰保护，一个人负责接液体），整个过程在火焰的保护下塞上棉塞。将样品放在温箱中 30℃ 培养，1～2 天即可观察。如果有感

染，培养罐全体培养液应及时放弃，否则后果很严重（图 2-33～图 2-36，彩图）。

图 2-33　放料处消毒

图 2-34　试管取样

图 2-35　摇瓶取样

图 2-36　关阀门

②感官气味检测（一看、二闻）。一"看"，接种 24h 以后，每隔 12h 可从接种口取样 1 次，观察菌种萌发和生长情况。一看菌液颜色，正常菌液颜色纯正，虽有淡黄色、橙黄色、浅棕色等颜色，但不混浊，越来越淡；二看菌液澄清度，澄清透明，否则为不正常；三看菌球周围毛刺是否明显及菌球数量的增长情况，培养液内菌丝球应清晰可辨，不混浊。四看菌球是否均匀和数量，菌球均匀，静置 5min，菌球应既不漂浮，也不沉淀，菌球、菌液界限明显（图 2-37、图 2-38，彩图）。二"闻"。闻放气阀处菌丝味道，料液的香甜味随着培养时间的延长会越来越淡，后期只有一种淡淡的菌液清香味。如有酒精味、酸味甚至恶臭味，说明已坏。

③平皿培养检测。在无菌状态下，将样品均匀倒在提前制备好的平皿培养基上，封口，在 30℃的恒温培养箱中培养，一个样品做三个重复。24h 后观察平皿培养基上的样品，如果出现非金针

图 2-37　菌球清晰

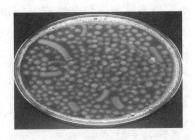

图 2-38　菌液混浊

菇的菌落，证明样品不纯，带有细菌，则可以判定发酵罐染菌。如果平皿表面只有金针菇菌丝萌发，且没有光滑、奶酪状的液体出现，则判断发酵罐正常。细菌菌落见图 2-39，彩图。

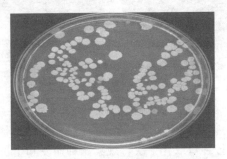

图 2-39　细菌

　　④ 显微镜检测。取少量液体菌种涂于载玻片上，在显微镜下观察菌丝情况。显微镜检测分两种，直接检测和革兰染色，直接检测时在镜下很容易观察到细菌（图 2-40，彩图），而革兰染色的好处是经过染色处理，能够分辨出细胞壁、细胞核等需要染色才能看清的结构（图 2-41，彩图）。正常的金针菇菌丝，隔膜明显，镜下会发现大量的锁状联合存在（图 2-42，彩图）。

　　⑤ 菌丝量测定、菌球计数、测 pH 值、糖含量和氮含量测定等。

　　菌丝量测定：取 10ml 培养液，经 3000r/min 离心 10min，去除上清液，将沉淀后的湿菌体用蒸馏水洗涤 1 次，放在 80℃的干燥箱内烘至恒重后称重。

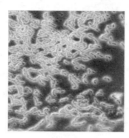

图 2-40　细菌　　　　　图 2-41　细菌　　　　图 2-42　菌丝微
　（未染色）　　　　　　（革兰染色）　　　　　观形态

菌球计数：吸取 1ml 培养液稀释到 10ml，均匀后取 1ml 稀释液置于平皿中，平皿下置黑白相间方格纸计数。

pH 测定：一般用 pH 计测量培养液的 pH 值。含糖量测定：包括总糖和还原糖测定，用 3,5 二硝基水杨酸法。在培养过程中，总糖含量是不断下降的，但下降的速度和培养进程有关。最初一段时间总糖下降不明显；中期菌丝大量生长繁殖，降解利用基质，总糖含量迅速下降；后期由于代谢产物积累，营养消耗，菌丝生长缓慢，总糖含量保持在一定水平。在培养过程中，还原糖的变化和总糖相似，也分三个阶段，初期下降不明显，中期下降迅速，后期下降缓慢。

氮含量氨基氮测定：用甲醛滴定法。菌丝在生长过程中，释放胞外蛋白酶，降解基质中的蛋白质，产生氨基酸和短肽，一部分被菌丝吸收利用，另一部积累在培养液中。初期氨基酸含量缓慢上升；中期菌丝大量繁殖，分泌大量胞外蛋白酶，使氨基酸含量迅速增加；后期，氨基酸含量又处于缓慢状态。

第四节 ▶▶ 金针菇栽培袋（瓶）的制作

一、栽培容器

金针菇一般采用塑料袋、特制的塑料瓶作为栽培容器。

（一）塑料袋和套环

常压灭菌用聚乙烯塑料袋，高压用聚丙烯塑料袋（图 2-43）。规格为 $17cm \times 33cm$，厚度为 $0.004 \sim 0.005cm$，必须无砂眼。套环一般用双套环（图 2-44），既透气，又能防止杂菌，并可重复利用，颈圈直径 $5.0cm$。

图 2-43　聚丙烯袋　　　　　　　图 2-44　双套环

（二）菌种瓶

1. 瓶子

金针菇瓶式人工栽培从最早的玻璃瓶开始，20 世纪 50 年代中后期，由于规模的扩大，金针菇生产的专用玻璃瓶才开始出现，一般容量在 $350 \sim 450ml$，口径 $3 \sim 4cm$。直到 1966 年，PP 瓶的开发取代了玻璃瓶，使金针菇的发展得到了一个质的飞跃。伴随着金针菇工厂化栽培的发展，瓶子的容量从 $500ml$ 到 $1400ml$，口径从 $52mm$ 到 $85mm$。以下以 $1100ml$、口径 $85mm$ 的菌种瓶进行介绍（图 2-45）。

2. 盖子

（1）盖子在金针菇栽培上起到的作用　防止灭菌过程中冷凝水进入瓶内，造成培养基含水量增加，影响菌丝生长；过滤杂菌；保持透气，促进菌丝生长；防止瓶内培养基干燥。

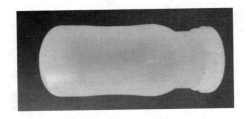

图 2-45　菌种瓶

（2）主要种类　目前工厂化生产的盖子主要有"双层缓通过滤盖"和"一体成型盖"，它们的具体特点如下。

① 双层缓通过滤盖。这是 20 世纪 90 年代出现的新型金针菇瓶栽盖子，两层盖子中间还有一个空间，空气通过过滤层后，再通过盖边缘的透气孔进行交换。这种盖子多用海绵和无纺布做透气材料，相比直通式盖子，上下两层盖子中间的空间湿度相对比较大，所以湿气通过过滤材料交换的相对少，保温性能要好得多。另外，透气材料上面还有一层塑料盖，对透气材料形成保护，灭菌时冷凝水时滴落在塑料盖上面，所以不会像直通式盖子那样，水直接渗透进瓶子（图 2-46）。

图 2-46　双层缓通过滤盖

② 一体成型盖。上面没有透气材料，气体主要是通过瓶盖与瓶口之间的透气口通气，它在金针菇上的应用是建立在液体菌种技术成熟的基础上。由于液体菌种 24h 菌丝可以盖面，此时金针菇菌丝具有较强的优势。这种盖子需要比较稳定的生产，对冷却室、接种室的洁净度要求非常高，如果培养室也做净化就更好（图 2-47）。

图 2-47　一体成型盖

二、栽培原料和配方

1. 栽培原料

金针菇属于低温发生型的木腐生菌类，所以阔叶树木屑、棉籽壳、玉米芯等农林产品下脚料都可作为培养基原料。此外，还需添加适量的麸皮、玉米粉等含氮比较高的物质作氮源，添加轻质碳酸钙、石灰或石膏等调节培养基的酸碱度。配制培养料时适宜的碳氮比为（30～40）∶1，pH 值为 6.8～7.2。对于规模化栽培，原料选择上，除考虑该原料获取的难易、存量、价格、运输成本、防火性之外，还要考虑其理化性质（颗粒大小、硬度、孔隙度、吸水性、密度）等因素。

（1）木屑　在栽培金针菇过程中，木屑起填充剂、保水剂、调整孔隙度的作用。若采用杂木屑为主配方，最好选择适合金针菇生长的软质阔叶树种木屑，含有大量树脂和单宁等有碍菌丝及子实体生长发育物质的木屑不宜使用。无论是使用哪种栽培容器，购进杂木屑都要用简单的振动筛将木屑先过筛。对于包式栽培来说，由于塑料袋比较薄，如果木屑颗粒太粗，很容易刺破袋，造成污染。有的厂家还使用不同粗细的木屑搭配，但要恰当。如果细木屑所占比例太大，培养料的孔隙度就很小，会使金针菇菌丝生长减缓，推迟菌丝长满袋时间，从而影响菇蕾的分化和菇体发育；如果粗木屑所占比例太大，孔隙度过大，会形成很多蒸发通道，致使培养料容易干掉，影响菌丝体和子实体的生长发育。木屑颗粒粗细比例：直径

2～3mm 的占 20％，1～2mm 的占 40％，1mm 以下占 40％。粗木屑多，培养基容易干燥；木屑过细，通气性差。为了使木屑中的树脂和单宁等物质挥发，除去危害菌丝生长的物质和提高保水性能，应在室外缓坡水泥地上把木屑堆积 3 个月以上，一边堆积，一边洒水，任其日晒雨淋，使之腐熟，颜色逐渐从米黄色变成黄褐色。

（2）棉籽壳　前几年棉籽壳被大部分金针菇企业所选用，其主要作用是作为培养基中的保水剂，近来发现有个别棉籽壳中农药残留较高，影响菌丝蔓延。若采用棉籽壳为主的配方，要选择含绒量多些、无明显刺感的棉籽壳，并力求新鲜、干燥，颗粒松散，无霉变，无结团，无异味，无螨虫。尽可能不全用棉籽壳做培养基主料，至少要配搭 15％的木屑或玉米芯，其原因是棉籽壳在灭菌过程会释放出棉酚，对菌丝有一定的毒害，添加木屑将起吸附作用。

（3）玉米芯　玉米芯要新鲜、无霉变，整个储存，用时需经粉碎机粉碎成黄豆大小。玉米芯含碳比例较高，从生物结构来看海绵组织较多，吸水性高，可视为保水剂，并且还有"桥"的作用，可提高培养基的空隙度，便于菌丝蔓延。

（4）麦麸或米糠　无论是选用麦麸或米糠都要尽可能保证其新鲜，最好直接向面粉厂订购，不可以使用长途贩运的饲料级麸皮。从营养利用率上分析，细米糠便于菌丝充分降解，唯一不足的是米糠出壳 1 周后就会氧化酸败，不易保存。因此对于栽培规模较小的企业，宁可选择易保存的麸皮，而不用米糠。此外，麸皮还有红麸和白麸之分，红麸皮比较好。

（5）玉米粉　由于玉米粉含氮量较高，使栽培包有"后劲"，玉米粉用量 2％～5％，比例过高，则会延长营养生长阶段，推迟出菇。

（6）其他辅助原料

① 石膏主要用于改善培养料的结构，增加钙素营养，调节培养料的 pH 值。一般用量为 1％～2％。

② 碳酸钙水溶液呈微碱性。常用作缓冲剂和钙素营养，用量一般为 0.5％～1％。

③ 石灰主要提高培养料的碱性，防止杂菌污染，同时增加培

养料中的钙营养，一般用量为 1%～2%。

④ 过磷酸钙是磷肥的一种，可以补充营养，同时又可以消除培养料中的氨味，用量一般为 1%。

使用辅助原料时用量要适当，配制培养料时应先与主料拌均匀。同时，还必须注意在培养基配制前要预先测定水的 pH 值。金针菇属于木腐生菌类，适合偏酸性培养基，pH 值在 6.0～6.5 最适合金针菇的生长。主要栽培原料见图 2-48～图 2-51（彩图）。

图 2-48　棉籽壳

图 2-49　木屑

图 2-50　玉米芯

图 2-51　麸皮、碳酸钙等

2. 配方

不同生产厂家培养基不尽相同，各有优劣，但是棉籽壳、玉米芯（木屑）、麸皮的比例大致都接近 1:1:1。常用配方如下，供参考。

配方一：棉籽壳 35%，木屑 34%，细米糠 12%，麸皮 12%，玉米粉 3%，石灰 1%，石膏 1.5%，轻质碳酸钙 1.5%。

　　配方二：玉米芯 35%，木屑 35%，麸皮 10%，米糠 10%，豆粕 5%，玉米粉 4%，轻质碳酸钙 1%。

三、栽培原料的配制方法

1. 工艺流程

　　称量准确→预湿充分→搅拌均匀→测定含水量和 pH 值，拌好的培养料保持含水量为 63%～65%，pH 值 6.8～7.2。

2. 操作要点

　　（1）遵守搅拌机操作规程　必须严格遵守搅拌机操作规程，搅拌过程中操作人员不可进入搅拌机中，发现机器故障必须切断电源后，方可进行检查。

　　（2）培养料预处理　木屑在室外堆积 3～6 个月，使木屑中的树脂或单宁等有毒物质流失。粗木屑要先过筛，捡掉杂质，以免刺破塑料袋。玉米芯要粉碎成黄豆粒大小。注意：不能凭感觉和经验进行添加，发霉、酸败、结块的原料一律不准投入生产使用。

　　（3）培养料的称取　严格按照生产工艺配方的要求准确称取质量合格的原辅材料。培养基中主料的称取必须采用容器量取、磅秤称取的方式进行，但对用量较少的辅料如玉米粉、轻质碳酸钙等原料，应以搅拌仓一仓用量为单位准确地用磅秤，一种一种称好集中盛入一容器中，待用时一同倒入搅拌机内搅拌，倒入时应尽量将其均匀散开，不可只倒在搅拌机的一头或成堆倒入。

　　（4）原料预湿　玉米芯、棉籽壳等需要预湿的原材料，应根据主管要求预湿。玉米芯用 2%石灰水浸泡，浸泡时间为 6～12h，预湿要求原料吸水饱和、湿透、无白心；棉籽壳可用机械搅拌预湿，棉籽壳加水后搅拌时间不得少于 20min，然后再加入其他原料。

(5) 原料搅拌　将木屑、麸皮、玉米粉、石膏、石灰依次撒在已经充分预湿的棉籽壳、玉米芯上，倒入大型搅拌机（一般体积4m³），待全部原料倒入一级搅拌机后，先搅拌混合5min使物料充分混合，然后加水搅拌。配料时向搅拌机内放入原料的顺序是棉籽壳→玉米芯→麸皮→木屑→辅料。

(6) 检查水分含量　搅拌前将储水桶内水加满至0刻度，根据配方要求加水至规定水量的90%～95%时，应及时检查水分含量，若偏少，则加入剩余水量适当搅拌后，立即输送到二级搅拌机内，搅拌15min后使用。

(7) 及时准备原料　向二级搅拌机输送时，应立即准备下一批料，一级搅拌机输送结束后，立即停机，倒入全部原料，进行下一批原料的搅拌工作。

(8) 三级搅拌　为了提高吸水速度和均匀性，每次拌料不宜太多，最好使用三级搅拌，即使不易吸水的棉籽壳经过30min的搅拌就能充分吸足水分（棉籽壳不用预湿）。三级搅拌，每一级搅拌时间以10min计算，三级搅拌在30min以上，既能保证培养料的均匀性，又能散热降温，并不断将搅拌好的培养料提供给后续设备使用。

注意培养料内水分一定要拌匀、拌透，因为灭菌过程是湿热穿透过程，遇到干物质很难穿透，造成灭菌不彻底。同时注意对pH值和培养料水分测定，测定时不可只取一处，应该多处测量。水分测试可用食用菌快速水分测定仪测定，pH测试用pH测试仪。拌好的培养料保持含水量为63%～65%，pH值6.8～7.2。

(9) 分配机搅拌　为节约时间，在水分调节好后，可以开启传送带将培养料送入分配机中进行搅拌，此时分配机不可放料装袋，应待所有培养料传送完毕后再搅拌2min后放料。

(10) 提高警惕　搅拌过程中应保持高度警惕，防止跌入搅拌锅内，造成人身伤害。

(11) 保持卫生　保持搅拌机及周围区域清洁卫生，每次操作结束后必须清扫地面，每周用水冲洗地面、墙壁，擦拭加水桶、水泵等。

3. 卫生管理

① 保持搅拌室及周围区域清洁卫生，每批次备料结束后，把装料袋子整理叠好，放在规定的仓库内，并把地面散落的原料清扫干净。

② 每次装瓶（袋）结束后，装瓶人员把拌料机内的培养料打扫干净，每天装瓶结束后，应擦拭机器上的灰尘。

③ 搅拌室内的料桶、工具摆放整齐。

④ 每周对地面、墙壁等的卫生进行一次彻底的打扫。

⑤ 卫生打扫以及工具、备品整理必须及时，不留死角，做到"人走厂净"。

⑥ 操作人员必须严格按照规定执行。

4. 原料配制安全生产"十一"注意

① 操作工上岗位前需穿戴好劳动防护用品，如防尘口罩。

② 检查工作衣是否做到三紧（领口紧、袖口紧、下摆紧），预防操作过程中衣物卷入机械，发生意外。

③ 清理设备周围环境，不许存放任何与工作无关的物品。

④ 检查设备各控制开关、安全装置、紧急停止开关、搅拌螺旋桨等有无破损或失灵现象，发现有异常及时向上级主管报告。

⑤ 开机操作时必须集中精神，不得做与工作无关之事，不要将手伸入拌料机内操作，以免螺旋桨伤人。

⑥ 拌料时原料要按比例投放，严格按照工艺要求进行。

⑦ 禁止在搅拌平台上做与本岗位工作无关的事情。

⑧ 严禁湿手闭合开关，以免引起触电事故。

⑨ 在清洁或维修保养设备时，必须关机，切断电源并挂牌"设备正在检修，切勿合闸"后方可进行。

⑩ 拌料完成后应及时关闭电源，清理设备，每天装瓶结束要清洗搅拌锅，清洗干净为止。保持工作场所干净、整洁。

5. 拌料工艺流程图片

（1）玉米芯预湿（图 2-52～图 2-54）

图 2-52　加石灰　　　　图 2-53　加水　　　图 2-54　提前预湿玉米芯

（2）拌料

① 一次搅拌（图 2-55、图 2-56）。

图 2-55　用自动翻斗机将料翻入搅拌机内　　　图 2-56　一次搅拌

② 二次搅拌（图 2-57、图 2-58）。

图 2-57　二次搅拌　　　　图 2-58　将料输送到装袋机内

四、装袋、装瓶

（一）装袋

1. 装袋生产操作规范

将一端袋口已封好的 17cm×33cm×0.004cm 聚丙烯折角袋套在冲压式装袋机出料筒上，当培养料被压入袋内后，取下料袋，装入培养料后，袋口套上双套环，盖好盖。要求菌包完好无损，培养料重量符合标准，菌包硬度适中，具体如下。

① 熟练掌握本岗位机器的运行及操作，严格安全操作，杜绝安全事故发生。

② 菌袋套环的高度为离料面 4～5cm，不可过高或过低。每袋湿料重量约为 1000g，装料高度为 15～16cm，塞口要紧。料面平整，内袋壁整洁，接种孔保持完好，凡破损、变形、装料不足、接种孔堵塞等有问题的菌袋，不得流入下一工序的作业。装一锅的时间不能超过 4h。

③ 整个装袋工作连续，严格检查装袋高度、袋重等。摆筐整齐，生产中有破筐袋、非正常盖子等应及时挑出清理，避免进入下一道流程。发现问题及时上报、及时处理。

④ 每天装袋工作完成后应对工作场地进行清扫，凡是本工段操作污染所及的地方均应将污染的垃圾清扫干净。搅拌机、传送带、分配机、装袋机均要用空压机吹掉残余料渣，不应使其留在机器内成为杂菌繁殖的温床。

⑤ 对于当日未用完的培养料应将其尽量摊开、晾晒，不可成堆放置，更不可留在搅拌机内，若下次使用发现其发酸或长霉均不宜使用。

2. 装袋操作图片（图 2-59～图 2-65）和装袋车间日报表（表 2-1）

（二）装瓶

现以 1100ml、口径 85ml 的菌种瓶为例进行介绍。装瓶前，把

图 2-59 套袋

图 2-60 装料

图 2-61 中间打孔

图 2-62 称袋

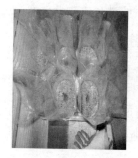

图 2-63 装筐

图 2-64 套上双套环

图 2-65 装车

表 2-1 装袋车间日报表　　　　日期：　年　月　日

组别	姓名	套袋数	接袋数	套环数	扣盖数	装筐数	装锅数	破损数
	当日合计							

记录人：

空瓶清洗干净晾干，用装瓶机一次可装 16 瓶，装料后表面压实、压平、打 5 孔、盖瓶盖，每瓶标准重 1020～1050g（包括瓶和瓶盖），料距离瓶口 1.7～1.9cm。下面是装瓶的技术要点和注意事项，供大家参考。

1. 装瓶工艺流程

感官确认拌料效果→装瓶→机械手装车→推车入柜

2. 装瓶机操作人员责任

① 确认设备运行情况，开机装瓶。

② 负责剔除坏瓶。

③ 负责对装瓶质量进行抽检，根据抽检结果对装瓶机做适当微调。

④ 打五孔机压盘底部 10min 用气枪清理一下。

⑤ 负责装瓶机的清洁维护保养。

3. 装瓶操作要求

① 清洗空瓶。选择干净、内外无污物的瓶，在装瓶前用压缩空气将瓶、筐等上面的灰尘、杂物清理干净，将特别脏的瓶或瓶口破损的瓶子挑选出来。

② 剔除破瓶盖。将破损严重、变形或受了污染的瓶盖剔除掉（搔菌时挑选 1 次，在装瓶时挑选 1 次）。

③ 确认机器各部位干净程度，无粘贴杂物，尤其是打孔棒上要保持一定的洁净。

④ 确认原料预湿。装瓶前原料搅拌均匀，干料搅拌 20min 以上，加水后搅拌 60～70min 以上，水分含量 67%±1%，pH 值6.8～7.2，感官检测达到标准后方可装瓶。

⑤ 上空瓶，启动装瓶机，试装，先装 10 筐进行检测。

⑥ 称重。每瓶标准重 1020～1050g（包括瓶和瓶盖），一筐中差异浮动不能超过 10g，筐与筐之间瓶的重量要保持一致性，并记录。

⑦ 测量料面的高度，第二次打孔压下 1.75cm，料面平整，距离瓶口 1.7～1.9cm。

⑧ 确认料面高度和单瓶称重都达到生产要求可开机装瓶，并做好相应记录。

⑨ 称重频率 3 次/锅，测量料面高度频率 3 次/锅，平均 15min 检查 1 次，并做好相应检测数量的记录。

⑩ 装瓶作业过程中抽检出不合格品时（一筐中超过 4 瓶）要立即上报，进行适当调整。

⑪ 确认码筐整齐，防止孔径塌陷。

⑫ 上杀菌车，24 筐/车，摆放整齐，待灭菌。

⑬ 装瓶结束对装瓶机及地面彻底清洁，对装瓶机各传动部位加油。

4. 装瓶后卫生作业要求

① 装瓶作业结束后，对机器内外进行彻底清扫清洁，内外无残料、无污物、无异味，并对各关键部位维护保养。

② 地面干净无杂物、无残料。

③ 对电子秤清洁维护保养。

④ 出料口输送带的清扫清洁，要求无残料、无异味。

⑤ 装瓶机周围墙壁的清扫清洁，要求无残料、无粘贴杂物、无异味。

⑥ 灭菌人员对灭菌锅进行维护保养及灭菌锅地面清扫清洁。

⑦ 接筐人员对装瓶车间的杀菌车按规定位置摆放整齐，并对护栏、地面进行清扫清洁，每周六大扫除 1 次。

装瓶班清扫清洁记录表见表 2-2。

5. 装瓶安全生产"十"注意

① 操作工上岗操作作业前须穿戴好劳动防护用品，如胶手套等。

②操作岗位女性职工禁止蓄长发，防止头发卷入链条酿成事故。

表 2-2　装瓶班清扫清洁记录

班组	时间				清扫人员	检查人
	月	日	时	分		
	月	日	时	分		
	月	日	时	分		
	月	日	时	分		
	月	日	时	分		
	月	日	时	分		
	月	日	时	分		

注：每天早晨 7：50、中午 1：00、下午 5：00 前，各班组完成清扫任务，并按要求填写记录，班组长为检查人，车间主任随时抽查。对没清扫、没填写记录的班组按公司规定进行处罚。

③ 清理设备周围环境，不许存放任何与设备无关的物品。

④ 检查设备各控制开关、安全装置、紧急停止开关等有无损害或失灵现象，发现有异常及时向上级主管报告。

⑤ 开机操作时必须集中精神，不需做与工作无关之事，设备附近要设置警示牌，机械运行中严禁靠近设备作业，防止出现设备机械手误伤事故。

⑥ 机械运行过程中要严格按照操作规程操作，非停机及清洗情况禁止习惯性用手或肘接触设备，防止机械链条夹伤等事故。

⑦ 禁止在搅拌平台上做与本岗位工作无关的事情。

⑧ 严禁湿手闭合开关，以免引起触电事故。

⑨ 在清洁或维修保养设备时，必须关机，切断电源并挂牌"设备正在检修，切勿合闸"后方可进行。叉车在运行前要进行预热。

⑩ 拌料完成后应及时关闭电源，清理设备，保持工作场所干净、整洁。

下面是装瓶生产图片（图 2-66～图 2-72），供参考。

五、灭菌、冷却

栽培瓶（袋）填料后，置于周转筐并放在灭菌小车上，推入灭

图 2-66　空瓶子

图 2-67　传送带送料

图 2-68　装料

图 2-69　扎孔

图 2-70　盖盖

图 2-71　检查装瓶情况

图 2-72　装车

菌锅内灭菌。工厂化栽培成功与否，核心的问题在于灭菌一定要彻底，否则一切都是徒劳。灭菌容器有常压灭菌锅、高压灭菌锅，还有抽真空高压灭菌锅，工厂化一般使用高压灭菌锅和抽真空灭菌锅。

（一）灭菌

灭菌要求足时、彻底，下面以用抽真空灭菌锅（每锅 9600 瓶）

为例介绍灭菌要点，供大家参考。

1. 灭菌程序

检查灭菌程序→确认各阀门、开关→推车进灭菌柜→确认数量→关柜门→确认柜门密封情况→启动灭菌程序→记录→确认温度变化情况。

2. 灭菌具体操作要求

① 打开柜门，确认两端的门不能同时打开。

② 装瓶上车结束，将杀菌车慢慢推进灭菌柜，从内向外一次摆放整齐。

③ 确认灭菌柜内放置 24 辆载物小车（每车 25 筐，每筐 16 瓶）后关闭灭菌阀门。

④ 确认柜门完全关闭到位，封闭性完好。

⑤ 确认杀菌程序的设定值为灭菌压力 0.15MPa、105℃保温 30min，110℃保温 30min，有效灭菌温度 122℃，保温 80min，闷置 20min。

⑥ 启动自动杀菌程序，确认灭菌柜内的温度上升情况。

⑦ 灭菌柜内上升温度为 100℃，并确认柜内压力为正压。在保压前，应排净锅内冷空气，当压力从 0MPa 升到 0.05MPa 时，开始排放冷空气使压力降到 0MPa。然后再升压到 0.1MPa，再排冷使压力降到 0MPa，排冷次数不得少于 2 次。

⑧ 确认灭菌柜内温度为 105℃，保温 30min 后。

⑨ 自动运行杀菌程序温度上升至 122℃，保温 80min，闷置 20min。

⑩ 自动运行杀菌程序至结束，并做好相关记录。

⑪ 全方位确认灭菌柜运行情况，并做好环境卫生清理。

3. 灭菌注意事项

① 灭菌锅内的数量和密度按规定放置，如果放置数量过大、密度过高，蒸汽穿透力会受到影响，灭菌时间要相对延长。

② 如果培养料的配方变化，基质之间的空隙可能会变小或变大，消毒程序也要做相应的修改，否则可能会导致污染或能源的浪费。

③ 确认灭菌柜的排气延时控制选择开关处于"关"的状态。

④ 确认灭菌柜门是否密闭正常。

⑤ 清扫干净灭菌柜门的结合部位后关闭灭菌柜门。

⑥ 自动运行灭菌程序之前必需确认定值的准确性。

⑦ 注意进蒸汽的声音变化，发现有异常情况及时汇报设备部并及时修理。

⑧ 因排气阀门是高温状态，开启和关闭时要注意安全，以防烫伤。

⑨ 采用全自动灭菌锅在灭菌结束后都有脱气过程，使锅内外压力平衡，以便于锅门打开。应安装空气过滤装置使外界空气通过过滤装置回流到灭菌锅内，以免影响灭菌效果。

4. 灭菌工序安全生产"十"注意

① 操作工上岗操作作业前须穿戴好劳动防护用品，如胶手套等。

② 操作工出灭菌柜要每组两人同时进出，防止意外事件发生。

③ 清理设备周围环境，不许存放任何与工作无关的物品。

④ 确保设备控制开关、安全装置、紧急停止开关等无损失或失灵现象，发现有异常及时向上级主管上报。

⑤ 工作过程中要集中精神，不得做与工作无关之事。

⑥ 开机时要检查总阀压力，1周要检查1次安全阀，机械运行过程中要严格按照操作规程操作，准确记录灭菌时间等相关参数。

⑦ 严禁湿手闭合电源开关，以免引起触电事故。

⑧ 在清洁和维修保养设备时，必须关机，切断电源并挂牌"设备正在维修，切勿合闸"后方可进行。

⑨ 灭菌过程中严禁擅离岗位，全程观察设备运行情况，出现漏气等紧急问题及时向上级主管部门报告。

⑩ 灭菌结束后及时关闭电源，清理设备，保持工作场所干净、

整洁。

入锅见图 2-73，灭菌见图 2-74。

图 2-73 入锅

图 2-74 灭菌

（二）冷却

1. 冷却程序

确认冷却环境—确认灭菌程序—开柜门—确认温度—出柜—按要求摆放—关柜门—确认设备运行情况—接种前确认料温。

2. 冷却操作步骤

① 确认冷却室设定温度为 14～15.5℃，蒸发器风机的频率，环境洁净无菌。

② 确认灭菌程序已完成。

③ 关闭夹层门。

④ 对灭菌行程已经完成的灭菌锅按照程序打开柜门。

⑤ 放热量，让柜门内的热空气从夹层中散发。

⑥ 15min 后确认空气温度。

⑦ 当温度低于 80℃时出柜。

⑧ 从前往后依次出柜，按照风向（垂直于蒸发器风机的方向）先摆放于 28℃冷却室。

⑨ 待 1 号冷却室放满后，按照顺序摆放于 2 号冷却室。

⑩ 关闭各区域的隔离门，冷却。

⑪ 确认冷却室压力、温度设定、设备运行等。

⑫ 接种前检测料温，以确定是否达到接种的要求。

⑬ 接种工作结束后做好冷却间、缓冲间、夹层的卫生消毒工作。

3. 注意事项

① 开柜门前，注意检查灭菌程序是否完成。

② 开柜门时防止高温烫伤。

③ 出柜时要确认冷却室环境的洁净度应符合要求。

④ 出柜后要注意检查摆放方式。

⑤ 确认设备运行情况良好。

⑥ 确认温度设定是否正常。

⑦ 做好相关记录《冷却室温度记录表》《冷却室蒸发器风机变频记录表》《接种温度检测记录表》。

4. 冷却工艺标准

① 出锅方式。80℃以上；直接进入冷却室（不途经非洁净区域）。

② 冷却室（洁净区）内外清洁卫生。

③ 强制、快速冷却。

④ 料温冷至 17～20℃，防止高温抑制菌丝生长。

5. 冷却室卫生标准

冷却清库结束后，先用清水拖一遍，再用 TCCA（三氯异氰脲酸）消毒液拖一遍。冷库所有的墙面和顶用 TCCA 250～500mg/kg 擦拭一遍，卫生结束喷雾消毒，打开紫外线消毒。注意以下几点。

① 执行 3 遍卫生标准，清扫垃圾—清水保洁—消毒水消毒。

② 出锅时倒筐及时处理干净。

③ 环境监测菌落≤3 个。

④ 合理选择消毒液，交替使用（TCCA、新洁尔灭交替使用）。

冷却室清扫清洁记录见表 2-3。

表 2-3　冷却室清扫清洁记录

班组	时间				清扫人员	检查人
	月	日	时	分		
	月	日	时	分		
	月	日	时	分		
	月	日	时	分		
	月	日	时	分		

六、接种

接种须在接种室、接种罩内无菌条件下进行，具体方法如下。

（一）采用固体菌种接种

1. 准备优质栽培种

栽培种以瓶装菌种为好，要求菌丝体浓密、健壮、整齐，无杂菌和害虫，没有形成子实体。

2. 消毒

栽培种的外壁用杀菌剂如 0.25％新洁尔灭液或 0.2％高锰酸钾液、0.1％克霉灵等进行擦洗，瓶口须在酒精灯火焰上灼烧，接种用具也同样进行杀菌处理。接种箱或接种室用气雾消毒盒点燃熏蒸，或者喷洒杀菌剂进行除菌处理，使接种环境达到无菌条件，才能保证接种时无杂菌感染。

3. 接种

当袋内温度下降到 25℃ 以下时，进行接种。接种人员经过更衣、消毒、风淋，进入接种室，最好二人一组，一人取种接种，另一人打开袋口，封袋口。具体操作方法是，将接种工具在酒精灯火焰上灼烧，冷却后挖出瓶口表层老菌种，取下层菌种接入袋内，接入的菌种最好完全均匀覆盖料面,然后封好袋口。

通常 750g 的菌种可接种 20～25 袋,每小时可接种 600～800 袋。接种后,可直接用专用推车将周转筐运到培养室。这样,自菌袋灭菌直至上架培养,中间几道工序都在筐内进行,减少工作量,节约生产成本,也减少了对菌袋培养基的污染。

生产接种组接种岗位责任制见表 2-4。

表 2-4　生产接种组接种岗位责任制

	工作内容	工作要求	考评原则
主体工作	①接种 ②摆筐 ③卸筐 ④相关其他工作	①做好卫生,进行初步放冷后卸筐,要求出锅时动作轻缓,轻拿轻放,做好安全工作,杜绝倒筐 ②每天鞋底消毒,早晨接种统一进入缓冲间更换衣物后进入接种室。接种要求动作轻快,接种前手套、接种枪、镊子、桌面、菌袋要进行消毒处理。每袋接种 20～25g,保证孔中有菌种,料面覆盖菌种。中途不得外出,必须统一接种完毕后出接种室 ③摆放时按指定位置码筐,轻拿轻放,行车中注意安全,杜绝倒筐	①对不遵守接种程序及规定造成问题负全部责任 ②对转移摆放过程中造成的污染倒筐问题负主要责任
连带工作	①清洁卫生 ②工具管理 ③工作报告 ④其他工作	①每天摆完筐口及时做好冷却室、接种室、缓冲间的卫生,再行消毒处理,预备卸筐。每天须对脚垫进行清洗,衣物鞋帽每 10 天必须清洗 1 次,空调卫生每 10 天进行 1 次大清扫。保管好使用工具,保持干净整洁 ②开关锅门时要注意安全,开门冷却时需先小开 15min,再全部打开,尽量不要造成空气急剧对流,保证卸筐质量 ③工作有异常及时报告 ④服从管理,团结同志 ⑤当其他岗位需要时,应服从安排、调动,提供响应帮助 ⑥发现异常及时报告,及时处理	①对接收菌种负质量责任,对因使用不合格种造成污染负全责 ②对清洁卫生不彻底造成的污染问题负主要责任 ③对开关釜门时造成的污染问题负主要责任 ④对工作中的异常不及时报告造成的生产问题负主要责任

接种室见图 2-75，接种见图 2-76。

图 2-75　接种室

图 2-76　接种

（二）采用液体菌种接种

1. 及时接种

液体菌种应在其活力最强的状态下接入菇体培养基，其最佳的适用时段只有一两天。过期就会发生菌龄老化、菌球自溶等问题，勉强使用会影响到最后成品菇的产量和质量，因此要特别注意生产的衔接安排。

2. 精细操作

精细操作与菌瓶（袋）成品率有很大关联。目前大生产企业或工厂化瓶栽一般都采用高效自动化接种设备，小企业和工厂化袋栽较多使用接种枪人工接种。虽然两者之间在效率上有差异，但标准要求应基本相同，即应该液量准确，喷洒均匀，完全覆盖。

（1）接种枪人工接种　接种前将接种管、接种枪置于高压锅中在 121℃灭菌 60min（图 2-77），然后放入接种室备用。液体菌种培养好后，用火焰消毒出料口（图 2-78），在火焰的保护下将接种管接到发酵罐下方的出料口上（图 2-79），不停泵，关小排气阀。罐体菌种向外输出时，根据接种枪的情况，可适当调整罐内压力，一般将灌压调整到 0.03～0.05MPa。

接种也是液体菌种生产较为关键的环节，接种人员经过更衣、消毒、风淋，进入接种室，连接好接种器（图 2-80）。接种时一般 2 人一组，每组一把接种枪，一个酒精灯，一个人专门负责接种枪的把握，并注射菌种，另一人负责打开袋口（图 2-81）。接种时，

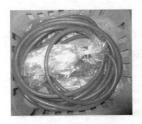

图 2-77 接种管、
接种枪灭菌

图 2-78 消毒
出料口

图 2-79 接种管
接到出料口

图 2-80 连接种器

图 2-81 接种

严格按无菌操作要求进行，整个环节要迅速。接种枪在没有用的时候将整个枪头放在火焰上，避免在空气中放置。接种结束后要关掉进气阀、温控系统，并及时清洗罐内的残留余液，保持罐内外干净。

（2）高效自动化接种设备接种 将发酵罐直接推到接种机旁边，接种机整机置于大型净化罩下面，在接种的时候，人员和货物的流动不会对接种区的环境产生影响，接种效果十分稳定。接种机完成揭盖，挖料，接种，盖盖。

① 接种机消毒（表 2-5）。

② 接种操作步骤。

a. 严格按照《液体接种机操作规程的要求》，做好开机前检查；如果各部件正常，按照《洁净区域 SSOD》的要求对接种机和喷头进行消毒，并连接好菌种发酵罐，设定接种量；每瓶接液体菌种 30～35ml。

表 2-5　接种机消毒

工序	消毒方式	操作方法
接种前准备	TCCA（三氯异氰脲酸）、火焰消毒、75％酒精棉	①层流罩空间用75％酒精与TCCA消毒液喷雾消毒 ②接种前先使用75％酒精与TCCA消毒液对接种机起盖部位进行喷洒消毒 ③再用酒精对喷头进行喷雾消毒,在火焰保护下用镊子将包裹喷头的铝箔纸去除 ④用火焰对喷头上下灼烧消毒,然后用75％酒精与TCCA消毒液喷雾消毒,四周的垂帘使用TCCA 250～500mg/kg进行喷洒消毒（保证垂帘湿润有药水水珠）
接种过程中,换罐的相关要求	喷头消毒	①用酒精对喷头进行冲洗,将喷头上残留菌丝冲洗干净 ②再用火焰灼烧消毒手套,每个喷嘴不少于10s,进入层流罩内的手必须消毒,每60min按上述方法进行火焰消毒1次
	层流罩内空间消毒	喷头消毒完毕后用新洁尔灭溶液对接种机表面,用250mg/kg TCCA对层流罩软帘进行喷雾消毒,每30min对喷头及层流罩内空间进行TCCA喷雾消毒1次
	空间消毒	换罐前20min左右,用75％酒精与TCCA消毒液对换罐区域进行喷雾消毒

b. 接种前,冷却间人员负责栽培瓶料温的检查,料温应小于 20℃,才允许接种。

c. 启动机器,开始接种。

d. 接种前或接种过程中,若接种机或其他相关设备出现故障,应及时报修,工程与设备部机修人员修好以后,重新按照《洁净区域 SSOD》的要求,对接种机进行消毒处理后,开始接种,并将异常原因写在《接种间记录表上》。

e. 整个接种过程,严格按照《洁净区域 SOP》要求作业。

f. 每罐接种过程中,接种人员负责接种量的自检,每罐接种前后各测 1 次,要求每罐的接种量平均值在 30～35ml,如果偏差较大,停机重新调整,并对人接触过的相关重要部位消毒。

g. 每罐接种过程中，品管员负责对发酵罐的微生物进行检测，并记录检测时间在《接种间记录表》上。

h. 每罐接种过程中，品管员负责层流罩内环境检测，并将检测结果填写在《环境检测记录》上。

i. 做业完毕按照《液体接种机保养规程》及《清洁区域 SOP》，做好接种机保养及设备、空调及相关卫生消毒工作。

j. 接种机消毒用酒精灼烧器具时，要注意安全，以防烧到衣服等。

k. 接种器具消毒好后，用75％的酒精喷手消毒后安装，请勿接触器具内部。

l. 做好相关记录，填好《接种间记录表》《液体接种机保养确认记录》《环境检测记录》《喷头擦拭记录》。

③ 接种室卫生打扫。接种结束后设备、墙面、地面、层流罩帘子清水清洗干净，再用 TCCA 消毒液消毒擦拭（接种室所有地面至少拖3遍），接种机用 TCCA 消毒液擦拭消毒，所有卫生打扫完成后使用迷雾消毒，接种间开启臭氧消毒3h，紫外线消毒一夜。注意以下几点。

a. 每天使用后的拖布、扫把等设备需在指定的水龙头处使用自来水彻底冲洗干净，使用消毒液浸泡5min后取出、晒干，次日使用前放于更衣间紫外线下消毒后方可使用。

b. 擦拭接种机的水必须使用纯水。

c. 清洗接种室和接种机时要将液体接种机上尘流罩风机关闭，接种室内循环关闭，卫生结束后打开接种室内循环。

d. 初效过滤要每星期检查清洗两遍，中效过滤每1个月要清洗检查1次，高效过滤1年更换1次（具体情况根据环境监测结果决定）。

④ 接种工序安全生产"十"注意。

a. 操作工上岗作业必须穿戴好劳动防护用品，如无菌服、胶皮手套、口罩等。

b. 操作岗位女职工禁止蓄长发，防止头发夹入链条酿成事故。

c. 清洗设备周围环境，不许存放任何与工作无关的物品。

d. 检查设备各控制开关、安全装置、紧急开关等有无损坏或失灵现象，发现有异常及时向上级主管报告。

e. 开机操作必须集中精神，不得干与工作无关之事，设备附近要设置警示牌，机械运行中严禁靠近设备作业，防止出现设备机械手误伤事故。

f. 机械运行过程中要严格按照操作规程操作，非停机和清洗情况禁止习惯性用手或肘接触设备，防止机械链条夹伤等事故。

g. 操作过程注意接种火焰消毒过程安全及应急处理，火焰应在操作结束后放入水桶直至熄灭为止。

h. 严禁湿手关闭电源开关，以免引起触电事故。

i. 在清洁或维修保养设备时，必须关机，切断电源并挂牌"设备正在维修，切勿合闸"后方可进行。

j. 接种结束后应及时关闭电源，清理设备，保持工作场所干净、整洁。

无菌操作流水线见图 2-82，液体接种机接种见图 2-83。

图 2-82　无菌操作流水线　　　　图 2-83　液体接种机接种

（三）接种技术中常见的问题和改进方法

1. 接种量差异

一种是点位差异。接种前应检查各个喷头的接液量，接种过程中还应抽测。发现偏差加大的要适时调整或更换喷头、电磁阀。

另一种是前后差异，即生产后半段的整体接液量明显少于前半段。此种情况很大原因是菌液黏稠度高，其中的内溶物析出沉积在管道壁内，使径流变小。此时，可通入无菌水进行冲洗，解决后再继续作业。

2. 有液无菌

如发现部分接过种的栽培瓶虽然料面湿润，但只有液体喷入，并无菌丝覆盖。可以判断是接种喷头发生堵塞。如仅发生于某一特定点位，基本是相应的喷头发生问题；如单边、半筐、整筐发生问题，则可能是料管或三通处有问题。堵塞的原因较为常见的是菌球过大或有其他杂质，如接摇瓶种时带入的平皿接种块，所以应在操作时加以避免。还有一种比较特殊的是采用通气结构的发酵罐接种到罐底部分，液面降低至进气孔以下，没有了空气搅拌导致菌液分层，此时如要继续接种可采用人工晃动发酵罐来完成作业。

3. 覆盖不全

接种要求是菌液能全覆盖料面（包括接种孔），如发生栽培瓶料面只有半边菌液覆盖，应该是相应的喷嘴偏移，解决方法是重新调整或换新喷头。如料面外圈没有菌液，应增大喷嘴倾角，或者调高喷嘴与料面距离。

4. 菌液外溅

空气压力过高，或者喷洒距离调节不当，接种时容易发生反弹飞溅。不仅浪费菌液，还易引发周围的瓶（袋）污染。解决办法是适当调整空气压力，装瓶时料面应与瓶口保持恰当距离。

5. 接种污染

多种原因所致。主要是机械故障和操作不规范问题，如空气净化器失效，较长时间停机或卡盖、掉盖，以及操作人员未做好卫生工作。应定期检查净化器过滤效果；使接种设备经常处于良好状态；解决好篮、瓶、盖的相互配合，剔除已发生变形的器具，接种人员应按规定做好环境和个人卫生，规范操作。

七、培养

1. 培养设备

（1）控温设备 主要有空调、制冷机组、风扇等。

（2）专用杀虫灯 额定功率为 8W，电源电压为 85～265V，外形尺寸为 18mm×37mm，电源频率为 50～60Hz，有效范围为 60～80m^2。杀虫灯是利用仿声原理制作的将喜好特殊紫外线波段的蚊子吸引过来，再利用超静音风扇把蚊子吸入装置内风干致死，在整个过程中不利用高压放电，不会有氮氧化合物产生，不会对环境造成二次污染。

2. 培养管理要点

接种后，用小推车拉到发菌车间。培养必须置于清洁、干净、黑暗、恒温、恒湿，并且能定时通风的发菌室中。发菌期间，培养室的温度由盘管式风机和室外制冷机组进行自动控制，栽培瓶（袋）是在近似密闭的环境下进行培养，培养过程所产生的热量由盘管式风机进行强制性降温，温度控制在 18～22℃，温度要先高后低，一般 7 天调整瓶（袋）子位置，一旦温度超过 23℃（料温往往比室温高出 2～4℃），要立即通风降温，并且防止温度低于18℃，避免菌丝体尚未生长满就会出菇。场所内采用超声波加湿，雾粒不超过 5μm，空气相对湿度控制在 60％～70％。培养过程产生的废气由安装在培养室下墙角的轴流式风扇自动定时间隔排出，一般每天通风 3～4 次，每次 30min，保持空气新鲜，防止高温高湿引起杂菌感染。同时增加内循环机扰动空气，应每 2h 开启循环风机 15min。在培养室内都安装有楼顶风机或内循环风机，360°旋转，促使空气扰动，减少上下层栽培（瓶）袋的温差，防止"烧菌"。在日常培养管理工作中，应尽量减少光刺激和振动，工作人员可备手电筒进行工作，避免开大灯。在正常情况下，一般 26～

28 天菌丝满（瓶）袋，继续培养 8～10 天，菌丝便逐渐进入生理成熟阶段。

在养菌过程中，菌丝封面后应及时挑除杂菌瓶（袋），特别是高温、高湿季节，做到早发现、早处理、早预防。菌丝培养阶段污染的主要杂菌有青霉、木霉、根霉、链孢霉等，其污染原因如下。

① 同一灭菌批次的栽培瓶（袋）全部污染杂菌，原因是灭菌不彻底。

② 同一灭菌批次的栽培瓶（袋）部分集中发生杂菌污染，原因是灭菌锅内有死角，温度分布不均匀，部分灭菌不彻底。

③ 以每瓶原种为单位，所接瓶（袋）发生连续污染，原因是原种带杂菌。

④ 随机零星污染杂菌，原因是栽培瓶（袋）在冷却过程中吸入了冷空气，或接种、培养时感染杂菌。

（1）栽培袋培养（图 2-84～图 2-86，彩图）

图 2-84　前期　　　　图 2-85　中期　　　　图 2-86　后期

（2）栽培瓶培养（图 2-87、图 2-88）

① 栽培瓶培养室整体情况。

图 2-87　培养室内部　　　　图 2-88　走廊保持卫生清洁

② 瓶栽金针菇培养过程（图 2-89～图 2-92，彩图）。

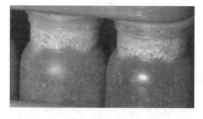

图 2-89 前期

图 2-90 中期

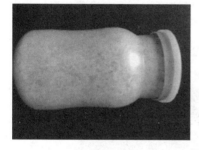

图 2-91 后期（外观）

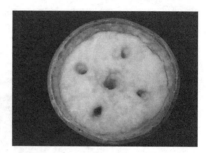

图 2-92 后期（内部）

第五节 ▶▶ 工厂化金针菇出菇管理

一、瓶栽工厂化金针菇出菇管理

金针菇瓶式栽培，大致分成单区制与多区制。将诱导催蕾、抑制、出菇在同一间库房内进行，称为"单区制"；将出菇全过程分别在不同温度栽培环境下培养、移动、抑制，完成出菇，称为"多区制"。出菇阶段分成催蕾、均育、抑制、生育四个阶段。工艺流程：搔菌后用自动上架机上架→移入发芽室→均育室→抑制室→抑制结束移到套筒房→套筒后自动上架→移入生育室→采收前移动到包装间→自动下架→撕掉包菇片→采收→包装。下面介绍多区制金针菇工厂化栽培技术要点。

1. 催蕾期阶段

第 1～10 天，温度 13～15℃，空气相对湿度 85%～90%，二氧化碳浓度 0.2%～0.3%，适当光照。

当金针菇菌丝长满整个瓶时，表明金针菇菌丝的生理生长期已经结束，需要提供适宜的外部环境条件刺激，促使其由营养生长转入生殖生长。发菌结束后要立即进行搔菌，移入催蕾室进行温度、湿度、通风、光照四项环境因素的管理。一般 4～5 天，培养基表面会发生白色棉绒的气生菌丝（如果培养基表面有浅茶色至褐色表明培养基已被细菌污染），接着便出现透明近无色的水滴，7～8 天便可看到鱼子般的菇蕾长满整个料面（图 2-93，彩图），10 天左右便可看到子实体雏形，催蕾结束。

图 2-93　催蕾第 8 天

（1）搔菌　金针菇有在新菌丝体上形成子实体的特性，据此目前国内瓶栽金针菇用搔菌法。由于菌丝生长释放热量会使表面水分蒸发，促使表面菌丝老化，甚至形成较硬的菌皮或菌膜，阻碍新鲜空气与内部菌丝接触，这样会延长出菇时间，出菇也会不整齐。所以当菌丝生理成熟后采用负离子机械搔菌，将栽培料面接种块及老菌丝层扒弃，菇蕾发育同步性较好，菇蕾整齐，外观较理想。搔菌机械操作过程包括开盖→旋转→搔菌→冲洗→扣盖，具体要点如下。

菌丝满瓶后（图2-94），转移到出菇房在湿度与温度一定的培养室内进行搔菌（图2-95）。搔菌机首先将瓶盖打开，然后将箱子放到旋转操作台上旋转180°，除去瓶口表层老化菌种块，搔菌深度约为0.5cm，露出新的培养料，最后要把露出的新培养料面压平。搔菌后用清水冲洗培养料表面的碎屑，然后再将栽培瓶旋转180°，加入适当的水后从搔菌机上脱离（图2-96），用搬运机排列到大车上，工人将出菇筐整齐地码放在出菇架子上。在搔菌过程中要根据具体情况，定期用酒精喷灯对搔菌工具消毒。

图2-94　菌丝满瓶　　　图2-95　搔菌机搔菌　　　图2-96　搔菌清洗后菌瓶

搔菌后用自动上架机上架。上架程序：确认上架生育室→拉进推车→上架→拉出推车→关灯。操作要求如下。

① 确认上架生育室，每天要按照生产部技术员的工作安排进行上架，要看好先后顺序。

② 上架后要随手关门，并且要轻拿轻放，避免栽培中液体溅出，每一层外侧筐要紧靠床架边缘，里层筐要靠在里侧床架边缘，一定要摆放整齐。

③ 上架要特别注意人身安全，四层以上必须佩戴安全带作业。

④ 上架人员对控制面板有任何疑问都需找技术与品管部技术人员监督，个人不许乱动。搔菌后运到出菇架子上，见图2-97。

（2）温度管理　金针菇子实体形成与生长阶段要求较低的温度，在5～20℃时可形成子实体，最适温度是12～15℃，以13℃子实体分化最快，形成的数量也较多。在一定的范围内，温度偏低时，子实体生长健壮，品质好；温度偏高则子实体瘦弱，柄细盖薄、品质差、货架寿命短。目前，工厂化栽培金针菇的企业在催蕾过程中对温度的设定一般为 13～15℃。

图 2-97　运到出菇架子上

（3）湿度管理　经过搔菌后的菌瓶，由于其表面露出新的培养料，所以要及时采用超声波加湿器自动增湿机来加湿（水要用磁化水）进行增湿处理，提高空气相对湿度至 85%～90%，防止表面干燥，影响菌丝生长恢复。湿度太低，气生菌丝会过于浓密，但湿度也不应超过 90%，湿度过大，原基下部会出现大量暗褐色液滴，引起病害，导致杂菌感染。部分工厂化金针菇栽培企业在催蕾过程中把湿度提高到了 95%，水汽在还未长出菌丝的新培养料表面结成露珠，导致料面局部感染杂菌，造成了不必要的损失。刚入库的菌种瓶，见图 2-98（彩图），入库菌丝恢复的菌种瓶见图 2-99（彩图）。

图 2-98　刚入库的菌种瓶

图 2-99　入库菌丝恢复的菌种瓶

（4）空气管理　金针菇是好氧性真菌，尤其在生殖生长阶段，菌丝体呼吸作用旺盛，出菇室内的 CO_2 含量升高，容易造成氧气不足，菌丝体活力下降，影响菇蕾的形成。所以在催蕾过程中应加大出菇室的通风量，二氧化碳浓度 0.2%～0.3%，每隔 1h 打开通

风换气扇 5min 左右。目前工厂化栽培的企业在催蕾过程中要处理
好通风与保湿的矛盾，既要防止通风次数过于频繁，出菇室湿度达
不到 85％，培养料表面干燥，气生菌丝徒长，影响原基的形成，
导致出菇不均匀；又要防止通气差，而空气湿度过大，会使气生菌
丝徒长。

（5）光照管理　金针菇是厌光性菌类，在完全黑暗的条件下不
能形成子实体原基，微弱的光线能促进子实体原基的形成。一般在
菌瓶运到催蕾室内 3 天后进行光照刺激，光照强度控制在 50～
100lx，每天补光 12h 就能满足催蕾过程对光照的需求，光照 3～4
天后等料面见到菇蕾后停止光照。在催蕾过程中存在的问题是有的
厂家认为催蕾过程不需要光照刺激，不提供光照条件。还有的厂家
认为金针菇菌丝能进行全光作用，所以又提供了过强的光线照射菌
瓶，这些错误做法都是对金针菇生物学特性缺乏了解造成的。

2. 均育阶段

第 11～13 天，温度 8～10℃，空气相对湿度 85％～90％，二
氧化碳浓度 0.3％～0.5％，适当光照。

纯白色金针菇抑制前必须进行充分的均育处理，如果直接进行
抑制处理，瓶子周围的温度很快降低至 4～5℃，原基会停止生育。
而均育是利用抑制工艺的低温，使抵抗力弱的原基不至于枯死，增
加了抵抗力，能均匀发育。均育的温度为 8～10℃，空气相对湿度
85％～90％，二氧化碳浓度 0.3％～0.5％，力求维持接近自然状
态的空气环境，一般是 2～3 天，可在专门的均育室处理，也可利
用抑制室。

3. 抑制阶段

第 14～18 天，温度 3～5℃，空气相对湿度 80％～85％，二氧
化碳浓度 0.3％～0.5％，光与风抑制。

所谓抑制就是在催蕾结束后（原基已经基本形成，菌盖刚刚分
化出来），所采取的一项技术措施。主要是通过低温、强光、强风
的配合作用，达到减缓菇蕾发育速度，使其菇蕾的整齐度和品质都

得到提高，抑制时间 4～5 天。抑制阶段菇蕾见图 2-100。

图 2-100　抑制阶段菇蕾

（1）温度　金针菇子实体发育的最低温度是 3℃，低于 3℃子实体就停止发育，当把出菇室温度调至 3～5℃时，子实体发育速度明显减缓，但菇柄和菇盖则变得更加壮实，整个菇丛变得更加整齐。抑制阶段温度一般控制在 4～6℃，避免低于 3℃，子实体停止发育，温度过高子实体菌盖变大，商品价值降低。

（2）湿度　抑制阶段的子实体抗逆性较差，湿度过低易导致子实体干缩萎蔫。此阶段还要加大通风量，所以应保证出菇室湿度 85%～90%。工厂化金针菇栽培企业在抑制期湿度管理中应避免湿度过低或过高，如 75%～80% 或 90%～95%。湿度偏高，菌盖及菌柄会产生细菌性斑点病，容易产生烂菇现象。

（3）空气　为了抑制菌柄和菌盖的发育速度，需要调整出菇室氧气和 CO_2 的比例，加大通风量能提高出菇室氧的含量，降低 CO_2 含量，同时带走菇盖和菇柄上过剩的水分，减少病害的发生。在抑制期，工厂化栽培金针菇的企业应根据出菇室的实际情况，如菌瓶的数量、密度、湿度大小，进行适量的通风，一般保证二氧化碳浓度 0.3%～0.5%，切不可采取一刀切的管理模式。一般出菇瓶放到抑制室后 3～4 天开启冷风机，每天吹 2～3h，吹 3 天左右，有利于培养色白、干燥、质硬的金针菇。

（4）光照　因为金针菇属厌光性菌类，所以光照对金针菇子实体的发育能产生巨大的影响，其主要作用表现在能抑制菌柄的生长，会阻止菌盖形成。在抑制期，可利用金针菇的这一生物学特性，来抑制菌柄过快生长。但这一措施是和低温与大通风量配合使用才能起到良好的抑制作用。在抑制期，光抑制一般用 LED 灯和蓝光进行抑制，距离瓶高度约 30cm，也有工厂使用 36W 的灯泡吊在离瓶面 3m 高度，一般光照强度 150～200lx，每天补光 12h。在抑制期，工厂化栽培金针菇企业管理中应避免一味强调强光照射，导致菌盖变大，菇体颜色变深。

（5）套包菇片　菇蕾长到高出瓶口 2～2.5cm，把蓝色塑料包菇片直立固定在瓶口上，包菇片开角为 15°左右。套筒的时间过早，菇芽太低，低于 1.5cm，容易淹菇芽；套筒时间过晚，超过 3cm，容易伤芽。菇房管理人员、车间主任要对套筒的过程，及套完筒的瓶进行检查，及时改正，这样可以减少套筒窝菇的发生，减少不必要的损失。对于没改正的，菇房管理人员应及时上报到生产经理，否则按瞒报处罚。为了提高速度，在保证质量的前提下可以采取包工的方法。因为套上包菇片的里面二氧化碳浓度会比外面的稍微高些，避免菇蕾早开伞，促使菌柄快速生长，使菌柄长粗长壮，使金针菇长得均匀一致。套筒的长度因各金针菇工厂分级采收标准不同而有所不同，一般以长于一级菇柄长的 1～2cm 为宜（图 2-101～图 2-103）。

图 2-101　菇蕾高出瓶口　　图 2-102　包菇片　　图 2-103　套包菇片
　　　　　2～2.5cm

4. 生育阶段

第 19～22 天，温度 10～12℃，空气相对湿度 80％～85％，二氧化碳浓度 0.6％～0.8％，光照与吹风。

抑制之后就到了金针菇的菇蕾发育阶段，再经过 4～5 天的发育就可以采收了。生育阶段温度在 10～12℃，相对空气湿度比催

蕾期略低，控制在80%～85%，二氧化碳浓度0.6%～0.8%。子实体伸长至12cm，使用移动式抑制风机由上往下对菌盖吹风，使菌盖、菌柄干燥、发白，培育出耐存放的优质商品。收获前2天，用300lx强光连续照射2～3h，有增产和提高白色金针菇商品品质的效果。但光照不能过度，否则菌盖和菌柄的色泽发暗，且菌盖有变大的趋势。培养车间见图2-104，生育阶段金针菇见图2-105（彩图）。

图2-104　培养车间

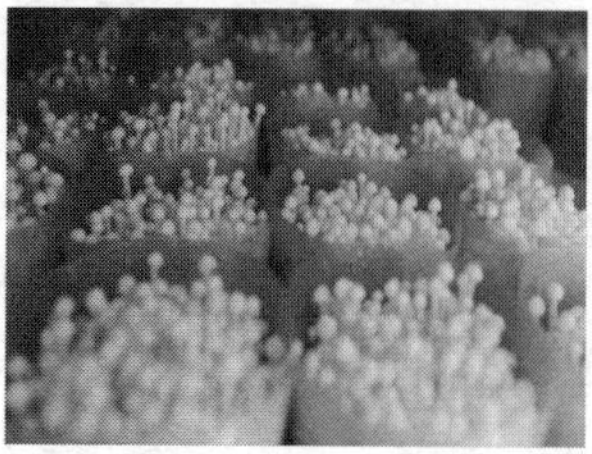

图2-105　生育阶段金针菇

5. 采收、包装、储存、挖瓶

（1）采收　新鲜销售的金针菇采收的标准是菌柄长15～17cm、菌盖直径约1cm，边缘内卷、没有畸变时为采收期。采收过早影响产量，过晚菇肉中的纤维会增加，影响口感。到达采收标准的金针菇会通过传送带运到采收车间，采收工人先拿下包菇片，一手按住瓶口，一手握住菇丛稍稍一扭即可将菇丛拔下，装入框内。然后运到加工车间，经对菌柄基部无食用价值的菇体修剪后，经分级再整齐装入塑料袋内。

① 采收程序。拉空筐→摆放空筐→采菇→摆放进筐子→装车→运到包装车间。

② 操作步骤。

a. 技术人员在采收前通知采收人员，安排要采收出菇的房间号及采收顺序和要求。

b. 采收人员确认要采收的房间及顺序后，拉冲洗干净的空筐进入出菇房开始进行采收，采收时，按先上后下顺序采收。

c. 把采收下来的菇整齐摆放在筐子内，菇头对菇头摆放，动作要轻，筐子不要装满，避免将菇压碎。

d. 按要求装满筐子后，要及时送往包装间。

e. 采收工作完成后，收集套筒纸，整齐地放入筐。送到套筒纸清洗存放处，最后对采收出菇房做好清洁。

f. 当整个采收工作完成后，由班长对所有进行采收出菇的房进行检查，并确认所有工作（包括是否卫生，是否有落下的菇和套筒纸的现象等）都做好后，工人才可以下班。

g. 生产管理人员在采收过程中不定时地检查和监督采收下来的菇是否符合"金针菇成品采收标准"。

③ 注意事项。

a. 采收时一定要按采收标准进行。

b. 采收时对于不符合采收标准的菇，若不小心碰掉套筒要重新套上。

c. 取下的套筒不允许放在金针菇上。

d. 采收时，要按照安全生产的要求操作，避免意外。

e. 进出菇房，关开门要轻，并保证室内日光灯处于关闭状态。

f. 拉筐时要注意设备安全，以避免损坏室内的干湿温度计和室外的控制电源等设备，若有损毁要及时上报。

g. 采收完毕一定要搞好卫生，并注意采收后的空瓶要摆放整齐，以利于后续工作进行。

图 2-106　待采收菇

图 2-107　铲车运到流水线

h. 相关记录，如"当日采收量记录表""病虫害统计表"。

④ 采收图片（图 2-106～图 2-109）。

图 2-108　采下包菇片　　　　　　　图 2-109　称重

（采收）班清扫清洁记录见表 2-6。

表 2-6　（采收）班清扫清洁记录

班组	时间				清扫人员	检查人员
	月	日	时	分		
	月	日	时	分		
	月	日	时	分		
	月	日	时	分		

注：每天早晨 7：50、中午 1：00、下午 5：00 前，各班组完成清扫任务，并按要求填写记录，班组长为检查人，车间主任随时抽查。对没清扫、没填写记录的班组按公司规定进行处罚。

（2）包装、储存　目前，市场上常见的金针菇鲜品有大、小两种包装，大包装为 2kg 和 2.5kg 两种，采用高密度聚乙烯保鲜袋，手工装袋、过秤，用自制专用压包工具排出空气或用吸尘器吸出空气后扎紧袋口。然后装入专用纸箱或泡沫保鲜箱内，大箱装 2kg 包装的 10 包，2.5kg 的 8 包，整箱重量均为 20kg。小包装为 100g 和 125g，用彩印专用袋包装，手工装袋、过秤，通过真空包装机封口。包装好的大包装鲜菇在 2～3℃条件下冷藏室中可保鲜 7～10 天。小包装较大包装耐储存，同样条件下可保鲜 15～20 天（图 2-

110～图 2-112)。

图 2-110　缩封成品

图 2-111　装箱

图 2-112　冷藏室

(3)挖瓶　金针菇采收结束后,应立即将料瓶运到挖瓶车间,用挖瓶机将留在瓶内的培养料挖出、清出菇房,同时将瓶清洗、干燥,并对菇房进行 1 次彻底清理消毒及设备检修,为进入下一轮生产循环做准备(图 2-113、图 2-114)。

图 2-113　料瓶运到挖瓶车间

图 2-114　挖瓶

挖瓶班卫生责任表见表 2-7。

表 2-7　挖瓶班卫生责任表

位置	责任人
室内卫生区	
室外卫生区	
标准	室内区地面干净,无杂物,无尘土;菌瓶、筐、推车等摆放整齐;更衣柜外无衣服、鞋等物品;室外区地面无废料等杂物,废料区及时清扫消毒

二、袋栽工厂化金针菇出菇管理

出菇管理过程分成催蕾期(需要 11～12 天)、发育抑制期

（9～10 天）、成菇期（2～3 天），全程约 25 天。金针菇属于低温型菌类，在生产工厂化生产中不同的阶段管理不同，具体要点如下。

（一）催蕾期

催蕾期细分成倒伏、再生芽形成两个时期，需要 11～12 天。栽培包置于栽培架上 3～5 层，在制冷机组蒸发器、内循环风机间歇运转作用下，使菇芽前端快速失水倒伏，末端成"老鼠尾"。经过数日，从栽培料面重新生长出密集整齐的新芽。随着再生芽发育，菌柄拉长，呈半绣球状，俗称"再生芽"。再生法是利用金针菇菌柄上产生"再生芽"的特点进行栽培管理的方法，目前国内工厂化袋栽金针菇使用此法，不搔菌直接诱导原基分化。再生法的优点是产量高、菌柄细密、菌盖圆整、品质优。缺点是菌柄基部的绒毛多，子实体含水量偏高，易腐烂。

1. 诱导菇蕾

菌丝生长满袋后，开始降温刺激，温度控制在 13～14℃，空气相对湿度控制在 70%～80%，二氧化碳浓度控制在 0.2%～0.3%，同时增加光照（用时间控制器控制），光照 50～100lx，每间隔 4h 照射 20min，照射 7～10 天，诱导菇蕾形成（图 2-115）。

图 2-115　诱导菇蕾形成

2. 打开袋口

当菇蕾形成后，不急于开袋，让其形成密集的针状菇蕾丛。由于栽培袋内二氧化碳浓度高，原基在袋内不断伸长成菌柄，而不分化成菌盖，当菌柄长至 2～3cm 长，形成密集的针状菇蕾后时，去掉套环打开袋口（图 2-116）。

图 2-116　打开袋口

3. 剪去上部多余塑料袋

剪去塑料袋的位置介于菌种顶部和菇蕾顶部之间（修剪菌包袋面离料面约 0.5cm）(图 2-117)，这样可以起支持菇蕾作用。留的塑料袋不宜过高，如果和菇蕾顶部一边高，菇蕾则会因基部水分过大而发生基部腐烂。

图 2-117　剪去上部多余塑料袋

4. 剪去上部多余菌蕾丛

用剪刀剪去上部菇蕾丛（图 2-118），修剪面离袋面约 2cm。注意一定要剪平，剪刀要随时消毒，并注意如发现感染的菌袋及时处理。

图 2-118　剪去上部多余菌蕾丛

5. 剪去菌袋上端，并运到催蕾室（图 2-119）

图 2-119　运到催蕾室

6. 促使菇蕾倒伏

将菌袋直立排放在床架上，此时要加大通风量（自然风或机械强制通风）2～3天，每天吹2～3h。为了防止整天吹风子实体会干掉，要在送风机上装报时器，送风约30min，停10min，或使用移动式送风机。空气相对湿度75%～80%（如果湿度大，只能引起针尖菇的尖端萎缩，一旦停止吹风，又会使其恢复生长，不能达到再生法的技术要求，影响产量），使针状菇蕾很快倒伏（图2-120），当细小的菇蕾失水枯萎变为枯黄色时，停止通风。适宜枯萎程度的简单判断方法是菌柄没有完全发软，用手触摸菌柄，有轻微的硬实感即可，如发黏则风干不够，如有刺感则过干。

图 2-120　菇蕾倒伏

7. 促使再生菇蕾形成

菇蕾枯萎后，增加空气相对湿度到 90％～95％，光照强度控制在 50～100lx，每天补光 12h，温度 10～12℃，使接近枯萎的菌柄吸湿恢复，利用菌柄具有再生侧枝的能力，经过 2～3 天，在栽培袋的原枯萎菌柄上又形成新的整齐、密集的菇蕾（图 2-121）。

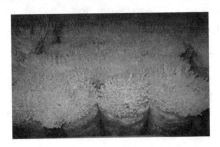

图 2-121　形成新的整齐、密集的菇蕾

（二）发育抑制期

1. 均育处理

纯白色金针菇抑制前必须进行充分的均育处理，如果直接进行抑制处理，瓶子周围的温度很快降低至 4～5℃，原基会停止生育。而均育是利用抑制工艺的低温，使抵抗力弱的原基不至于枯

死，增加了抵抗力，能均匀发育。均育的温度在 8～10℃，空气湿度 85％～90％，二氧化碳浓度 0.3％～0.5％，力求维持接近自然状态的空气环境，一般是 2～3 天，可在专门的均育室处理，也可利用抑制室，要避免日光直晒，也不要放在直接能吹到冷风的地方。

2. 抑制处理

均育后，必须进行抑制处理。

（1）温度　抑制阶段温度一般控制在 4～6℃，避免低于 3℃，子实体停止发育，温度过高，子实体菌盖变大，商品价值降低。

（2）湿度　工厂化金针菇栽培企业在抑制期湿度管理中应避免湿度过低或过高，一般控制在 80％～85％。

（3）风抑制　待新的再生芽呈绣球状，明显看到菇帽时，将菌包从 3～5 层移到栽培架顶层，集中置于顶上 2 层，由于顶上 2 层间距较大些，有利于空气流动。蒸发器置于顶层上端、侧面，出口温度比较低，在低温下，新芽缓慢生长。同时在风的作用下，抑制生长过快的新芽，使每个栽培包内的新芽发育整齐，故称之为风抑制。在发育抑制期要控制菇房的通风换气，使其积累一定浓度（0.3％～0.5％）的二氧化碳，以利于菌柄伸长和抑制菌盖开伞。每天吹 2～3h，吹 3 天左右。

（4）光抑制　除了风抑制之外，还使用"光抑制"。在抑制期，光抑制一般用 LED 和蓝光带，距离瓶高度约 30cm，也有工厂使用 36W 的灯泡吊离瓶面 3m 高度，一般光照强度为 150～200lx，每天补光 12h。通过光抑制，使上部大的菇体生长变慢，而下部小的子实体长速加快，从而使菇体长得整齐，使菇体变粗，更加健壮，而且刺激菌盖生长，增加产量和品质。同时，可降低菇体含水量，从而提高产品质量。光抑制见图 2-122。

（5）套上塑料袋或无纺布制作的套筒　当子实体高度达到 3cm 时，在生产中可利用套袋调节二氧化碳浓度和支撑菌柄不松散，套上塑料袋或无纺布袋。

图 2-122 光抑制

① 塑料袋。当子实体高度达到 3cm 时，套上塑料袋（18cm×45cm×0.002cm）并高出子实体 3cm（图 2-123），待子实体快长到袋口时，再次将袋上端提高 3cm（图 2-124），需要提袋 3 次。此法比较费工，但保湿性好，所有的小菇蕾都能够得到氧气供应，菇盖的大小比较容易控制。套袋时高度一定要适度，不要太高或太低。套袋时如果塑料袋口低于菌柄的长度，子实体就会伸出袋口，菌盖易开伞，而且菌盖接触到覆盖物的水滴就容易发生病害。假若塑料袋一次性拉直，袋内通气不良，子实体受阻，特别是袋内沿的子实体容易萎缩，一部分子实体菌盖分化不明显，形成针状菇，失去了商品价值，栽培袋内由于湿度过高，易引起子实体腐烂。

图 2-123 套袋

图 2-124 提袋

② 无纺布制作的套筒。当子实体高度达到 2～2.5cm 时，套上无纺布袋（图 2-125）（高约 15cm，上口大，下口小，开角为 15°），此法透气性好，底部不容易腐烂变黑，并且不用提袋，省工省力。

图 2-125　套上无纺布制作的套筒

(三) 成菇期 (2~3 天)

温度 8~12℃，湿度 80%~85%，二氧化碳浓度 0.6%~0.8%。待菇面平整、变白，将栽培包吊下，移入栽培架底下两层，俗称"吊袋"，依然前后、左右排列整齐，2~3 天就可以采收，采收前空气相对湿度降至 80%，这样就能产生优质菇。收获前 2 天，用 300lx 强光连续照射 2~3h，有增产和提高白度色金针菇商品品质的效果。成菇期见图 2-126。

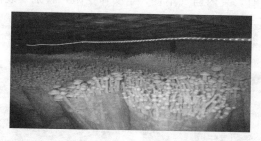

图 2-126　成菇期

(四) 采收管理

新鲜销售的金针菇采收的标准是菌盖 6~7 分开，菌柄长 15~17cm，菌盖直径 1cm 左右，边缘内卷，没有畸变。采收方法是一手按住袋口，一手握住菇丛稍稍一扭即可将菇丛拔下，装入框内，不宜重叠过多，否则中部发热，影响品质。利用"再生"栽培出来的金针菇基部都是"老"菌柄，因而不能使用。必须把基部老菌柄剔除干净，食用从老菌柄上再生出来的子实体。然后运到加工车间，经对菌柄基部无食用价值的菇体修剪后，经分级再整齐装入塑料袋内，进行保鲜和加工。采收后的废菇包，须及时清理出厂区，以免滋生害虫和杂菌，增加污染源。生产中有的企业在厂区内堆放废菇包，滋生害虫和杂菌形成互相感染，恶性循环，造成很大的人力、物力、财力的损失。因此，及时处理废菇包是非常重要的。套袋翻折过来置于阳光下暴晒，再循环使用。

1. 金针菇等级划分

金针菇采收后要进行分级，分级标准如下。

一级菇：菌柄长 15～17cm，菇盖直径约 1cm 以下，菇盖内卷圆整，菇体白色，无畸形菇，无腐烂变质，无病虫害。

二级菇：菌柄长 13～15cm，菇盖直径约 1.5cm 以下，菇盖内卷圆整，菇体白色，无畸形菇，无腐烂变质，无病虫害。

三级菇：菌柄长短于 6cm 或长于 20cm，菌盖直径不超过 2.5cm，菇体金黄色或淡咖啡色，无畸形菇、无腐烂变质、无病虫害。

2. 包装车间工作流程及注意事项

（1）包装车间工作流程　收货—称毛重—挑选—切根—分级—装袋—称净重—压包封口—装箱封箱—抽检—入库。

（2）注意事项

① 达到采收标准的方可采收。

② 放入筐中摆放整齐，不得乱扔乱放。

③ 套袋下来后及时通知清理和消毒。

④ 严格按照包装分级标准挑选分级。

⑤ 在包装过程中不得出现一包当中有几个等级（菇盖大小不一，长短不一）。

⑥ 称量准确（2520～2530g/袋）。

⑦ 封口严实，袋内少留空气，避免漏气。

⑧ 装箱时等级分开，不能一箱中既有 A 品又有 B 品。

⑨ 封箱严实，及时包装及时入库。

⑩ 码放整齐，不同等级有明显标志。

采收和包装图片见图 2-127～图 2-131。

图 2-127　装筐

图 2-128　出菇后废弃的菌包

图 2-129　一级菇抽真空

图 2-130　二级菇抽真空

图 2-131　三级菇

第六节 ▶▶ 金针菇栽培中常见问题和处理措施

1. 金针菇基腐病

金针菇基腐病又称根腐病，是属于拟青霉属的一种真菌性病害。发病初期，子实体菌柄基部出现淡褐色斑，扩展后呈黑褐色腐烂，导致子实体倒伏。幼菇丛发病虽不倒伏，但不能继续向上生长发育，严重发生时，针状的幼菇成丛变黑腐烂直至死亡，该病发生时常常是成丛的子实体基部均发病（图 2-132，彩图）。

（1）发生原因　湿度大，通风不良时易发生，其病原菌为轮枝霉菌，主要是通过水和空气传染。

图 2-132 基腐病

（2）防治方法

① 搞好菇房内卫生，使用之前喷洒 0.1％克霉灵。

② 套袋用塑料袋要求干燥，不宜连续多次使用，最好使用新塑料袋。

③ 子实体生长期间加强通风，降低湿度。

④ 及时摘除病菇，在袋口上喷洒 0.1％克霉灵等杀菌剂。

2. 锈斑病

锈斑病又称细菌性斑点病，是由假单胞杆菌引起的病害，是金针菇栽培中发生普遍和危害较重的一种病害，降低产品质量。子实体菌盖上初期为针头状，后扩大为芝麻粒大小，边缘不整齐、锈褐色，病斑之间又能相互融合成不规则的大锈斑。病菌只侵染菌盖表皮层，不引起菌盖变形，不发生菌肉腐烂现象（图 2-133，彩图）。

图 2-133 锈斑病

（1）发生原因　锈斑病病原菌可通过培养料和气流传播，在高温高湿、通风不良等条件下锈斑病最易发生。培养料水分过高或湿度大，锈斑病发生较为严重。

（2）防治方法

① 配制培养料要用清洁的水，灭菌要彻底。

② 套袋用塑料袋要求干燥，最好使用新塑料袋。

③ 子实体生长期间加强通风换气，保持空气相对湿度在80%～90%，温度控制在20℃以下，减少温差。

④ 出现病害后及时采收，并用50%的多菌灵800倍液喷洒。

3. 气生菌丝影响菇蕾形成（图2-134，彩图）

图2-134　气生菌丝影响菇蕾形成

（1）发生的原因

① 培养料含水量偏低，料面干燥。

② 温度较高，空气干燥，培养料表面出现白色絮状物（气生菌丝），影响菇蕾形成。

③ 通风不良，二氧化碳浓度高，光照不足，延缓菌丝的营养生长。

（2）防治方法

① 培养料面干燥，可适量喷水，以喷后料面不见水滴为宜。

② 通风降温至10～12℃，喷水增湿，使空气相对湿度提高到80%～85%，防止气生菌丝产生。

③ 加强通风，增加光照，诱导菇蕾形成。

4. 栽培瓶周围出现侧生菇（图 2-135，彩图）

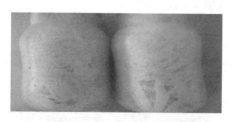

图 2-135 栽培瓶周围出现侧生菇

（1）发生原因 装料的松紧度不均；发菌时间过长，或发菌室过于干燥，料失水严重，基料发生"离壁"现象，基料与薄膜之间形成一定空隙；菌袋长时间接受较强光照或其他刺激等。

（2）处理办法 发现有边壁菇发生迹象时，即用力按或用木棍敲其菇蕾发生点，致其死亡；菇蕾发生量多并长大后，可将菌袋挑出，割破薄膜，任其生长。

5. 子实体粗细、长短差异极大，俨然"祖孙数代"（图 2-136）

图 2-136 "祖孙数代"

（1）主要原因 未进行搔菌，原接种块上先有菇蕾发生，继之料面又现蕾，前后有 2～3 天的时间差，导致同株不同龄。

（2）处理办法 一是进行搔菌处理，这是主要措施；二是现蕾后，对菇棚进行强制通风，让温度很低且风速较大的通风将幼蕾"吹死"，或将菌袋移出棚外，一夜即可冻死菇蕾，然后再度现蕾，即可整齐一致。此外，还可用类似疏蕾的办法，将菌种上先期发生的幼蕾除去，或者拔掉。

6. 针尖菇（图 2-137，彩图）

图 2-137　针尖菇

（1）主要原因　栽培场所过于密闭，子实体生长期通气不良，二氧化碳浓度过高，菌盖尚未分化或虽已分化未能生长，会形成针尖菇。

（2）处理办法　加强通风，防止二氧化碳浓度过高。

7. 金针菇根部发黄（图 2-138，图 2-139，彩图）

图 2-138　根部发黄

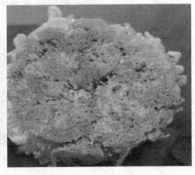

图 2-139　切下的根

（1）主要原因　采收时，栽培瓶内的营养已经转化完成，但子实体还是继续生长的，主要呼吸造成水分流失，或环境干燥造成水分蒸发，没有根部培养基了，子实体上部的水分蒸发就靠从根部运输，由于水分没有了，菇生长时间长，纤维化了，引起菇体发黄。

（2）处理办法

① 控制菇的生长高度，适时采收，不过会影响产量。

② 可以适当增加培养基水分。

③ 生育期特别是生长期湿度不要降得太低了，减少子实体的蒸腾作用。

第七节 ▶▶ 金针菇的保鲜和加工

一、金针菇的保鲜

（一）低温保鲜

把金针菇放在温度低、湿度较大、光线较暗的地方，温度要保持在 4～5℃（最好装入塑料口袋之中，这样便于保湿）。在以上的环境中，金针菇能储藏 5 天左右，品质基本不变，只是重量稍减轻一些。冷藏最好不要超过 1 周，否则，金针菇颜色就要变黄，风味也要变劣。

（二）冷冻保鲜

金针菇冷冻储藏温度在 0℃ 以下，冷冻储藏前，必须把金针菇放在沸水中处理一定时间，具体看菇体大小及容器而定，一般 4～8min 即可，以抑制菇体内酶的活性。进行处理之后，迅速用冷水（最好放在 1％柠檬酸溶液中）冷却，然后滤去水分。包装好，迅速冷冻藏于冰库之中，用时再解冻。

（三）真空包装保鲜

把鲜金针菇按一定的重量（一般是 100g 一袋）装入塑料袋，在真空封口机中抽真空，以减少袋内氧气，隔绝鲜金针菇与外界的气体交换，这样控制了呼吸率从而降低了代谢水平。经真空包装，常温下也能保存 1 周，如果再加上冷藏，则可保藏 1 个月，品质和风味基本不变。这是目前鲜金针菇销售中最有效的一种方法。但是由于袋内缺乏氧气，储藏时间过长（常温 7 天以上，冷藏 1 个月以上），金针菇的颜色会变黄，风味变差，出现厌氧呼吸。在高度缺氧时，会产生梭状芽孢杆菌毒素，因此，必须引起注意。

（四）化学保鲜

1. 焦亚硫酸钠浸泡

金针菇采后经去杂、漂洗干净，用 0.1%～0.25% 焦亚硫酸钠浸泡 10～20min，沥干，塑料袋包装，每袋 3～5kg，在 20～25℃下保存，可保鲜 7～10 天。

2. 喷抗坏血酸

金针菇采后为了防止褐变，可往鲜菇上喷洒 0.1% 抗坏血酸溶液，装入非铁质容器，于 5℃ 低温下储藏，可保鲜 24～30h，其鲜度、色泽基本不变。

二、金针菇深加工产品

（一）金针菇酸奶

1. 工艺流程

鲜金针菇→清洗→打浆→浸提→过滤→配料→均质→灭菌→冷却→接种→灌装→发酵→后熟→半成品

2. 操作要点

（1）金针菇汁制备　选择新鲜优质金针菇，去除菇根，清洗干净，用组织捣碎机打浆，同时加入 3 倍于金针菇重量的水、0.1% 柠檬酸和 0.05% 的抗坏血酸（按溶液重量计），在 90℃ 下浸提 30min，用 100 目滤布过滤后即得金针菇汁。

（2）酸奶发酵剂制备　　选用保加利亚乳杆菌和嗜热链球菌，按1：1（按活菌数计）的比例，用脱脂牛奶作培养基制备发酵剂。方法如下：纯培养菌种的活化（试管）—母发酵剂制备（三角瓶）—中间发酵剂制备（发酵桶）—工作发酵剂制备（发酵罐）。前三步采用脱脂牛奶作培养基，第四步以鲜牛奶为培养基。培养基90℃下灭菌15min，再冷却到42℃接种，逐级进行培养，各级培养温度均为37℃，时间24h。待工作发酵剂的酸度达到1%左右，活菌数在10^8个/ml以上，置于4℃冷藏室备用。

（3）配料　　将金针菇汁与鲜牛奶按1：3（体积比）相混合，加入配料重量0.3%的CMC和8%的蔗糖，充分搅拌。

（4）均质、灭菌　　浆料液预热至60℃，在15MPa压力下均质2次，然后95℃下灭菌5min，冷却至42℃。

（5）接种、灌装　　在无菌操作条件下，按混合料的3%加入工作发酵剂，充分搅拌10min，无菌灌装。

（6）发酵　　灌装后送入恒温培养箱，在42℃下发酵3.5h，达到凝固状态终止。

（7）后熟　　将发酵好的凝固酸奶迅速移入4℃冷藏室进行后发酵，24h后即得产品。

（二）酸辣金针菇

1. 工艺流程

$$精炼植物油→加热→加花椒→加辣椒$$
$$↓$$

鲜菇→挑选→称重→洗涤→杀青→控水→调制腌渍→分装→封口→灭菌

2. 操作要点

（1）挑选　　选择未开伞、菇柄苗壮、无病虫害、菌柄长度10cm的新鲜金针菇，如果菇柄相连则需要撕开，称取50kg，在清水中漂洗干净。

（2）水煮杀青　用不锈钢锅将水烧开后，把整理好的金针菇放入其中，煮 35min，捞出迅速用凉水冷却，然后控去多余水分。

（3）调味汁的配制　将精炼植物油（脱色、脱臭、脱杂）2kg倒入不锈钢锅中烧至 250℃左右，将花椒放入其中炸至花椒变色时捞出，再放入整辣椒也炸至变色后捞出，再把油温降至 120℃后，将 2kg 老陈醋倒入煮沸 3min，然后加入精盐 700g、味精 50g、酱油 1kg 即可。

（4）调制　将调味汁倒入金针菇中，拌匀，腌渍 1h。

（5）装袋、灭菌　按每袋 100g，将金针菇装入准备好的塑料包装袋中，送入真空封口机封口。灭菌采取巴氏灭菌，条件为70～72℃，时间 30min。

3. 产品质量指标

（1）感官指标　色泽金黄，具有金针菇特有的香味，口感辣、滑、脆，回味悠长。

（2）理化指标　总酸 0.5%～0.6%。

（3）卫生指标　细菌总数＜100 个/100ml，大肠杆菌＜3 个/100ml，致病菌不得检出。

第八节 ▶▶ 工厂化金针菇菌糠的再利用

一、工厂化金针菇菌糠种菜

金针菇菌渣中有机物含量在 15% 左右，磷含量超过 0.2%，氮含量超过 1%，还含有钾、钙、镁、钠、铜等矿物质元素。金针菇菌渣经过简单的粉碎、堆置发酵，就可以成为优质有机肥。土壤中施用经过处理的金针菇废料后，不但提高了土壤肥力，还促进了土壤团粒结构的形成，增强了土壤持水力和通透性。笔者在蔬菜种植中，将其按比例配入栽培基质，效果很好。

（一）金针菇废料的处理

1. 配料

每亩地用菌糠约 2500kg，牛羊粪 1000kg，硫酸钾 25kg，复合肥 75kg（图 2-140、图 2-141）。

图 2-140　粪　　　　　　　图 2-141　金针菇废料

2. 水分调节

发酵物料的水分应控制在 60%～65%。其简单判断办法为，将拌好的发酵物料紧抓一把，指缝见水印但不滴水，松开落地即能散开为适宜。若能挤出水汁，落地不散开，则含水率大于 75%。太干太湿均不利于发酵，应调整。

3. 建堆

建堆时不能太小太矮，否则会影响发酵。堆高 0.8～1.0m，宽 2～2.5m，长度不限。为提高发酵效果，可在料堆上每隔 1m 打一个直径 5cm 到料底部透气的洞，同时用两片塑料薄膜折叠覆盖保湿（图 2-142）。

4. 翻堆通气

发酵时环境温度在 15℃ 以上较好，冬天尽量在大棚内发酵。发酵过程注意适当供氧与翻堆，一般温度上升到 60～70℃ 维持 24h

要及时翻堆，防止厌氧发酵产生鬼伞（图 2-143，彩图）。

图 2-142　建堆发酵

图 2-143　厌氧发酵产生的鬼伞

另外，在物料发酵过程中，若遇到太阳直射，则物料需要用草帘、麻袋等通气材料遮阳；若遇到雨天，应用塑料布等防雨器具遮盖。遮盖要求是用砖头、木棍垫起，距离物料表层 10～20cm，并且应留适当缝隙，以利氧气进入。

5. 发酵完成

一般情况下，翻倒 3～4 次可完成发酵，整个周期 10～15 天。发酵后料呈黑褐色，气味芳香，几乎没有氨味，有适量的白色放线菌（图 2-144）。

（二）将发酵处理好的金针菇废料施用到土壤中

发酵好废料摊开（图 2-145），根据所种品种加入其他养分，用旋耕机将发酵好培养料和土混合均匀（图 2-146）。

图 2-144　白色放线菌

图 2-145　废料摊开

图 2-146　旋耕机将料和土混匀

（三）种植蔬菜

1. 西红柿的幼苗期、生长期、成熟期（图 2-147～图 2-149）

图 2-147　幼苗期

图 2-148　生长期

图 2-149　成熟期

2. 青椒的幼苗期、生长期、成熟期（图 2-150～图 2-152）

图 2-150　幼苗期　　　图 2-151　生长期　　　图 2-152　成熟期

二、工厂化金针菇菌糠喂牛

据测定，金针菇菌糠干料中，仍有 40％～55％的菌丝体残留在废料料中，粗纤维素降低 50％，木质素降低 30％左右。金针菇具有较强的分解能力，培养料经过菌丝的分解作用，培养料呈疏松多孔状，降低了机械强度，易于粉碎，气味芳香，适口性好，提高了营养价值。菌糠经过适当处理，可以替代部分粮食、喂牛，降低生产成本。其基本工艺流程为菌糠的挑选→粉碎→加入辅料→搅拌均匀→发酵→干燥→成品。下面是工厂化金针菇厂加工废料喂牛的方法，供参考。

（一）菌糠的挑选、粉碎

菌糠饲料品质的好坏，关系到其利用价值的高低，而决定其品质的主要因素之一就是菌糠的品质。因此，在配制菌糠饲料时，应认真进行挑选，取其中上等品质的菌糠，并剔除霉变和腐烂部分。筛除石块、铁块等杂质后，利用脱袋粉碎机器将料粉碎至 1cm 以下（图 2-153～图 2-155）。

将脱下的塑料袋装在大编织袋内，然后用压缩机器压缩，整理后送到塑料加工厂，重新加工成塑料袋，既节约成本，又减少了废旧塑料袋对环境的污染（图 2-156～图 2-158）。

图 2-153　挑选废菌袋

图 2-154　机器粉碎料

图 2-155　粉碎的废料

图 2-156　废弃塑料
袋装包

图 2-157　压缩

图 2-158　压缩后的
包装袋

（二）金针菇废料的加工

1. 发酵

按金针菇 87%、麸皮 10%、豆粕 3%，用搅拌机将料拌匀，调节水分在 65%～70%，pH 值 6.5～7.0。将拌匀的料堆成高 0.8～1.0m、宽 1.5m 进行发酵，一般需要 10～15 天（图 2-159、图 2-160）。

2. 破碎

设备：皮带上料机、筛分机、立式破碎机等。

工艺：将经两次发酵好的基质筛除石块、铁块等杂质后，粉碎至 1mm 以下。

图 2-159　加入辅料搅拌均匀　　　　图 2-160　堆料发酵

3. 造粒

设备：原料提升机、圆盘给料机、造粒机、颗粒抛光整形机等。

工艺：将破碎好的基质经造粒机造粒，然后用颗粒抛光整形机进行整形和抛光，要求颗粒均匀、光滑、圆整。

4. 烘干

设备：烘干机。

工艺：造粒后的含水量为 30％～40％，经过烘干（图 2-161）后降至 20％才可以进行包装。

图 2-161　烘干

5. 包装

设备：提升机、成品料仓、自动称料包装机等。

工艺：检测指标合格后，定量包装（图 2-162），进入成品仓库，待售。

图 2-162　包装

（三）喂牛注意事项

1. 注意菌糠的品质

菌糠饲料品质的好坏，关系到其利用价值的高低。在使用菌糠时，应选择菌丝生长旺盛，表面被覆一层白色菌丝体膜、无杂菌污染的菌糠。但凡菌丝稀少、生长不良、杂菌污染严重，出现酸臭等异味的菌糠不要使用。同时收菌糠时要注意将发霉、发黑等污染部分的菌糠除掉，以防止霉菌引起动物中毒。

2. 注意菌糠的适宜使用量

菌糠只能替代日粮中的部分糠麸类饲料，一般添加量控制在 $10\%\sim15\%$，否则会影响动物的生产性能。开始食用菌糠的牛，用量宜由少到多，让其有一定的适应过程。一般说，幼畜用量少些，成畜可多些。

3. 其他注意事项

培养基中不能含有石灰，也不可含有残毒的农药或甲醛等化学药品，出菇期间防治病虫害时，不能使用高毒、高残留农药。

三、利用金针菇菌糠制作双孢菇菌种

金针菇废料若菌丝生长较好，可将未被杂菌污染培养料，晒干粉碎后按一定比例添加到新原料中，用于制作菌种。例如，可以用菌糠代替一部分麦粒制作双孢菇菌种，比例约为 10%，不仅可保

证菌种质量，而且可降低生产成本。

四、利用金针菇菌糠做燃料

（1）直接用作燃料　晒干或放干后可以直接作为燃料使用，除了做日常的生活燃料使用外，还可用作生产菌种和熟料栽培时的灭菌燃料，另外在我国北方，冬春季节气温低，种菇的大棚不加温则很难出菇，如果改烧煤为烧食用菌废料，每年可节约大量燃料投资。

（2）用于发电　收集菌渣供应发电厂作为燃料进行发电。

（3）制作木炭　现在有很多种利用木屑、秸秆等材料制作成型木炭的机械，这些机械可以将金针菇菌糠压制成球形、棒形的成型材料，更有利于运输和使用。

第三章

杏鲍菇工厂化栽培

第一节 ▶▶ 杏鲍菇概述

杏鲍菇 [*Pleurotus eryngii*]，又名刺芹侧耳、干贝菇等，是欧洲南部、非洲北部以及中亚地区高山、草原、沙漠地带的一种品质优良的大型肉质伞菌。因主要发生于伞形花科刺芹属刺芹枯死的植株根上而得名。杏鲍菇在分类上属于真菌门、担子菌亚门、层菌纲、伞菌目、侧耳科、侧耳属。杏鲍菇菌肉肥厚，质地脆嫩，特别是菌柄组织致密、结实、乳白，可全部食用，且菌柄比菌盖更脆滑、爽口，适合保鲜、加工。其口感独具一格，具有杏仁香味和鲍鱼口感，被欧洲人誉为"平菇王"。杏鲍菇营养丰富，其干菇中植物蛋白含量高达 25.4%，脂肪 1.4%，粗纤维 6.9%，灰分 6.9%，碳水化合物 58.1%，还含有 18 种人体必需的氨基酸，一定量的磷、钾、铁、镁、钙等无机盐及多种维生素。法国、德国的真菌学家曾对杏鲍菇进行详细的分类研究和遗传研究，栽培研究最早在 1958 年。Kalmar（1958）获得培养菌株，第一次进行了栽培试验；Handa（1970）在印巴交界的北部克什米尔高山上发现杏鲍菇，并首次在椴木上进行栽培试验；法国的 Cailleux（1974）用菌褶分离到杏鲍菇的菌株，并试验栽培成功；Ferri（1977）首先进行商业化栽培，但只得到有限的成功。20 世纪 90 年代前，杏鲍菇在全世界鲜有商业化栽培。我国福建三明真菌研究所从 1992 年年底开始进行杏鲍菇生物学特性、菌种、选育和栽培技术等研究工作，近年来、泰国、美国、日本、韩国等都兴起了杏鲍菇的栽培，实现了工厂化生产，现在杏鲍菇已推广应用到全国各地，生物学效率可达80%，前景非常广阔。

一、菇体形态

杏鲍菇由菌丝体和子实体两种基本形态组成。菌丝白色、绒毛状，粗壮，有锁状联合，在适宜环境下生长速度快，具有很强的"爬壁"现象。子实体一般中等大，单生或群生。菇盖直径 2～12cm，初期菌盖边缘内卷呈球形，后渐平展，浅黄白色。菌肉白色，有杏仁味。菌褶向下衍生，密集。菌柄（4～12）cm×（0.5～5）cm，偏生或侧生，也有中生，上下等宽的棍棒状或球径状，光滑，无毛，近白色，中实，肉白色，肉质细纤维状，无菌环或菌幕。孢子表面光滑、色白，椭圆形至近纺锤形，孢子印白色或浅黄色（图 3-1～图 3-3，彩图）。

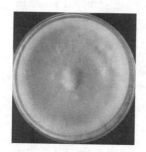  

图 3-1　菌丝体　　　　图 3-2　菌丝体微观形态　　　图 3-3　子实体

二、生活史

杏鲍菇的生活史是孢子→菌体→子实体→孢子这一循环过程。在适宜的条件下孢子发育成单核菌丝，单核菌丝互相结合形成双核菌丝，双核菌丝继续生长发育，吸收大量的水分，同时分泌酶来分解和转化营养物质，发育到一定阶段，表面发生局部膨大，形成子实体。子实体成熟后产生孢子，完成一个生活周期。

三、营养需求

过去认为杏鲍菇必须用伞形花科的植物如刺芹才能栽培，经研究得知并非如此。杏鲍菇分解纤维素、木质素、蛋白质的能力较强，多种农副产品的下脚料都可用作杏鲍菇的培养料。杏鲍菇对葡萄糖、果糖和麦芽糖等碳源的利用率较高，而对甘露醇的利用率较低，对蛋白胨、酵母膏、黄豆粉等有机氮源利用率较高，而对硝酸铵、硫酸铵、尿素、硝酸钾等无机氮源的利用率较低。棉籽壳、玉米芯、麸皮、玉米粉、木屑、蔗渣等都可用作栽培杏鲍菇的主要原料，适合的碳氮比为30：1，在一定的范围内，氮源丰富，菌丝生长旺盛，产量高，但氮源含量过高易造成出菇延迟。

四、环境需求

1. 温度

杏鲍菇属于稳温结实，中温偏低型菌类，原基形成需要一定的低温刺激。菌丝体生长温度为3~35℃，适宜温度为23~26℃。原基形成适宜温度为10~15℃，子实体发育温度因菌株而异，一般温度范围为10~20℃，适宜温度12~18℃，低于8℃不会现原基，高于20℃以上容易出现畸形菇，还易发生病害，引起死菇、烂菇。杏鲍菇出菇温度范围较窄，因此选择合适的栽培季节和出菇场所稳定的环境温度，是栽培成功的关键。

2. 湿度

杏鲍菇耐干旱，但含水量适宜更有利于生长发育，提高产量。菌丝生长阶段，培养料适宜含水量为60%，但由于在栽培时不宜直接向菇体喷水，菇体所需的水分主要来源于培养料，所以调配培养料含水量时可适当提高至65%。有人认为，培养料的含水量越大，产量越高，二茬菇的产量也高，其实不然，水分含量过高，会造成菌丝生长缓慢、疏松无力、长势弱、产量低。同时菌袋在发菌或出菇时易出现大面积杂菌污染，故拌料时水分要适中，不宜过高。空气相对湿度，菌丝体生长阶段 60% 即可，子实体生长发育阶段保持在 85%～90%，一般通过喷雾状水来提高空气相对湿度，使菇体表皮细胞始终处于湿润状态，这样可以减少菇盖表面出现开裂现象。注意水分主要靠培养基供给，不能向菇体上直接喷水，否则菇体易发黄甚至死亡。

3. 空气

菌丝体生长阶段需氧量相对较少，低浓度的 CO_2 对菌丝生长有一定刺激作用，随着菌丝的生长，袋（瓶）中的 CO_2 浓度由正常空气中含量的 0.03% 渐升到 2%，菌丝仍能很好生长，适度的通风即可。现原基期需要充足的氧气，CO_2 浓度应降低到 0.5%，否则菇蕾形成慢、畸形多，菌盖表面易形成瘤状物。菇体生长发育期需要新鲜空气，CO_2 浓度以小于 0.4% 为宜，但是当菇蕾发育至 5cm，为了获得优质的商品菇，适当提高二氧化碳的浓度可使菌柄迅速伸长，上下粗细一致。当菌柄伸长到即将采收的要求前，就要注意降低 CO_2 浓度，促使菌盖伸展，避免出现菇盖太小或无盖菇。

4. 光照

菌丝体生长阶段不需要光照，在黑暗的环境下会加快菌丝生长。原基分化期和子实体的生长发育期则需要一定的散射光，适宜的光照度为 200～500lx。杏鲍菇具有一定的趋光性，栽培室的灯光装置应考虑这个特性。在直立式栽培时菇体表现圆柱状，菇柄粗壮肥大；在平卧式出菇时，先长出圆柱状的幼菇，以后菌盖逐渐增大，形成扇形菇体，表明杏鲍菇的生长具有趋光性。

5. 酸碱度

菌丝生长的 pH 值范围是 3～12，最适 pH 值是 6.5～7.5；出菇时生长的 pH 值范围是 3～12，最适 pH 值是 5.5～6.5。为提高菌袋的成功率，在配料时常将培养基 pH 值提高至 7.5～7.8。

▶▶ **杏鲍菇的栽培季节、场所、工艺流程、方式**

一、栽培季节

杏鲍菇的栽培和其他食用菌种类生产一样，都是以获取经济利益为最终目的，北方各省杏鲍菇的栽培季节，不但要考虑到当地的气候条件，而且还要考虑到各季节杏鲍菇的市场行情或销售价格。只有综合考虑来确定杏鲍菇的栽培季节，才能取得更好的经济效益。根据杏鲍菇生长发育的条件及杏鲍菇不同季节的市场价格变化情况，我们认为，自然条件下，北方各省出菇时间应安排在春秋两季。由于杏鲍菇出菇温度范围较窄，杏鲍菇子实体生长的温度范围为 10～20℃，因此春季在 3～4 月出菇较佳；秋季安排在 9～10 月出菇。春季栽培发菌培养阶段温度低，发菌慢，时间长；出菇期温度升高，雨水增多，病虫害较多，生产效益不如秋季。工厂化生产，则不受季节限制，可周年生产。工厂化栽培杏鲍菇机械化、自动化程度高，拌料、装瓶、灭菌、接种、培养、搔菌、出菇都采用机械操作或自动控制，生产过程约 60 天（发菌时间约 30 天，后熟 7～10 天，出菇约 20 天）。

二、场所、工艺流程、方式

1. 栽培场所的厂区布局与菇房建设

杏鲍菇工厂化周年生产企业需设置原料车间、打包车间（包括灭菌、冷却、接种、菌种制作）、养菌车间、育菇车间、包装储存库等，依据工艺流程，厂区布局以"一字"形、"U"字形和"口"

字形为主，其中，原料车间一般安排在西北角，处于下风口；养菌室和育菇房一般成"非"字形排列，利用彩钢板、聚氨酯泡沫板等保温防潮材料建造专用的养菌室和育菇室，培养室面积大小根据企业投资规模和生产需求而定，小库 $50\sim60m^3$ 为宜，每个大库 $400\sim600m^3$ 为宜。主要包括以下功能区，下面主要介绍培养室和出菇室。

① 栽培制作功能区。搅拌区、装（袋）瓶区、灭菌区、冷却区、菌种库、接种间。

② 培养功能区。培养库、搔菌间。

③ 出菇功能区。出菇库、包装间、保鲜冷库。

④ 辅助功能区。挖瓶间、锅炉区、原料储存区。

（1）培养室　培养室面积一般在 $60\sim80m^3$，利用 $8\sim10cm$ 厚的夹芯板制作，每间配置一台 $4.41\sim5.88kW$ 的制冷机，并单独设内循环时控系统。培养方式建议采用层架培养，虽然对周转筐占用时间较长，但在上架过程中可以避免菌袋划伤以及拿捏袋造成空气倒吸所产生的不必要感染，同时可避免菌丝长满后移库时造成的菌袋脱壁给出菇管理带来的麻烦。换气扇一般按照"四进四出、上四下四"的原则安装，并布有防虫网，每条过道上方安装 $2\sim3$ 盏节能灯。培养房一般设置培养架，一般七层，架间距离 $38cm$，架宽度 $115cm$，长度控制在 $7\sim9m$ 为宜。每一间都有专用的制冷设备，以及通风、光照、加热、排气系统。培养室见图 3-4，菌袋培养见图 3-5。

图 3-4　培养室

图 3-5　菌袋培养

（2）出菇室　杏鲍菇出菇温度在 14～16℃，因此对出菇库的保温要求比培养库更高。厂房结构为钢结构，主体采用聚氨酯冷库保温板，保温板厚度要求 12～15cm，而且地面预埋 6～10cm 厚的保温板隔水层，上铺水泥硬化层。目前，瓶式栽培一般采用出菇架，瓶子水平放置。袋式栽培出菇架采用角铁焊接双面网络，栽培袋直接插入网格中，单位面积存放量大，工作效率高。在出菇过程中发现哪一袋污染，很容易将污染袋抽出，这在其他传统重叠式栽培中是做不到的。在出菇时，栽培袋之间的空气畅通，受光、淋水较为一致，便于管理。袋式栽培架高 280cm，第一层离地面 20cm，孔径 13cm×13cm，可垂直摆放 20 袋，过道宽 110cm，60m³ 的出菇库可摆放栽培袋 10000 袋。瓶式栽培栽培架架间距离 45cm，架宽度 115cm，长度控制在 7～9m 为宜。每一间换气、光照、加湿等必须单独安装时控开关，根据杏鲍菇不同生长阶段对环境的要求，综合库内外环境的差异进行管理。双面网络出菇室见图 3-6，出菇菌袋见图 3-7。

图 3-6　双面网络出菇室

图 3-7　出菇菌袋

2. 工艺流程

备料备种、棚室准备等→拌料、装袋（瓶）、灭菌→冷却、接种→发菌管理→出菇管理。

3. 栽培方式

根据所用容器将栽培方式分为瓶栽和塑料袋栽培，瓶栽法适合工厂化生产，塑料袋栽培适用范围最广。根据塑料袋排列方式，分墙式排袋出菇、直立式排袋出菇、网络架立体出菇。根据是否覆土又可分为覆土出菇和不覆土出菇。因瓶栽和袋栽有许多相似之处，下面以袋栽为主进行介绍。

（1）大棚出菇　刚开始推广时，有些菇农在菌丝满袋、脱袋后去掉老菌皮墙式码放，砌成6～8层泥墙，两头出菇。也可将菌袋脱袋后直立排放在畦床内，菌棒之间距离2cm，及时覆土，并浇上洁净的水，使水刚刚湿透土壤。大棚出菇虽然有一定的产量，但由于大棚内温度、湿度、光照等条件不容易控制，产量和质量受到一定限制（图3-8、图3-9）。

图3-8　墙式出菇

图3-9　覆盖树叶出菇

（2）工厂立体出菇　国内袋栽主要采用网格架的栽培方法，这种栽培模式逐渐完善、成熟、稳定。采用瓶栽，与塑料袋栽培比较，因瓶较贵，所以一次性投资较大。但从工厂化栽培看，瓶不仅可重复使用，且装料不用套颈圈，很适合机械作业，并且省工，再者瓶的坐立性好，便于机械接种搔菌和摆放管理，挖瓶清除菌糠也很快。袋栽网络架卧式出菇见图3-10，袋栽直立出菇见图3-11，

图3-10　袋栽网络架卧式出菇

瓶栽直立出菇见图 3-12。

图 3-11　袋栽直立出菇

图 3-12　瓶栽直立出菇

第三节 ▶▶ 杏鲍菇菌种选择和制作

一、栽培菌种选择

目前可用于生产栽培的杏鲍菇菌种大致有三种类型。

1. 菌柄棍棒状菌种

该类型菌种的菌柄雪白，棍棒状均匀，菌柄的中间和基部无膨大现象，均匀、细长，组织致密，口感极脆嫩，具杏仁味，有鲍鱼口感。菌盖浅灰色，形态圆整。产品适合出口，价格高，保存时间长，但栽培时适应气温范围窄，适宜气温为 10～16℃，出菇速度较慢，菌柄不粗壮，直径一般在 2～3cm，产量相对较低。气温高于 18℃时易感染假单胞杆菌而导致栽培失败，而气温持续低于 10℃时，也不会出菇，已长出的子实体也易萎缩，必须在较为严格的 10～18℃范围内栽培才能成功。该类型菌种是原产于地中海沿岸的野生驯化菌种，如福建省三明真菌研究所引进的杏 1 菌种。

2. 保龄球形菌种（图 3-13，彩图）

该类型菌种的菌柄为白色，中间膨大，上下较小，形似保龄球，朵形较大，组织疏松，海绵质，脆度较差，菌盖浅棕色至灰色，口感欠佳，该类型菌种抗低温能力比菌柄棍棒状菌种强，适宜气温为 8～16℃，在合适的气温下栽培，简单粗放，产量高。但气温稍有升高或通气不良、湿度较高时，极易感染假单胞杆菌，污染整个栽培场，导致栽培失败。该类型菌种保存期较短，以内销为主，可加工成干菇或盐渍菇，也是原产于地中海沿岸的野生驯化菌种。

3. 经选育的棍棒状新菌种（图 3-14，彩图）

该类型菌种的特征：适宜栽培的气温为 8～18℃。在 8～15℃下催蕾，菌柄棍棒状，均匀、粗壮、个大，菌柄白且长，无膨大现象，外形美观；但在气温 16～18℃时，基部膨大，之后渐变细长，均匀生长，呈球茎状。菌盖肉厚内卷、不易开伞，浅棕色至灰色，组织较致密，口感较好。抗病能力强，易于栽培，产量高于菌柄棍棒状菌种及保龄球形型菌种。其产品适合出口，价格高，保存时间长。该类型菌种是通过杂交育种或太空育种选育出来的优良菌种，受到栽培者和市场的欢迎。

各地应根据当地气候特点及市场需求选用产量高，口感好，出菇温度较广，易于栽培和运输的品种。"保龄球形"品种见图 3-13，"棍棒状"品种见图 3-14。

二、优质菌种标准

1. 母种

菌丝洁白、浓密、粗壮、生长整齐，有光泽，匍匐状，气生菌丝发达，不产生色素。在 22～25℃条件下，6～8 天长满斜面。在

15℃条件下，生理成熟的菌丝使试管斜面培养基色泽转为淡黄色，有时会出现子实体。母种外观形态见图3-15。

图 3-13 "保龄球形"杏鲍菇　　　　图 3-14 "棍棒状"杏鲍菇

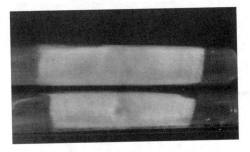

图 3-15 母种外观形态

2. 原种及栽培种

纯度高，无杂菌感染；菌丝纯白，生长均匀整齐，粗壮旺盛；含水量适中，与瓶（或袋）壁紧贴，无干缩和积液现象。在22～25℃条件下，一般30～40天可长满。若培养基干缩，瓶底积存黄水，为老化菌种，不能使用。如果出现黄、绿、橘红色，说明已被黄曲霉、绿霉和链孢霉污染，必须淘汰。

三、菌种生产

包括母种、原种和栽培种、液体菌种、枝条种的生产。

（一）母种生产

1. 母种常用斜面培养基配方

（1）马铃薯葡萄糖培养基（PDA） 马铃薯（去皮）200g，葡萄糖20g，琼脂18～20g，pH值6.5～7.0，水1000ml。

（2）马铃薯综合培养基 马铃薯（去皮）200g，葡萄糖20g，琼脂18～20g，磷酸二氢钾3g，硫酸镁1.5g，pH值6.5～7.0，水1000ml。

（3）复壮培养基 马铃薯（去皮）200g，葡萄糖20g，蛋白胨5g，琼脂18～20g，磷酸二氢钾3g，硫酸镁1.5g，pH值6.5～7.0，水1000ml。

2. 母种培养基的制作

按常规方法制作。

3. 母种的扩繁培养

把菌丝生长健壮、旺盛无杂菌的母种在经消毒的无菌操作台内接种至已灭菌的空白琼脂斜面培养基中，之后置于25℃的温箱内培养7天，就成为生产上所用的母种。

（二）原种、栽培种生产

1. 原种和栽培种常用培养基配方

① 玉米芯木屑培养基：玉米芯40%，木屑38%，麦麸20%，碳酸钙1%，蔗糖1%。

② 棉籽壳木屑培养基：棉籽壳30%，木屑48%，麦麸20%，碳酸钙1%，蔗糖1%。

2. 菌种瓶、袋的选择

原种（栽培种）可用常用750ml的标准菌种瓶，17cm长、

33cm 宽、0.004cm 厚的聚丙烯袋，从操作方便和减少感染率考虑，笔者建议采用菌种瓶。

3. 原种和栽培种的制作流程

配料→拌料→装料（打孔、擦洗、封口）→灭菌→母种接种→培养→得到原种。

配料→拌料→装料（打孔、擦洗、封口）→灭菌→原种接种→培养→得到栽培种。

4. 原种和栽培种扩繁培养

把优良的母种在消毒过的无菌操作台内接种至已灭菌过的原种培养基中，1 支试管母种可接 4～5 瓶原种，接种完毕，立即移进 25℃的恒温箱或培养室内培养，经 30 天即长满瓶。原种长好后，就可以用来扩大栽培种。栽培种的培养基配方及其制作与原种相同，但栽培种比原种生长速度更快，25～30 天即可长满瓶。

原种生产见图 3-16～图 3-24（图 3-22～图 3-24 为彩图）。

图 3-16 透气性菌盖

图 3-17 菌种瓶

图 3-18 装料

图 3-19 盖盖

图 3-20 装车

图 3-21 装锅灭菌

图 3-22　养菌前期

图 3-23　养菌中期

图 3-24　养菌后期

（三）杏鲍菇枝条种生产

1. 枝条种概念、优点

枝条菌种是指用竹签、木条、雪糕棒等制作的食用菌菌种，通常枝条菌种用来制作三级种，平菇、金针菇、杏鲍菇等常规品种都可以使用枝条菌种。枝条菌种可以提高接种效率，具有萌发快、接种方便、快捷等优点。接种时，只需用无菌镊子夹起一根枝条插入培养基中间即可，操作方便简单，有利于减少污染（不需要打开全部袋口，培养基暴露的时间短，减少污染的机会）。接种后，枝条可以深入培养基内部，菌种从上、中、下多点萌发，菌丝从里向外呈立体辐射状蔓延，满瓶、满袋时间一般可提早 5～7 天，提高了出菇同步性。枝条种对制作技术要求较高，一般采用高压灭菌的方式。图 3-25～图 3-27（彩图）是枝条种接种发菌和表面常规接种发菌比较图，供参考。

图 3-25　枝条种
发菌（外部）

图 3-26　枝条种发菌（内部）

图 3-27　表面常规
接种发菌

2. 杏鲍菇枝条种制作步骤

选择种木→枝条的浸泡、水煮→辅料制作→装料、装瓶→灭菌→接菌→培养。

(1) 选择优良种木 选择边材多、心材少、皮厚、营养丰富、韧皮部与木质部结合紧密的树木，如麻栎、栗树、梧桐、杨树等。树龄以15～20年，树的直径以12～18cm为好，树木砍伐季节以初冬落叶至次年树芽萌动前为宜。砍下后，将枝条破开，然后把它砍成一头尖一头平的长条，晒干或烘干。枝条长度根据种木和栽培袋 (瓶) 大小而定，规格一般为7mm×7mm×(120～165) mm。在生产中，鉴于常规树种枝条应用的局限性，我们也可采用一次性筷子 (图3-28) 和生产冰糕用的冰糕棍 (图3-29) 进行枝条种的生产，一般将一次性筷子截成长15cm长的小段，冰糕棍直接使用。

图 3-28 一次性筷子　　　　　图 3-29 冰糕棍

(2) 枝条浸泡、水煮

① 浸泡法 将采购来的整包枝条装在塑料筐内，提前浸泡在pH值10的石灰水大盆中 (图3-30)，然后上用重物压实，加清水至水淹没枝条10cm。一般连续浸泡24h后检查枝条是否泡透，方法是用锤子把浸泡后的枝条砸开，看其心有没有白心，如有应继续浸泡，如无说明已泡透。若是低温季节，浸泡时间还需相应延长至36h，使含水量达到60%，达不到此要求的可煮枝条补水。含水量达标准后，去掉覆盖物，用塑料筐将枝条捞出 (图3-31)，沥水后准备拌料装袋 (瓶)。

图 3-30 pH 值 10 的石灰水浸泡

图 3-31 浸泡 24h 后的枝条

② 水煮法 先将量好的水倒入大锅内，再将蔗糖、磷酸二氢钾、硫酸镁（配方：100kg 水加蔗糖 1kg、磷酸二氢钾 0.3kg、硫酸镁 0.15kg）溶解于水中，将枝条倒入锅内（图 3-32），加热煮沸 30～40min，随机从锅内抽取数根枝条，用刀纵切检查枝条吸收营养液的情况，煮沸到枝条无白心为止（图 3-33），再捞出淋水。

图 3-32 锅煮枝条

图 3-33 煮后枝条无白心

（3）制作辅料，将枝条和辅料拌匀 辅料主要是填充在种木间隙，以补充营养，利于菌丝定植，添加量以 30% 为宜。辅料配比：棉籽壳（木屑）78%，麸皮 20%，石膏 1%、石灰 1%（石灰要根据实际情况进行调整）。棉籽壳要提前预湿，拌料要均匀，含水量达到 60%～65%，pH 值 8.0～9.0。装袋（瓶）前，将枝条和辅料拌匀，必让枝条表面能沾附上辅料（图 3-34、图 3-35）。

（4）装袋、装瓶 根据每天栽培袋制作的数量，测算出需要采购的枝条数量。不同生产厂家选择制备枝条菌种的容器不同，有的使用长形菌种瓶，有的使用聚丙烯塑料袋。

① 装袋。选 17cm×33cm 聚丙烯塑料袋，厚度在 0.005～0.007cm，厚度不能低于 0.005cm，每个袋内装枝条 90～100 根，

为杜绝感染，可在菌袋外再加一层塑料袋。装袋时，将枝条与少许辅料混拌，使沾有辅料，然后放入在底部垫有少量（2cm 厚）辅料的袋里，放入枝条，袋的四周用辅料填实，再在枝条表面盖少量辅料，以覆盖枝条为准，也称之"过桥"。当装到袋子七八成时，套上颈圈，塞上棉塞或塑料塞，装入筐中灭菌（图 3-36）。

图 3-34　枝条表面沾附上辅料　　　图 3-35　将枝条和辅料拌匀

图 3-36　装入枝条的菌袋

② 装瓶。将枝条尖端朝瓶底整整齐齐直立装入 750ml 的罐头瓶内，在枝条面上放些碎的培养料，以填充枝条的空隙。一般一瓶可装 80～90 根。用清水洗净瓶身、瓶口及瓶口内壁，报纸在外、薄膜在内放在瓶口上，套上一根橡皮圈扎好（图 3-37）。

（5）灭菌　常压灭菌100℃、15h，高压灭菌126℃、2h。判断是否灭菌彻底，看栽培包原基形成之前"吐"水是否是白色的，是白色的表示灭菌已彻底；如果吐"黄水"说明灭菌不彻底，随后会出现绿色木霉感染。

图 3-37　装瓶

(6) 接种　待料温降到 25℃ 以下，按无菌操作接种，一只母种可以接 5 袋。

(7) 培养　暗光，温度 20～25℃，适度通风，60％～65％的空气相对湿度。由于枝条培养基的通透性好，菌丝生长迅速，培养时间比常规原种缩短 5～7 天，缩短了菌龄（图 3-38、图 3-39）。

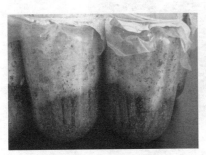

图 3-38　枝条种瓶培养

图 3-39　枝条种袋培养

（四）液体种生产

1. 摇瓶液体种制作要点

(1) 培养基配方　马铃薯 200g，葡萄糖 20g，蛋白胨 5g，磷酸二氢钾 2.0g，硫酸镁 1.0g，维生素 B_1 1 片，pH 值 6.8～7.0，水 1000ml。

(2) 制作培养基　将土豆在水中文火煮沸 30min（标准为熟而

不烂），然后用6层纱布过滤，将滤液倒入锅内，同时加入按配方称好的各种成分，继续加热并搅拌至全部溶化后，停止加热，将水补足。将培养液分装入锥形瓶中，500ml锥形瓶内装150ml培养液，每瓶加10个玻璃珠，然后用硅胶透气塞塞紧瓶口。

（3）灭菌，冷却　将锥形瓶装入灭菌锅，上面盖上报纸，排气后，待温度升至121℃开始计时，维持30min。当压力即将降至零时开始放气，打开锅盖冷却到30℃以下时取出锥形瓶放在超净工作台中冷却（图3-40）。

图3-40　灭菌后的摇瓶

（4）摇瓶接种　选取新培养好的试管斜面菌种1支，在无菌条件下每瓶迅速接入2~3cm² 的母种一块（图3-41），每只母种可接5个摇瓶。

图3-41　接种摇瓶

（5）培养　接种好的菌种瓶可置于摇床上培养，也可置于25℃恒温下静置培养48h后，确保无杂菌，气生菌丝延伸到培养液中（图3-42）再放在摇床上进行培养（图3-43）。旋转式摇床的频率为180r/min，培养温度25℃，一般培养5~6天（图3-44）。菌丝球均匀地布满透明的橙黄色营养液中，此时停止培养。

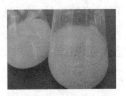

图 3-42　形成气生菌丝　　图 3-43　摇床培养　　图 3-44　培养 5～6 天
　　　　　　　　　　　　　　　　　　　　　　　　　　　液体菌种

2. 发酵罐制作要点

（1）工艺流程　发酵罐（图 3-45）清洗和检查→空消（对发酵罐体灭菌）→液体培养基配制→装罐→实消（培养基灭菌）→接种→发酵培养→取样检测→发酵终点确定→接种。

（2）配方　马铃薯 100g，红糖 15g，葡萄糖 10g，麦麸 40g，蛋白胨 2.0g，磷酸二氢钾 2.0g，硫酸镁 1.0g，维生素 B_1 1 片，泡敌 0.3ml，pH 值 6.8～7.0，水 1000ml。

（3）装罐、灭菌　按培养基配方将培养料装入发酵罐中，70L 发酵罐装 50L 培养液，在 121℃条件下热力灭菌 1h。

（4）接种　培养料冷却到 25℃以下，严格按照无菌操作要求进行发酵罐接种，每个发酵罐接 1000～1500ml 原种。

（5）培养　温度 25℃，pH 值为 6.5，培养时间 72～90h，灌压 0.02～0.04MPa，通气量 1：0.8。

图 3-45　杏鲍菇液体发酵罐

第四节 ▶▶ 杏鲍菇出菇菌袋（瓶）的生产

一、原材料准备、配方

栽培杏鲍菇通常以棉籽壳、玉米芯、木屑等作为主料，辅料以麸皮、玉米粉、豆粕粉为主。木屑要在室外堆放3个月以上，其他原料要求新鲜、干燥、无霉变，生产用水应符合城市生活饮用水标准。同时，根据市场需要，提前订购准备塑料筐、打孔棒、塑料盖、塑料袋等辅助材料。

在生产中，需要合理调配培养基的养分，一般以碳氮比为（25～30）∶1为好。养分低了，菌丝生长不强壮，活力不够，产量低；养分高了，感染杂菌的概率增加，最终影响生产。栽培时可因地制宜采用不同的栽培原料，常用配方如下，供参考。

① 玉米芯40%，木屑20%，麦麸20%，玉米粉8%，豆粕8%，轻质碳酸钙2%，石膏2%。

② 棉籽壳20%，木屑17%，玉米芯30%，麸皮20%，豆粕5%，玉米粉5%，石膏1%，轻质碳酸钙2%。

二、配料、拌料

1. 原材料预处理

棉籽壳和玉米芯需要提前浸泡，浸泡时间以泡透无白心为宜，通常是浸泡12h后，放水留待第二天使用。木屑要过筛备用，以免装袋时硬物划破袋。玉米芯和木屑要粗细均匀，颗粒大小不宜超过10mm。

2. 培养料的配制

根据配方将木屑与预湿的原料等各种原材料换算成体积，根据一级搅拌机的容量先加入一半主料然后加入玉米粉等辅料，搅拌5min后再加入剩下的 半主料，再搅拌5min后调节水分和pH值，要求水分含量在62%～65%，pH值7.5～7.8。测好后才能放入二级搅拌、三级搅拌，每一级搅拌均需要10min，然后装瓶（袋）。搅拌要注意两个关键点：一是搅拌要使原材料混合均匀和湿度一致，无干料，无死角；二是搅拌过程中不能使原料酸败，特别是高温季节，在搅拌机上方安装风扇，及时排除搅拌过程中产生的热量，减轻发热和酸败（图3-46～图3-48）。

图3-46 准备主料　　　图3-47 准备辅料　　　图3-48 搅拌

三、装袋、装瓶

1. 装袋

一般选用规格为18cm×36cm×0.005cm的聚丙烯折角袋，根据折角袋的大小选用相应的冲压式自动装袋机，机器直接在料中留一直径2cm、深10cm的孔，1h装袋约1200袋。装袋要求：以18cm折角袋为例，装入培养料要求上紧下松，袋高18cm（每袋装干料450g，湿料1200g），袋重1200g加减50g，误差越小，栽培袋的一致性越高，后期出菇管理越容易。装袋后套上套环和盖子，置于周转筐内，及时入锅灭菌。

2. 装瓶

由自动装瓶机装瓶和打孔后自动封盖，要求装料松紧度均匀，装料高度在瓶肩至瓶口的 1/2 处为宜。1100ml 的瓶标准重 1020～1050g（包括瓶和瓶盖），上下幅度不超过 20g。

装袋见图 3-49，装瓶见图 3-50。

图 3-49 装袋

图 3-50 装瓶

四、灭菌与冷却

一般采用高压灭菌，在 0.15MPa 时保持 2～3h 即可，具体操作可参考金针菇灭菌。灭菌结束后，待包内温度降低至 70～80℃，将灭菌车推入冷却室，分两段冷却，冷却过程保持冷却室正压过滤风，经过对流冷却，袋（瓶）肩温度达到 35℃ 以下即可推入二冷间，开启制冷机组强制冷却，直到袋（瓶）中心温度降到 25℃ 以下。由于袋（瓶）体在出锅到降温过程中与空间环境有热交换发生，因此为防止空气交换造成的污染，要保证冷却室绝对净化，一般安装中效或高效空气过滤器，洁净级别控制在十万级水平。灭菌见图 3-51，冷却见图 3-52。

五、接种

1. 采用固体栽培种接种

待料内温度冷却至 25℃ 以下时开始接种，以减少竞争性杂菌

图 3-51 灭菌

图 3-52 冷却

感染的机会。生产上，接种前 4～5h 开启接种室的消毒杀菌设备，接种前 1h 开启空气净化系统，确保整个接种过程中接种室处于正压状态。接种员工要穿戴经消毒灭菌接种服、鞋帽进入接种室，双手用 75％酒精棉球擦拭消毒，接种工具用 75％酒精擦拭消毒并经火焰灼烧冷却后备用。当天使用的菌种须有专人严格挑选进行预先消毒处理，使用时挖弃表层 1～2cm 老菌皮，用接种勺将捣碎后的菌种倒入料包孔穴内，保证菌种能直接落入料孔底部，以加快菌丝满袋速度和保证上下菌丝菌龄一致。接种量标准为将预留孔穴填平，料面均匀覆盖厚 0.3cm 菌种即可。

2. 采用枝条种接种

枝条种应在长满瓶（袋）10 天后再进行使用，使菌丝体有一个后熟阶段，充分"吃入"枝条中。这样的菌种接种成活率高，发菌速度快。很多人用枝条种犯了一个最大的错误就是长满袋就用，常常发生死菌（不萌发）现象。枝条种接种时首先将菌种表面用酒精棉球擦拭消毒，削去菌袋颈圈，去掉表面老菌皮，然后将枝条种取出接入灭好菌的菌袋打孔内，盖上盖。枝条种接种见图 3-53～图 3-58。

3. 采用液体菌种接种

（1）净化车间要求　净化车间要求安装中央空气过滤系统、制

图 3-53 准备接种的枝条种

图 3-54 菌袋消毒

图 3-55 削去菌袋颈圈

图 3-56 去掉老菌皮

图 3-57 枝条接种

图 3-58 盖上盖

冷系统和臭氧消毒系统；房间包括第一冷却室、强冷室、待接种室、接种室和菌种处理室。车间入口须有缓冲间和消毒池，接种室须装有百级空气过滤系统和机械流水输送线。

（2）接种 接种前包括栽培瓶（袋）的冷却过程，所有的空气过滤消毒系统须严格按照开机程序运作，工人进出也须严格按照净化车间人员进出消毒程序进行。接种时将冷却到 25℃ 以下的栽培瓶（袋）连筐从灭菌小车上搬到接种专用线上，员工在接种室内空气高效过滤器下，使用自动液体接种机，将发酵培养好的液体菌种，在压罐 0.20MPa 条件下，喷洒在瓶（袋）口表面，每瓶（袋）接种 25～30ml。接种环境要求绝对洁净，控制在万级水平，具体操作可参考金针菇液体菌种接种部分。接种后整筐栽培瓶（袋）从流水线运至室外，由专人用周转车搬到培养室培养。杏鲍菇液体菌种接种见图 3-59。

图 3-59　杏鲍菇液体菌种接种

六、菌丝培养

养菌室的通风口处应安装高效过滤网等防虫、防老鼠装置，进袋（瓶）前要严格消毒。在此阶段主要注意温度和通风，暗光培养，要做到"勤观察、勤管理"。养菌室由于菌丝的生长呼吸作用释放出大量的二氧化碳，因此要求室内有良好的通排风系统，二氧化碳浓度保持在 0.3%～0.5% 为宜。菌丝在呼吸生长过程中释放出热量，因此瓶（袋）内温度到生长中期一般会比室温高 3～4℃，为保证菌丝最佳生长酶活力，室温一般控制在 20～22℃，室内空气相对湿度控制在 60%～70%。一般 25～30 天可长满，在管理中一定要注意挑杂力度，特别是培养第 5～12 天，要求每天挑杂 1 次，特别要挑出链孢霉感染的菌袋（瓶），防止链孢霉弹射孢子导致整个环境污染。在日常培养管理工作中，应尽量减少光刺激，工作人员可备手电筒进行工作，避免开大灯。袋养菌见图 3-60，瓶养菌见图 3-61。

图 3-60 袋养菌

图 3-61 瓶养菌

　　杏鲍菇发满菌袋（瓶）时，不宜着急出菇，要有一个低温后熟期。因为此时只是在栽培袋（瓶）表面长满菌丝，料还没有"吃透"，需要进一步培养。通过后熟可让菌丝浓白，从而储藏足够养分，达到生理成熟。后熟培养期间，给予一定的散射光，温度10～12℃，此阶段通常持续 10～12 天。当手拍袋有"嘭"响声，切开菌块剖面，菌丝断面整齐，看不到基质的颜色，闻有菇香气味时即完成后熟阶段。

第五节 ▶▶ 杏鲍菇出菇管理

一、工厂化袋栽出菇管理

　　杏鲍菇出菇管理根据生长情况大致可以分为菌丝恢复期、菇蕾形成期、菇蕾生长期、快速生长期和采收期。

（一）菌丝恢复期

又称低温刺激阶段，指从移库至第 4 天。

1. 第 1 天打冷

先将出菇房清扫，用清水冲洗干净，地面用漂白粉消毒（增加

地表湿度及空间消毒），然后将栽培包插入网格。移包要注意以下
四点。

① 及时移包保证培养室的快速运转，做好清洗、消毒工作，
以免造成病菌的残留、滋生。

② 移包时必须根据发菌管理员的安排有序移包，移包时防止
菌包掉盖，发现感染菌包及时清除。

③ 出菇房排包时要轻拿轻放，不准用手接触菌包的袋口、颈
圈及盖，排放整齐，袋口离前网片保持2cm，以免出菇时出现掉包
现象。

④ 出菇房排包完毕后应将掉包的菌包补上菌盖，做到横平竖
直，清理干净地面卫生。将周转筐、周转车放在指定位置，不得滞
留出菇房或通道内。

杏鲍菇属于中低温恒温结实菇类，温差过大，不利原基的发
生。在出菇菌袋移库排袋之后，需要进行低温刺激方可出菇，因此
将房间的温度打冷到13～15℃，经过一昼夜，栽培包中心温度接
近库房温度（图3-62）。

图3-62　第1天打冷

2. 第2天开袋

在移库的第2天开袋，将袋口上的老菌块去掉，取下套环，用
手将袋口撑开，把袋口收拢，再把套环套在袋口最尾端，形状呈倒
置漏斗状，中心处留有小孔（图3-63、图3-64）。

开袋后温度调至15～17℃，二氧化碳浓度保持在0.2%～

0.3％，相对湿度保持在85％～90％，不给光照。开袋套环后的出菇室见图3-65。

图 3-63　去掉老菌块

图 3-64　把套环套在袋口尾端

图 3-65　开袋套环后的出菇室

3. 第3天菌丝恢复、增值阶段

此时库房内的二氧化碳浓度大约控制在0.3％以下，湿度依然在85％～90％，雨季湿度降低些，夏季可适当提高些，温度控制在15～17℃。可通风换气，每天连续照射100lx光照强度4～6h，诱导原基形成。

4. 第4天"吊菌丝"

在上述条件的刺激下，第4天栽培包料面"发白"。手指按之，有刺感，说明偏干，并且料面缺水引起黄斑；出现指纹印，说明袋内的小环境空间湿度正常；如果袋的内壁出现水珠，手指粘有菌丝碎块，说明过湿了。此时栽培包内菌丝逐渐恢复，俗称"吊菌丝"。

（二）菇蕾形成期

又称诱导现蕾期，指开袋后的第 5～10 天。温度维持在 15～17℃，二氧化碳浓度保持在 0.3%～0.5%，相对湿度保持在 80%～85%，每天 300lx 光照强度连续照射 4～6h（图 3-66），根据袋内壁的水珠状况酌情向地面洒水，防止相对湿度过高导致烂菇。

图 3-66　光照刺激

一般第 5 天开始吐水珠，白色水珠（图 3-67，彩图）属于正常，混浊水珠（图 3-68，彩图）属于非正常。

图 3-67　白色水珠

图 3-68　混浊水珠

第 6 天培养基表面出现明显不规则突起，属于芽原基。第 7 天水珠更为明显，个别芽原基开始膨大。第 8 天水珠消失，开袋后，大部分原基出现。第 9 天原基继续膨大，根据菇蕾分化情况及时拿掉套环并关灯，套环拿掉过晚会导致后期菇帽长瘤。第 6 天到第 9 天生长见图 3-69～图 3-72（彩图）。

图 3-69　第 6 天

图 3-70　第 7 天

图 3-71　第 8 天

图 3-72　第 9 天

（三）菇蕾生长期

指开袋后第 10～15 天。此阶段菇蕾分化已经完成，降温至 14～16℃，二氧化碳浓度保持在 0.5%～0.7%，促进菇柄伸长，控制菇帽的大小。相对湿度增至 90% 左右，不给光照以防止菇柄弯曲变黄。在菇长到 4～6cm 长时进行疏蕾，通常在第 13～14 天分成 2 天进行。

疏蕾时根据市场要求的菇体大小每袋留菇形最好的健壮菇 1～2 个，削掉有竞争能力的小菇，袋口塑料薄膜自然张开成 "口" 字形。欲切除的菇蕾，如果比较大，疏蕾时切口位置可以放低些，还可以作为商品菇蕾出售。如果过小，切口可以提高些，这样小菇蕾组织的营养可转移至商品菇。疏蕾之后除非必要，要尽量保持出菇室黑暗，使用移动头灯巡视菇房，以利于提高菇蕾洁白度，否则菇蕾色泽会变成灰白色，影响商品等级。疏蕾后，立即及时清理杂物，清洗地面，地面保持高湿度，减少通风时间，促进菇蕾伤口快速愈合，避免感染细菌性病害。疏蕾见

图 3-73、图 3-74。

 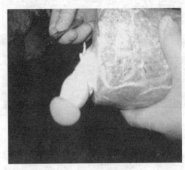

图 3-73　疏蕾　　　　　　　　图 3-74　疏蕾后

（四）快速生长期

指开袋口第 15~17 天。此阶段幼菇生长迅速，必须每天早晚观察菇形的变化。此时根据菇帽大小，菇房内二氧化碳浓度维持在 0.6%~0.8% 促使菌柄向外拉长，随后逐渐降低库内二氧化碳浓度，每 12h 降低 0.2%，最后维持在 0.4%~0.5%，在有氧条件下，菇柄不再伸长，而是横向发育。菇房温度温控制在 12~15℃，相对湿度维持在 85%~90%，相对湿度可采用加湿设备进行调节，同时根据菇帽的颜色适当给予短时的散射光。快速生长期见图 3-75。

图 3-75　快速生长期

（五）采 收 期

指开袋后第 18～20 天，降低二氧化碳质量浓度至 0.25％～0.3％，促进菇帽逐渐变大，菌柄上下粗细一致，同时根据菇帽的颜色适当给予短时的散射光。

适合采收的菇体 10～15cm，菇盖下方可明显看到菌褶，菌褶长至 1cm 左右，菇盖微微向外展开。采收人员应注意个人卫生，采摘时要戴上手套，选择成熟的菇，一手轻轻抓住菇体，一手拿刀从基部割下，注意不要割下培养料，以免弄脏菇体影响品质。割下来的菇体要分级轻轻放进干净的塑料筐内，整齐摆放，注意不能放满过筐面，应低于筐面 3～5cm，以免塑料筐堆叠压坏菇体。采收期见图 3-76。

图 3-76　采收期

（1）杏鲍菇分级标准（供参考）

① 一级菇。感官指标要求：朵形完整，清香、无异味。菌盖边缘内卷，灰白或稍带黑色，呈圆形或近似圆形，直径 5～7cm。菌柄白色或浅灰白色，切削平整，长度≥6cm，粗 3～5cm。杏鲍菇洁净，无畸形、无开伞、无薄菇、无鳞片、无空心、无斑点、无病虫害、无机械损伤、无变色菇、无脱柄、无渍水、菇柄不带土。杂质含量低于 0.5％。

② 二级菇。感官指标要求：朵形完整，清香、无异味。菌盖边缘内卷，灰白或稍带黑色，菌盖浅黄，呈圆形或近似圆形，直径

7cm 以上。菌柄白色或浅灰白色，切削平整，长度≥7cm，粗 3～5cm。杏鲍菇洁净，重量大于 225g，畸形菇不大于 10%。菌褶不倒纹，不变红、不发黑。子实体无开伞、无薄菇、无鳞片、无空心、无斑点、无病虫害、无变色菇、无脱柄、无渍水、菇柄不带土。允许轻微机械伤，杂质含量低于 1%。

③ 三级菇。感官指标要求：朵形完整，清香、无异味。菌盖边缘平展、无反卷、灰白或稍带黑色。菌柄白色或浅灰白色，切削平整。杏鲍菇洁净，重量、菌盖直径、菌柄长度无明显规定。菌褶不倒纹，不变红、不发黑。子实体无斑点、无病虫害、无变色菇、无脱柄、无渍水，菇柄不带土。允许轻微机械伤，杂质含量低于 1%。

④ 等外菇。指不符合一级、二级、三级菇标准的杏鲍菇产品。

（2）采菇人员工作要求

第一，服从领导安排，配合出菇管理人员，根据出菇房先后次序分别采摘。

第二，学会判断菇的成熟度，在菇朵成熟至七到八分熟时采摘。

第三，采菇需从袋面采起，不留小菇连根采摘，轻摘轻放，防止折断菇柄和破坏菇帽，采下的菇整齐地摆放在框内，不得超出筐面，避免在运输过程中的震动。

第四，采菇时发现塌架的菇包要及时摆放好，防止将菇包碰落。

第五，如有菇房需要挑选采摘，将要采的菌包轻轻拿下，采摘完毕后将菌包放回网架，注意不要碰及周围其他菌包的菇朵。

第六，在采收过程中不得将出菇房门敞开，拉菇时用最快的速度装车，以防造成菇房交叉感染。

第七，根据采摘的菇房分别整齐有度地码放于预冷室。

第八，采收过程中不得私自调节温度、湿度或通风设备等。

第九，采完菇朵及时清理卫生并关灯关门。

第十，在整个采菇过程中发现松动脱落的网架要及时上报维修，注意个人自身安全，严格按照操作规程操作。

（六）保鲜、包装

与其他菇类相比，杏鲍菇是在常温下能保持较长时间的一种菇类，在 16℃以下的自然气温下，放置通风处可保存 5 天左右。担孢子在 5 天后开始弹射，第 7 天菌盖发黄，之后变质。所以一般在冬季常温 16℃以下时保存 4 天为宜，菇盖要求内卷，并注意通风条件。若气温在 4～6℃时，用保鲜盒包装的可保存 10 天。

杏鲍菇栽培房空间相对湿度比较高，鲜菇含水量比较高，为延长货架期，采收后置于 1～5℃预冷 12h，包装室温度为 15℃。包装时削去菇脚，按大小、质量进行分解，称重，定量抽真空包装。不同级别的菇包装使用不同规格的包装盒，同时采用不同颜色的塑料绳扎口。包装后鲜菇可立即装箱，泡沫箱必须打冷后再封箱，以延长货架期。经真空包装后设于 4℃的温度下，可保存 10～15 天。抽真空包装见图 3-77，待售产品见图 3-78。

图 3-77　抽真空包装　　　　图 3-78　待售产品

（七）杏鲍菇定位出菇法的技术要点

在菌袋生产过程及配方不变的情况下，采取一定的技术措施使得出菇的产量、质量、数量及菇形都得到提高和改善，更符合人们的需求，那么生产效率就能提高。定点出菇就是这样一种技术革新，在食用菌菌袋发菌完成后，在菌袋适当位置，用刀片或柱形棒扎开若干处菇口，让食用菌在选定位置上产生原基，并最终分化出符合人们需要的形状、数量和品质的食用菌子实体。

使用定位出菇有很多好处：一是出菇位置的随意性，可以根据菇房特点及摆放方式，自行决定菌袋出菇位置；二是操作简单，省去了敞开袋口，并且搔菌的繁琐过程，同时也不用去疏蕾，减少了养分的意外流失；三是成品菇质量好。

菌袋发好菌后，在菌袋的底端中央位置用一个直径1厘米的尖头铁棒扎一个深1cm的洞，经过7～10天的催蕾处理后，就会在洞口形成一个饱满的原基。

袋背面打孔见图3-79，定位出菇见图3-80。

图3-79　袋背面打孔　　　　　　　图3-80　定位出菇

二、工厂化瓶栽出菇管理

1. 搔菌

菌丝培养成熟的菌瓶经传送带输送至自动搔菌机，将料面5～6mm的老菌皮去掉，搔菌时保持搔菌刀刃洁净无菌。

2. 栽培瓶的排放

搔完菌后的出菇瓶，为了保持料面的湿度，可以瓶口朝下，倒立摆放在出菇层架上面，有利于菇芽的形成。

3. 催蕾

搔菌后的1～4天，菇房温度控制在14～16℃，相对湿度控制在90%，二氧化碳浓度保持在0.2%～0.3%（和种子发芽一样，在发芽期酶的活性最高，所需要的氧气量最大，所以低浓度的二氧化碳浓度有利于培育出具有活力的菌丝，通风换气以使菌丝良好恢复和及时分化）。第3天每天300lx光照强度连续照射4～6h，诱导原基形成。

第5～6天在料面开始出现白色小水珠，降低空气相对湿度至80%。第7～8天料面形成较多的小凸起（原基）（图3-81），停止光照诱导。

图 3-81　第7～8天料面形成原基

第9～10天料面形成大量子实体原基，进行翻筐，使瓶口朝上，房间空气湿度应调为85%～90%，二氧化碳浓度控制到0.3%～0.5%，部分健壮原基长成乳突状（图3-82），保持空气新鲜洁净。

图 3-82　第9～10天料面形成乳突状原基

第11～12天原基膨大分化出菇柄和菇帽（图3-83），继续进行管理。

图 3-83　菇柄和菇帽

4. 疏蕾

第 13~14 天菇蕾发育至 4~6cm 长时，用专用刀从基部切除个头小、形状差、长势弱的菇蕾，留下 2~3 个生长强壮、菇形好的子实体，称之为疏蕾。疏蕾后应及时清理地面，减少通风时间，维持室温 13~14℃，二氧化碳浓度 0.5%~0.7%，相对湿度 90%，促进菇蕾伤口快速愈合，避免感染细菌性病害。

5. 生育

进入出菇库第 15~17 天为快速生长期（图 3-84）。此时菇蕾呼吸旺盛、迅速，库温控制在 12~15℃，前期二氧化碳浓度维持在 0.6%~0.8%，促进菇柄伸长，随后逐渐降低库内二氧化碳浓度，每 12h 降低 0.2%；最后维持在 0.4%~0.5%。在有氧条件下，菇柄不再伸长，而是横向发育。空气湿度调至 85%（降低湿度，以防感染杂菌），促使菇柄快速伸长，此阶段前期无需光照，且不

图 3-84　第 15~17 天快速生长期

宜直接向子实体喷水。

第 18～20 天成熟期（图 3-85），降低二氧化碳浓度至 0.25%～0.3%，促进菇帽逐渐变大，菌柄上下粗细一致，同时根据菇帽的颜色适当给予短时的散射光。

图 3-85　第 18～20 天成熟期

6. 采收，包装

子实体生长的第 18～20 天，菇体 10～15cm，菇盖尚未完全展开，应及时采收。出菇瓶通过传送带运输至采收和包装车间进行采收，采收时避免菇体破碎。采收后的子实体，削去菇体基部的菇渣和残次体，修整后按不同的等级标准进行分级，再对分级的菇体进行真空包装，或存放至 1～4℃ 的冷库保藏。

7. 挖瓶

杏鲍菇采收结束后，应立即将料瓶清出菇房，对菇房进行 1 次彻底的清理消毒及设备检修。用挖瓶机将杏鲍菇采收后的留在瓶内的培养料挖出，将瓶清洗干净、干燥后，进入下一轮生产循环。

第六节 ▶▶ 杏鲍菇生产中常出现的问题和处理措施

1. 料面过干，不形成原基

（1）症状　料面过干（图 3-86，彩图），子实体不易形成。

图 3-86　料面过干

（2）原因　催芽时出菇房湿度过低，通风量过大。

（3）预防措施　杏鲍菇催芽时，为了达到控制芽数的目的，催芽的湿度一般控制在 $85\%\sim90\%$，但是当湿度低于 60% 特别干燥的情况下，容易造成子实体不易形成。

2. 菌柄分化出新的子实体

（1）症状　杏鲍菇的菌柄分化出新的子实体（图 3-87），类似金针菇的丛枝病。

图 3-87　菌柄分化

（2）原因　杏鲍菇子实体形成后，生长受干燥、二氧化碳浓度过高等影响而受到抑制，停止生长，菌柄达到二次分化的条件后长出新子实体。

（3）预防措施　避免原基形成后干燥时间过长，生育初期加强湿度管理，同时要避免生育室出现二氧化碳浓度过高的情况。发现菌柄分化出新的子实体，要及时割除。

3. 子实体数量过多，长不大

（1）症状 子实体分化得过多，每一个都很小（图 3-88）。

图 3-88 数量过多

（2）原因 催芽时湿度过高，长时间处于 90％以上，导致子实体分化过多。

（3）预防措施 催芽期间控制好合适的湿度，不宜长时间处于 90％以上，湿度以保持在 85％～90％为宜。

4. 漏斗菇

（1）症状 杏鲍菇菇帽呈漏斗状畸形（图 3-89）。

图 3-89 漏斗菇

（2）原因 杏鲍菇分化后出菇房通风不足引起的二氧化碳浓度过高，导致子实体畸形。

（3）预防措施 加强出菇房的通风管理，降低二氧化碳浓度。

5. 菇盖出现凸凹不平状（瘤盖菇）

（1）症状 在菇盖表面形成凸起，导致凸凹不平（图 3-90，彩图），一般出现瘤盖菇的菇盖颜色较深，结构较硬，严重时菌盖干缩，菇质硬化，停止生长。

图 3-90　瘤盖菇

（2）原因　杏鲍菇生长环境温度过低，子实体形成后长期处于所需温度下限。

（3）预防措施　杏鲍菇在 10℃ 以下生长菇帽颜色变深，出现菇盖表面凸凹不平的情况，不同品种受温度的影响不同。加强保温措施，出菇温度控制在 10℃ 以上。

6. 脑状畸形

（1）病症　杏鲍菇原基形成后不长柄呈脑状（图 3-91），不分化成菌盖。

图 3-91　不长柄呈脑状

（2）病因　分化期间二氧化碳浓度在 1.5% 以上和光线弱。

（3）防治方法　先确定是光照不足，还是二氧化碳浓度过高所致，然后针对性加以解决。

① 改善通风。子实体原基形成后，每天通风 2 次，每次

30min，使二氧化碳浓度低于 0.3%。工厂一定要用二氧化碳传感器控制通风设备，如果做不到，至少要用手持式二氧化碳检测仪测量不同时期的二氧化碳浓度，来调整通风的频率。

② 适当增加光照。特别是光线不足的菇房、防空洞、地下室要安装灯泡，使光照强度达到能看清报纸上的字为度。

7. 盖有裂纹

（1）病症　菌盖外表出现条状开裂，商品性下降。

（2）病因　温度低、空气相对湿度小且不稳定，急剧变化，甚至干湿交替。

（3）防治方法　提高温度至 14～16℃，保证菇房空气相对湿度稳定，避免湿度发生急剧波动，空气相对湿度控制在85%～90%。

8. 细柄大菌盖

（1）病症　子实体柄细盖大，看起来类似平菇（图 3-92）。

图 3-92　细柄大菌盖

（2）病因　杏鲍菇分化出菌盖后，出菇房光线过强。

（3）防治方法　原基形成期光照可强些，达 200lx 以上，原基分化成菌柄和菌盖后适当降低光照强度至 50～100lx，以能看清楚报纸字迹为宜，光照时间也可以逐渐减少。

9. 空心菇

（1）症状　养菇过程中出现了大量的空心菇，菇皮很粗糙（皱巴巴的），形状不规则，剖开后里面如海绵一样不结实，品质和重量都很差。

（2）发病原因　菌包严重缺水或者空气湿度长时间过低。

（3）预防措施　保证培养基的含水量；避免培养时失水过多；出菇房专人管理，避免加湿器长时间故障导致湿度长时间下降。

10. 大肚子菇

（1）症状　杏鲍菇形态形成后中部膨大，就像大肚子一样，菌柄上部变细，菌盖很小。

（2）发病原因　产生这种比例不协调的主要原因，是分化后期及以后二氧化碳浓度加大，氧气不足，导致不长个子只长胖。

（3）预防措施　杏鲍菇分化后期适当增加通风量，降低二氧化碳浓度，促进菇盖的形成，光照也有利于菇盖的形成。当菌柄和菌盖形态充分形成后，增加二氧化碳浓度，拉伸菌柄。

11. 栽培包底部、侧面出菇

（1）原因　培养基制作过于疏松，容易出现袋底部、侧面出菇现象。这是由于培养基收缩，袋壁与培养基脱离，为菌丝扭结提供了空气和空间，再加上低温、光照刺激和机械刺激（如倒袋等），使菌袋侧面等的菌丝扭结形成原基，发育成菇蕾。

（2）预防措施　发生这种情况，应及时捏压菇蕾，使其停止生长，以免造成更多的营养浪费。

12. 绿霉（绿色木霉）

（1）绿霉症状　菌种（图3-93，彩图）或子实体（图3-94，彩图）感染绿霉等霉菌，表面呈绿色。

（2）原因　由培养温度过高、湿度过大或者通风不良引起。

（3）预防措施　参照双孢菇绿色木霉的防治。

13. 烂菇（图3-95，彩图）

（1）症状　当杏鲍菇催芽时袋口内生理吐水、结露水会较多，早期为清澈的水滴，后逐渐变黄褐色，当杏鲍菇逐渐生长后，细菌也逐渐侵染杏鲍菇子实体，导致杏鲍菇烂菇。

图 3-93　菌种感染绿霉　　　　　图 3-94　子实体绿霉病

图 3-95　腐烂废弃的菌袋

（2）病因　催芽时长时间的湿度过高，感染假单孢杆菌等细菌引起的杏鲍菇子实体腐烂。

（3）预防措施　避免催芽和生育时期连续的高温、高湿状态，降低出菇房温度、湿度，当发现生理吐水和结露水较多的情况，应该提早撤掉套环，打开袋口，适当加强通风，禁止直接向菇体喷水，同时避免二次感染。杏鲍菇烂菇首先想到的是在出菇房的问题，这是没有错的，但是也要同时排查和检测开袋之前是否存在问题，如培养基灭菌不彻底、菌种带有细菌、培养积温过高，这些都会造成菌丝活力下降，这样的菌包在出菇时一旦管理不好就会出现烂菇的情况。食用菌生产是一项复杂的、科学性很强的技术，出现的问题往往不是这个环节本身的问题，要对前面所有的生产环节进行排查，才能彻底解决问题，否则会出现治标不治本的情况。

第七节 ▶▶ 杏鲍菇加工

一、杏鲍菇切片烤干

杏鲍菇朵大肉厚，所以加工干菇应进行切片处理，利用切片机把鲜菇均匀切片，再排放在烘干房的筛网上。初期为 38℃ 左右的温度，经过十多个小时烘烤，再逐渐升高至 60℃，最高温度不能超过 65℃。要注意不要冷房进菇，烘干房先预热，因冷房进菇将延长烘烤时间，而且色泽、香味差。升温不能太快，否则菇体早熟，而使菇片发黄、变暗，影响质量。烘烤时还要注意通风排湿和倒换烤筛，把最下部的与中部、上部的筛网互换位置，这样才能烤出色白味香的干品。当含水在 10%～12% 时，停止烘干，之后进行包装。干制的杏鲍菇比鲜菇更脆，煮后的汤汁鲜美，被人们称为"干贝菇"。干菇要注意保存在干燥的环境中，注意不可反潮，否则色泽变黄、菇质变软，很快变质。

二、杏鲍菇速溶即食营养保健麦片

1. 工艺流程

大麦→清洗→淘洗→浸泡→配料→分装→灭菌→接种→培养→破碎→烘干→粉碎→用温水（35℃）搅拌→胶磨→糖化、预糊化→干燥→造粒→热风干燥→收集包装。

2. 操作要点

（1）母种制作　同常规。

（2）原种和固体培养料制备　大麦仁要求籽粒饱满，无破损、霉变。清杂后淘洗，浸泡 6～10h（视温度而定），取出沥去水分，称重，含水量约为 42%。拌入食用级碳酸钙粉末，pH 值自然，装入瓶或袋中，于 0.14～0.15MPa 压力下灭菌 2h。

（3）接种　按无菌操作进行。

（4）培养　于 25℃左右适温培养，10～15 天（视培养袋中料的多少而定）即可发满，菌丝浓白旺盛。继续培养 3～5 天，原种即可使用；固体培养物需挖出掰碎，于 60～70℃烘干待用。

（5）焦糖化和预糊化　温度达 140℃，原料中淀粉等大分子物质被降解、糊化，杏鲍菇菌丝体被灭活，再经过后续工序，最终形成冲调性甚好、并具有良好色泽和口感的速溶即食营养保健麦片。

（6）造粒　造粒是一道复合工序，包含添加辅助原料和成型。辅料为奶粉、糖及不同的食品添加剂，用以改善麦片的品质，去除多余的苦杏仁味，达到美味可口的目的。速溶即食营养保健麦片的最终产品为 4～8 目的薄片。

三、麻辣杏鲍菇酱的制作

1. 配方

杏鲍菇 34%，黄豆酱 50%，花椒 5%，辣椒粉 5%，食盐 1%，白糖 2%，花生 1%，芝麻 2%。

2. 制作工艺

（1）杏鲍菇预处理　杏鲍菇清洗→切粒成 1cm³→预煮 5min→冷却沥干水分。

（2）炒菇　大豆油烧至 190℃→冷却至 120℃→加花生、芝麻、辣椒粉、花椒炸出香味→黄豆酱炒出酱味→加杏鲍菇粒炒 10min 停火。

（3）成品分装　炒好的菇→加食盐、白糖→混匀→装罐→排气→灭菌→冷却→成品。

第八节 ▶ 工厂化杏鲍菇菌糠的再利用

一、杏鲍菇废菌袋覆土出菇

袋栽工厂化杏鲍菇在 1 潮菇能有较高产量，1 潮菇后，因营养不足、失水等原因产量降低，质量下降。因此，可采取菌棒在 1 潮后再覆土出菇的方法提高产量。此方法管理方便，可延长 2 个月出菇期，连续采收 2～3 茬菇，生物转化率可提高 30%。

目前覆土主要有两种方式：一种是将塑料袋全部脱掉，放于事先建好的畦中，将菌袋最上部覆土；另一种是在大棚中间可建成菌墙出菇。

1. 覆土材料及处理

一般的菜园土、田土、河泥土等，只要有团粒结构，透气性、持水力强，pH 值适宜，干不成块、湿不发黏的土壤均可，具体制作措施参照双孢菇。

2. 摆菌袋、覆土

（1）卧式覆土

① 修建畦床。在出菇场修建深 30cm、宽 100cm 的畦床，畦间距 30cm（图 3-96，彩图），长因棚而异。挖好畦床后，畦床用 5% 石灰水浇灌，使其吸足水分，待床面稍干时，用敌敌畏药剂喷洒床面和四周，并在床面撒石灰粉进行消毒。

② 脱袋覆土。将出过一潮菇的菌袋脱袋后，接种点朝上间距 2cm 覆土，袋间用备土填满，畦面覆土厚度为 3cm，覆土含水量 18%～20%，覆土后适当压实、整平（图 3-97）。

图 3-96 卧式栽培修建畦床

图 3-97 脱袋覆土

（2）墙式覆土

① 修建畦床。在出菇场修建宽 50cm、10cm 高的畦埂用于摆放菌袋，畦埂间距 80cm。出菇场所进行清洁和消毒，地面铺沙、撒石灰，袋底垫一层砖，以免出菇后子实体接触地面。墙式覆土修建畦床见图 3-98（彩图）。

图 3-98 修建畦床

② 脱袋覆土。将袋口露出 1cm 的料面，先码 1 层菌袋，在袋与袋墙体之间添上土。每码 1 层袋加 1 层土，最终码成菌墙，并在最上层用土建一水沟。为了以防倒塌，可在底部打安全桩。脱袋摆

成菌墙见图 3-99。

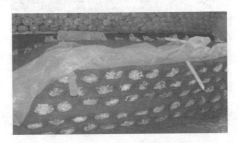

图 3-99　脱袋覆土

3. 出菇管理

要经常检查土壤干湿情况，酌情进行喷水管理，同时做好控温保湿和通风换气工作。棚内温度控制在 12～20℃，每天通风 2～3次，每次 20～30min，同时保持空气相对湿度 85％～90％，保证一定的散射光，经 7～10 天即可形成原基，按常规进行出菇管理。

卧式覆土出菇见图 3-100，菌墙出菇见图 3-101。

图 3-100　卧式覆土出菇

图 3-101　菌墙出菇

4. 注意事项

在选择菌袋时一定要注意选择那些无病虫害的菌袋，特别注意挑出感染绿霉、链孢霉的菌袋。在覆土时一定要注意栽培季节的选择，一般秋季在 8 月末到 9 月初，春季在 3 月末到 4 月初，此时大棚内温度容易调整到杏鲍菇的适宜出菇范围，质量较好。一定要避免在 7、8 月高温季节覆土出菇，此时温度高容易引发病虫害，并且菇的质量不好。笔者曾经遇到一种植户觉得杏鲍菇工厂化的废菌袋便宜，每个废菌袋的成本大约 0.1 元，从某个感染链孢霉的工厂引进大量菌袋，在 7、8 月覆土出菇，结果大量感染链孢霉，造成了巨大损失。

二、杏鲍菇菌糠栽培双孢菇

用杏鲍菇菌糠栽培双孢菇，不仅可以变废为宝，保护环境，充分利用了资源，而且是农民增收的一条有效途径，下面介绍一下其技术要点。

（一）栽培季节

北方自然季节适合出菇只有 10 初至 11 月末，及次年的 4 月初至 5 月末，因此在栽培季节上，一般 8 月上、中旬建堆，9 月上旬播种，10 月至翌年 5 月出菇。

（二）建堆发酵

发酵过程分为前发酵和后发酵两个过程（表 3-1），前发酵从建堆到料堆进房（棚）全程经过 12～14 天，期间翻堆 3 次，相隔时间是 5 天、4 天、3 天，第 3 次翻堆后将料趁热拆堆快速移入预先消过毒的菇棚内进行后发酵，一般 6～8 天。

表 3-1　菇房（棚）内床架式蒸汽二次发酵时间表

发酵阶段	程序	时间	操作要点
前发酵	翻堆、发酵	12～14 天	翻堆 3 次,相隔时间是 5 天、4 天、3 天
后发酵	升温	1 天	锅炉蒸汽加热
	巴氏消毒	24h	料温 58～62℃
	控温发酵	4～6 天	料温 50～52℃
	降温阶段	2～3 天	料温 28℃ 以下

1. 前发酵

（1）配方（每平方米）　杏鲍菇干菌渣 20kg（折合湿料45kg），干牛粪 15kg，过磷酸钙 0.5kg 和轻质碳酸钙 0.25kg。

（2）建堆　料堆要南北走向，建堆时将各种原料按比例混合均匀，一般堆高 1.5～1.8m（低温季节高些，高温季节低些），宽2～2.5m（低温季节宽些，高温季节窄些），四边上下最好陡直，堆顶呈龟背形，不要建成三角形，因为高温区少，发酵效果差。堆完后最好用草帘盖住保湿，雨天用塑料布防雨淋（雨后立即撤去，防止厌氧发酵）。建堆后的培养料含水量为 70%，pH 值达到 8.0～8.5。建堆见图 3-102。

图 3-102　建堆

（3）翻堆

① 翻堆的原则。料下 30cm 处温度达 65℃ 保持 24h 可以翻堆。在操作时如遇到三种具体情况应及时翻堆：一是当天温度比前一天低时；二是堆温在 80℃ 左右而不下降；三是建堆 5 天堆温不超过 60℃。

② 翻堆的具体方法。翻堆要坚持"生料放中间，熟料放两边；中间的放两头，两头放中间"的原则。人工翻堆时，通常先把料堆外层料用耙子刮下来，放在一边，稍洒点水以免干燥，在重新建堆时再逐渐混入料堆中去。对于内层和底层的粪草，则对换位置，边翻拌边加入辅料和先刮下来的外层料。为提高工作效益，除了人工翻堆，还可以用机器翻堆（图 3-103）。

图 3-103　机器翻料（杏鲍菇菌渣）

2. 后发酵

（1）菇房选择和消毒　用于后发酵的菇房不宜过大，面积以 100m² 为宜。密闭程度要好，床架要结实牢固。前发酵结束后要采用药剂熏蒸法进行 1 次菇房消毒，如用硫黄粉熏蒸，每立方米空间用量 10～15g，密闭 24h 后，通风换气。等房内药味散尽后，即可进料。

（2）进料　第 3 次翻堆后堆内温度在 55℃以上时，选择晴天组织劳力在 2～3h 趁热拆堆快速移入预先消过毒的菇棚内。操作时既要抖松料，排除废气并带入新鲜空气，又要避免热量过多散失。培养料进房后，料厚 22～28cm，床面平整，不能压实紧压。进料堆放完毕，立即封闭菇房所有门窗及拔风筒。如果培养料过干，必须在二次发酵前喷水，增加床面培养料的湿度。上料见图 3-104，铺料见图 3-105。

图 3-104　上料

图 3-105　铺料

（3）升温、巴式消毒阶段　蒸汽进入前，要巡查门窗是否严实，每条通风沟的最上和最下的通风窗要预留绳子到菇棚外，以便开窗换气。棚内四角和料堆内设置温度计，以便全面了解棚内温度情况。后发酵初始时不要马上加温，要首先利用料内的微生物活动，让培养料自身"发汗"升温。5～6h后，或当料温不再上升时，再开始用锅炉加温进行后发酵。当棚内四角和料堆内设置的温度计都达到58～62℃时减小火势，继续保温24h。注意此阶段料温不能超过63℃，时间也不能过长，否则高温下许多有益微生物会被杀死或活力下降，造成控温阶段的发酵无法正常进行。关闭门窗见图3-106，锅炉加水升温见图3-107。

图 3-106　关闭门窗　　　　　　图 3-107　锅炉加水升温

（4）恒温阶段（图3-108）　料温58～62℃维持24h后，就要开始开窗换气，让培养料能充分进行有氧发酵。换气要南北的上下窗对开，一般菇房每天开窗2次以上，每次10～30min，使菇房内有较多的新鲜空气，料温降至50～52℃，保持4～6天。恒温阶段要大量培养对双孢菇生长有益的放线菌、腐殖分解类菌，使培养料得到充分分解、转化。

图 3-108　恒温阶段

（5）降温阶段　恒温阶段结束后，停止供热，缓慢降温，当料温降至45℃时，逐渐打开上、中、下通风窗及拔气筒，继续通风降温，当堆内浅层温度降低到28℃时后发酵结束。然后用消过毒的工具把菇床上的堆料翻匀整平，厚度25cm左右。在降温阶段时一定要及时开窗，让料内多余的水蒸气蒸发出去，防止料面凝结冷凝水，造成过湿、黏手，不利菌丝吃料。打开通风口降温见图3-109。

图 3-109 打开通风口降温

（三）播种

可采用混播加层播的方法，每平方米菌种（750ml麦粒种）用量为2瓶。具体方法：先将种量的75％均匀撒在料面，用叉翻动培养料，将菌种与上半层料混匀，再将余下25％的种块均匀撒在料面，然后薄铺一层料，用木板轻压料面，使菌种和培养料紧密结合，防止麦粒悬空，最后覆盖一层地膜或报纸保湿（图3-110，图3-111）。

图 3-110 播种

图 3-111 检查播种情况

(四) 双孢菇覆土前发菌管理

播种后至覆土这一段菌丝生长时期称覆土前发菌期，时间为 25～30 天。总体要求棚内温度维持在 20～25℃，料内温度 20～24℃，最高不要超过 28℃，空气相对湿度 70% 左右，暗光。播种以后，在料面适度覆盖保湿和认真观察料温，经常检查有无杂菌、虫害的发生。如发现杂菌、虫害应及时采取防治措施，以防扩大蔓延（图 3-112、图 3-113）。

图 3-112　覆盖保湿　　　　　图 3-113　认真观测料温

(五) 双孢菇覆土

一般当菌丝即将长满培养料就要开始覆土，在接种后 22～25 天。覆土过早，会影响菌丝生长，延迟子实体形成。覆土过迟，菌丝易老化。覆土要均匀，厚度在 3～4cm（图 3-114、图 3-115）。

图 3-114　覆土　　　　　　　图 3-115　将覆土耙均匀

（六）覆土后发菌、催蕾管理

　　覆土到出菇需要 15～20 天，期间以菌丝生长为主。覆土前期通微风，温度 22～25℃，空气湿度 80%～85%，通过"吊菌丝"促使菌丝向土层上生长。经过 7～10 天的生长，菌丝可达到距覆土表面 1cm 左右，逐渐加大菇房通风量，使菌丝定位在此层土层中，同时增加空气相对湿度到 90%，降低温度到 14～16℃，促使子实体迅速形成。经过 5～7 天后，就可见到子实体原基出现，进入出菇管理。爬土阶段温度不宜过高，否则菌丝很容易结菌被，严重影响出菇（图 3-116、图 3-117）。

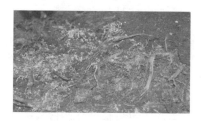

图 3-116　菌丝变粗喷结菇水　　　　图 3-117　幼蕾期

（七）出菇管理

　　一般掌握棚室内温度 12～18℃，此温度适于双孢菇子实体的生长发育。若床面温度连续几天高于 22℃，此时菇床停止喷水，早晚和夜间多开门窗，加强通风，尽量降低菇房温度，否则就会出现死菇现象。温度低于 6℃，应关闭门窗。出菇期间，保持室内相对湿度 90%～95%，喷水量应根据菇量和气候条件灵活掌握，以轻喷、勤喷、间歇喷水为主，菇多多喷，菇少少喷，晴天多喷，阴雨天少喷或不喷，忌打关门水，忌在室内高温和采菇前喷水，每潮菇前期通风量适当加大，但需保持菇棚相对湿度 90% 左右。在正常天气条件下，最好采用持续长期的通风方式，即在菇房中选定几个通气窗长期开启。在气温高于 18℃时，应在晚上通风。当气温低于 14℃时，则改为中午通风。通风时还要讲究开窗的方法：无风或微风时可开对流窗，即南北窗都开；风稍大时，只能开背风窗，以免影响菇房湿度。整个栽培管理过程，要创造暗光条件，并正确处理喷水．通风、保湿三者关系，既要多出菇、出好菇，又要保护好菌丝，促进菌丝前期旺盛，中期有劲，后期不早衰（图3-118、图3-119）。

图 3-118　认真观察出菇情况　　　　图 3-119　水幕喷带

（八）采收

采摘后及时削去泥根，经清洗后装箱。采收应根据市场需求决定菇的大小，一般以菌盖直径 4～6cm、不开伞为标准。采收前床面不得喷水，以免降低双孢菇品质。采菇时要尽量做到菇根不带菌丝，不伤及周围幼菇。一般宜采用旋转法，用手指轻轻捏住菌盖先向下轻压，再轻轻摇动，将菇体旋转采下（图3-120）。

图 3-120　采收

三、杏鲍菇菌糠栽培姬松茸技术

姬松茸（又名巴西蘑菇），原产巴西、秘鲁，用杏鲍菇菌糠栽培姬松茸，不仅变废为宝，保护环境，充分利用了资源，而且是农民增收的一条有效途径。

1. 栽培季节

北方冬季长，自然季节适合出菇只有 8 月初至 10 月初，及翌年的 4 月初至 5 月末，因此在栽培季节上，一般 7 月初建堆，7 月末播种，8 月初至 10 初出菇。或者 3 月初建堆，3 月末播种，4 月初至 5 月末出菇。如过早栽培容易引起温度过高，病虫害严重，过晚栽培则有效出菇期短，影响产量。

2. 配方

以 $667m^2$ 地为参考：杏鲍菇菌糠 7500kg、牛粪 7500kg、豆饼或棉籽饼 300kg、尿素 75kg、过磷酸钙 150kg、石膏 150kg、石灰 150kg。$667m^2$ 地总投料量约 15000kg。

3. 建堆发酵、播种、发菌、覆土

参照双孢菇。

4. 出菇管理（图 3-121、图 3-122）

图 3-121　姬松茸子实体　　　　图 3-122　层架栽培

（1）光线和湿度　一般播种后 40 天左右，菌丝发育粗壮，少量爬上上层，此时应保证一定的散射光，畦床上面喷水，相对湿度要求在 90％～95％，土面上出现白色米粒状菇蕾，继而长成黄豆状，当菇蕾长到直径 2～3cm 时，应适度降低空气湿度，减少病害

发生。

（2）通风　出菇时，要消耗大量氧气，并排出二氧化碳，所以在出菇期间必须十分注意通风换气，每天揭膜通风1～2次，每次通风时间不少于30min。通风后继续罩膜保湿，促进菇蕾的正常生长。阴雨天气可把罩膜四周掀开进行通风换气，防止菇蕾烂掉。

（3）温度　出菇期温度以20～25℃最好。若早春播种的，出菇时气温偏低，可罩紧薄膜保温保湿，并缩短通风时间和次数。夏初气温超过28℃时，可以在荫棚上加厚遮阳物，创造较阴凉的环境条件。

（4）采收　在子实体5～10cm，且尚未开伞时采收较为适宜。每采收1茬菇，要将菇床上的菇脚、碎片等清理干净，坑凹处补上新土，停止喷水，适当通风，养菌7～10天，然后再喷水调湿，开始下茬菇的出菇管理。出菇周期大体上10天，出菇可持续2～3个月，一般可采收3～4批。

四、杏鲍菇菌糠种植鸡腿菇

鸡腿菇，又称鸡腿蘑、毛头鬼伞等，在分类学上属真菌门、担子菌亚门、层菌纲、伞菌目、鬼伞科、鬼伞属，因其形如鸡腿、肉似鸡丝而得名。鸡腿蘑幼菇肉质鲜嫩，味道可口，营养丰富。因为鸡腿菇有"不覆土不出菇"的特性，所以，它又是较典型的土生菌。利用杏鲍菇菌糠代替部分新料进行鸡腿菇栽培，生物学效率达到80%，可以节约成本，产量和新料栽培相当。具体要点如下。把出菇后的杏鲍菇菌糠晒干，按如下比例（菌糠40%，玉米芯40%，麸子17%，石灰2%，石膏1%）进行配制，并按常规方法拌料，发酵，播种，发菌，覆土，进行出菇管理，出菇管理要点如下。

1. 菌丝爬土

覆土到出菇需要15～20天，微通风，温度22～25℃，空气湿度80%～85%，促使菌丝向土层上生长。

2. 出菇

从现蕾到长至成熟需要 5～7 天，根据子实体的不同阶段进行恰当管理。

（1）幼蕾期管理 幼蕾期是鸡腿菇出菇期对生活条件要求最严格的阶段，要求温度 18～22℃，湿度 85％～90％，适度通风、保持空气新鲜，光照 100～300lx。

（2）幼菇期管理 较之幼蕾期，该阶段可适当放宽条件：温度 15～20℃，湿度 85％～90％，光照 100～300lx，通风可适当加强，但不能有强风吹进棚内，否则容易引起菇体表面的鳞片明显增多，影响商品外观。

（3）成菇期管理 随着子实体的不断发育生长，对生长条件的要求也逐渐粗放，棚温在 15℃左右，空气湿度 85％～95％，光照 100～300lx，光过强易使子实体产生鳞片，并且菇体色泽加深。随着菇体的发育通风应加强，但同样不能有强风吹进棚内。

3. 转潮

每批菇采收后，把遗留在床面的老菇脚、死菇全部清除，同时及时把带走的土补上，使床面平整。采后停止喷水，2 天后再喷水保湿，养菌 7～10 天后进行出菇管理。

4. 采收

鸡腿菇露出土层后，环境条件适宜，一般 5～7 天，当菇体结实、菌盖有少许鳞片且紧包菌柄、菌环刚开始松动、约七分成熟时就要采收。

鸡腿菇出菇见图 3-123。

五、杏鲍菇菌糠种植草菇

当前工厂化栽培杏鲍菇培养料大部分采用玉米芯、棉籽壳、木屑、麸皮、豆粕、玉米面等原料，培养料营养配比非常丰富，出一潮菇后废料营养仍然丰富，弃之不用非常可惜。为了充分利用杏鲍菇废料，我们利用杏鲍菇废料栽培草菇取得了良好的效果，现将该技术要点介绍如下。

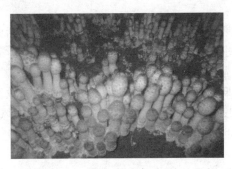

图 3-123　出菇

1. 栽培季节

草菇属高温恒温结实性食用菌，菌丝生长时培养料的温度以 30～36℃为宜，子实体形成与发育温度以 28～35℃为宜。在生产上，自然条件下，夏季生产，6～8 月室外气温稳定在 25℃以上时栽培。根据栽培时间，提前制种。

2. 准备废料

将出过一潮菇的杏鲍菇废菌袋（挑选无霉变、无杂菌污染、清理过菌袋表面残留的子实体或较厚的子实体组织的菌袋）脱袋后用碎料机将菌袋粉碎后摊开晾晒，晒干后储存备用。

3. 发酵

采用配方（工厂化杏鲍菇废料 80%、牛粪 13%、过磷酸钙 1%，石膏 1%、石灰 5%）进行配制，并按常规方法拌料，建成宽 1.5～2.0m、高 1.0～1.2m 的堆，长度依照场地情况安排。建堆后每隔 50cm 用直径 5cm 木棒自上而下扎一个到底的通气孔，以利于通气发酵。当垂直至培养料堆顶 30cm 处温度升至 60℃时，保持

24h 后进行第 1 次翻堆，使培养料上下、里外互换位置，利于发酵均匀。翻堆时要及时检查料内水分，如料内水分缺乏要及时补充 0.5%的石灰水。翻堆后重新建堆打通气孔，再次升温到 60℃时保持 24h，将料运到菇房（棚）内进行铺料，料的厚度为 20～25cm。上料后关闭门窗，菇房用蒸汽加热，当料温上升至 58～62℃，并保持 24h 后停止加热。当温度降到 45℃时打开菇房门和通气孔加强通风换气，当料表面温度降到 35℃时播种。发酵好的栽培料呈棕褐色，柔软有弹性，具菌香味，无氨味、异味，pH 值 8.0～9.0，料含水量 65%～70%。建堆见图 3-124，后发酵见图 3-125。

图 3-124　建堆

图 3-125　后发酵

4. 播种、覆土

播种前在菇房内进行多点气雾熏蒸消毒，将接种工具、播种人员戴的胶皮手套用 3%的高锰酸钾水进行清洗消毒，将培养好的优质适龄草菇栽培种从培养室取出移送到栽培场地，将菌种袋表面消毒后去掉袋口表面的老菌化种，取出菌种装入经消毒的盆内，把栽培种运到菇房预热到接近培养料的温度。播种时将菌种均匀地撒在培养料表面，每平方米使用草菇栽培种 0.75kg。封住整个料面，并用木板适度压实使菌种和培养料紧密接触，盖上薄膜，保温保湿。播种后 2～3 天进行覆土，覆土时将土均匀覆盖料床表面和周围，厚度约 2cm。土壤湿度以手捏土粒扁而不破、不粘手为宜。

5. 发菌管理

由于杏鲍菇菌渣富含麸皮等氮源丰富的物质，加之培养料质地较细，铺料播种后应密切注意培养料料温。播种后，保持设施内温度 30～35℃，培养料中心的温度超过 38℃ 时，需及时通风降温。发菌过程中保持培养料含水量 65%～70%，空气相对湿度 80%～85%。培养料菌丝生长不需要光线，要暗光培养。一般播种培养 9～10 天菌丝长满培养料即可现蕾出菇（图 3-126）。

图 3-126 发菌

6. 出菇管理

见黄豆大小菇蕾时采用雾化喷头进行料面和空间喷水，增加空间湿度到 85%～90%，料含水量 65%～70%。出菇期间室内温度 28～33℃，料温 33～35℃，50～100lx 散射光，保持棚内空气新鲜。温度过高时多通风，温度过低时少通风，通风注意与保湿相结合。草菇生长速度极快，一般播种后 13～15 天，当草菇颜色由深变浅，包膜未破裂、菌盖菌柄没有伸出时采收。采下的鲜菇及时用刀削去菇脚表面的泥土，即可出售或加工。每一潮菇采收完后要及时清理料面，在保持菇房温度基本稳定的前提下，喷水保湿，将pH 值调到偏碱性，促进菌丝恢复。一般 7 天后可采收第二潮菇，若以采收二潮菇为目标，一个生产周期约 30 天。出菇见图 3-127，采收的草菇见图 3-128。

图 3-127 出菇

图 3-128 采收

第四章

蛹虫草工厂化栽培

一、蛹虫草名称及分类地位

蛹虫草,《中国真菌总汇》的拉丁学名为 *Cordyceps militaris* (Le×Fr.) Link,又称蛹草。属名"*Cordyceps*"来源于希腊文 "kordyle"(棒)+新拉丁文"*ceps*"(头),意为"棒头";种加词 "*militaris*"来源于拉丁文,意为"士兵的",拉丁学名的原意为 "士兵的棒头"。英文名:Trooping cordyceps(士兵的棒头), Scarlet caterpillar fungus(猩红色投掷棒)。蛹虫草属子囊菌亚门、核菌纲、麦角菌目、麦角菌科、虫草属,又名北冬虫夏草、北虫草。到目前为止,全世界已报道的虫草属真菌约 400 种,而我国已报道的约有 100 种。

二、蛹虫草经济价值

虫草属中常见的种类有冬虫夏草、蛹虫草、蝉花、霍克斯虫草等,冬虫夏草和蛹虫草是虫草属中最重要的两个种,冬虫夏草最为珍贵,与人参、鹿茸并称为中药宝库中的 3 大补品。蛹虫草是一种具有食用和药用价值的大型真菌,研究表明,人工栽培的蛹虫草与野生的冬虫夏草相比,主要的营养及药用成分与冬虫夏草接近，有的成分甚至远高于冬虫夏草。它除了富含蛋白质、氨基酸、维生素及钙、铁、锰、锌、硒等元素外，还含有虫草酸、虫草素、虫草多糖和 SOD 等生物活性物质，具有滋肺补肾、镇静降血压等功效，广泛用于保健食品、保健膳食，食用和药用价值可与传统的冬虫夏草媲美。到目前为止，以蛹虫草为原料生产的各类药品、保健食品已逾 30 种。随着科学技术的进步和人工栽培规模的不断扩大，蛹虫草将为人类的健康事业做出更大的贡献。

三、蛹虫草栽培状况

国外在 19 世纪就开始了有关蛹虫草子实体的人工栽培研究。1867 年 De Bary 在实验室进行蛹虫草子实体人工培养实验，不过并未获得具有成熟子囊壳的子实体；日本人小林和久山 1932 年首次在灭菌的米饭培养基上获得蛹虫草的子实体，1936 年英国的 Shanor 用菌丝或分生孢子感染普罗米锡天蛾的活蛹，成功地获得了蛹虫草子座。我国是世界上第一个成功地大批量人工培养蛹虫草的国家，自 20 世纪 80 年代以来，国内众多科研机构、开发部门投入了大量的人力、物力，对蛹虫草的人工培养技术进行研究。1981 年，杨云鹏等采用在容器内加入稻米和适量的水，经过高压灭菌后接入蛹虫草菌种，经过一段时间培养后长出子实体。1986 年吉林省蚕业科学研究所用桑蚕、柞蚕蛹作为寄主培养蛹虫草，成功地获得了子实体。1986~1987 年沈阳市农科所等单位在米饭培养基和柞蚕蛹上接种蛹虫草菌，均获得完整的子实体。1988~1994 年，沈阳市农科所的李春艳、陈国卿，食用菌协会的李鸿湘，沈阳农业大学的姜明兰、俞孕珍等将蛹虫草的人工栽培进一步深化，形成一套先进的产业化栽培技术，以沈阳市为中心在辽宁省乃至全国推广。特别是以大米、小麦等原料作为培养基代替虫蛹培养基培育蛹虫草技术获得了成功，使蛹虫草栽培可以实现规模化生产，满足了国内外对蛹虫草日益增长的需求。1999 年沈阳师范大学特种菌业研究所王升厚、沈阳聚鑫北虫草菌业有限公司等单位多方联合开展了系列工作，成功地研制了珍硒虫草粉、蛹虫草酒等产品，提高了产品的附加值。沈阳农业大学孙军德、冯景刚、刘在民和范文丽，辽宁省农科院肖千明等深入开展了蛹虫草的研发工作，成功选育了蛹虫草菌种，完善了栽培技术。

四、蛹虫草的生物学特征

1. 蛹虫草形态特征

蛹虫草由菌丝体和子实体两种基本形态组成。

（1）菌丝体　菌丝体为一种子囊菌，其无性型为蛹草拟青霉。菌丝体洁白、粗壮浓密，呈匍匐状紧贴培养基生长，边缘整齐，无明显绒毛状白色气生菌丝，后期分泌黄色色素，菌丝见光后变为橘黄色。菌丝体的微观形态：有隔管状，无色透明，菌丝顶端可形成分生孢子梗，分生孢子球形或椭圆形，链状排列，分生孢子梗单生或轮生（图4-1、图4-2，彩图）。

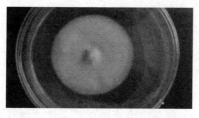

图 4-1　蛹虫草菌丝生长外观形态

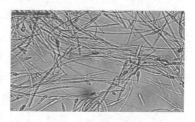

图 4-2　蛹虫草菌丝显微形态

（2）子实体　子实体是当蛹虫草的菌丝把蛹体内的各种组织和器官分解完毕后，或是将人工培养基内营养吸收后，菌丝体发育由营养生长开始转为生殖生长，最后扭结，从蛹体空壳的头部、胸部、近尾部等处伸出，或是从人工培养基料面上形成橘黄色或橘红色的顶部略膨大的呈棒状的子实体。子实体长而直立，有柄，多数为棍棒状，单生，少数丛生，明显分为柄部和上部可孕部，子实体上部可孕部分埋生或半埋生子囊壳。子囊壳的孔口突出于子实体表面，呈毛刺状；柄部没有子囊壳，光滑；子囊壳中有多个圆柱形子囊，每个子囊中有 3～8 个线状子囊孢子在子囊内并排排列，大多数为 8 个，成熟的线状子囊孢子在子囊中断裂成小段，形成次生子囊孢子。野生的子实体可孕部为橘黄至橘红色，柄的颜色浅，灰白色至浅黄色，寄生的蛹体长 0.8～3.0cm，粗 0.5～1.3cm，为深褐色或土褐色。用大米、小麦等培养料进行人工栽培时，基质为浅黄色或橘黄色，子实体单生或分枝状发生，通体橘黄色或橘红色，长 3～16cm，粗 0.2～0.6cm。子实体上部具有细毛刺，下部（柄）光滑，柄长 2～8cm，粗 0.15～0.5cm。子实体松脆，易折断，断面浅黄色至白色。野生蛹虫草见图 4-3（彩图），人工栽培蛹虫草见图 4-4（彩图）。

图 4-3　野生蛹虫草　　　　　图 4-4　人工栽培蛹虫草

2. 蛹虫草的寄主、生态分布和生活史

（1）蛹虫草的寄主　虫草为兼性寄生，寄主范围很窄，往往只限于一种或近缘的数种昆虫，而蛹虫草的寄主专化性不强，可以侵染鳞翅目、鞘翅目、同翅目以及双翅目等近 200 种昆虫的幼虫、成虫和蛹，以寄生于鳞翅目昆虫的蛹上最多。

（2）蛹虫草的生态分布　蛹虫草的寄主昆虫多，自然界的分布也十分广泛，是一种世界性的广布种。种群分布及密度主要受光照、温度、湿度、寄主种类、人类活动及气候因子等多方面的影响。国外主要分布在亚洲的日本、印度，欧洲的俄罗斯、英国、法国、德国，北美洲的美国、加拿大等地。在我国，野生蛹虫草主要分布在东北、华北、西北等地区，在辽宁、吉林、黑龙江、河北、云南、福建、广西、陕西、四川、广东、广西等地都有发现，以东北地区发现较多。野生蛹虫草大多生长在中低海拔地区和中温季节，在海拔 100～2500m 的地区均有发现。6～9 月从地面长出子实体，多发生在含水量 20％～25％、pH 为 6.5 的微酸性土壤、环境温度 15～25℃、空气湿度为 60％～85％，郁闭度 60％的针阔混交林地。

（3）蛹虫草的生活史　自然界中蛹虫草真菌存在两个阶段：产生子实体及子囊孢子的有性型阶段和只产生菌丝、菌核及分生孢子的无性型阶段。其菌体成熟后可形成子囊孢子（繁殖单位），孢子散发后随风传播，孢子落在适宜的虫体上，便开始萌发形成菌丝体。菌丝体一面不断地发育，一面开始向虫体内蔓延，于是蛹虫会被真菌感染，分解蛹体内的组织，以蛹体内的营养作为其生长发育的物质和能量来源，最后将蛹体内部分解形成橘黄色或橘红色的顶部略膨大的呈棒状的子实体。

3. 影响蛹虫草生长的营养因子

（1）碳源　碳源是蛹虫草合成碳水化合物和氨基酸的基础，也是重要的能量来源。人工栽培时，蛹虫草可利用的碳源有葡萄糖、蔗糖、淀粉等，以葡萄糖等小分子糖类的利用效果最好。

（2）氮源　氮源是蛹虫草合成蛋白质和核酸物质的必要元素。蛹虫草能利用的有机氮有酵母膏、牛肉膏、氨基酸、蛋白胨、豆饼粉、玉米粉、蚕蛹粉等，利用的无机氮主要有氯化铵、硝酸钠等，有机氮的利用效果最好。蛹虫草氮源不足，出草慢，产量低；氮源过量，气生菌丝过旺，难以发生子实体，即便有子实体分化，其产品数量和质量均有不同程度的下降。

（3）矿物质　蛹虫草的生长发育也需要磷、钾、硫、钙、镁及锗、硒等矿物质。常利用的矿物质由碳酸钙、硫酸镁、磷酸二氢钾、石膏等提供。

（4）维生素　蛹虫草生长常利用的生长因子有维生素、生长素等。因蛹虫草不能自身合成 B 族维生素，故常在蛹虫草栽培中添加维生素 B_1 和维生素 B_2。

在合理选用碳源和氮源的同时，还应调整好碳与氮的比例，以便获得最佳的生长速度，提高产品的产量和质量。合理碳氮（C/N）比是人工栽培蛹虫草的必需条件，否则，将导致菌丝生长缓慢，或者污染严重，或者气生菌丝过旺，难以发生子实体，即便有子实体分化，其产品数量和质量均有不同程度的下降。一般真菌菌丝生长的碳氮比为（25～30）∶1，而蛹虫草则需要更多的氮源，在营养生长阶段，碳氮比以（4～6）∶1 为好，而在生殖生长阶段以（10～15）∶1 为宜。

4. 影响蛹虫草生长的环境条件

（1）温度 温度是蛹虫草生长发育的重要条件，蛹虫草属中温型变温结实性菌类。菌丝生长温度为 5～30℃，最适生长温度为 18～23℃。原基分化温度在 15～25℃，栽培实践证明，一般 5～8℃的温差有利于刺激原基形成。子实体生长温度为 10～25℃，最适温度为 18～22℃。在蛹虫草栽培过程中，10℃以上的较低温度，对菌丝和子实体生长的影响仅表现在生产周期延长。25℃以上的较高温度，虽然生产周期缩短，但污染率上升，品质下降。

（2）湿度 蛹虫草正常生长要求：培养基的适宜含水量为 60%～65%，低于 50%，菌丝生长缓慢，菌丝纤细，易发黄断裂，甚至死亡。但如果含水量过高，培养料灭菌时形成糊状，菌丝也难以向料内生长，表现为表面菌丝浓密、洁白，瓶壁易产生色素，有性繁殖困难，且培养料易酸败。发菌期培养室的空气相对湿度要求保持在 60%～65%，过低过高均会影响菌丝生长。子实体形成与生长期空气相对湿度保持在 85%～90%，这样可以促进子实体生长迅速，菇丛密。在采收第二批子实体后，含水量下降到 45%～50%，应在转潮期补足水分，通常用营养液进行补水，可同时补充营养。

（3）光照 菌丝生长时不需要光，光照对菌丝生长有抑制作用，会使培养基颜色加深，易形成气生菌丝，并使菌丝提早形成菌被。子实体分化需一定均匀的散射光，光线过弱原基分化困难、出草少，光线不均匀子实体产生扭曲或倒向一边，长时间的连续光照又会阻碍子实体的形成。子实体生长阶段，每天应给予一定时间的

$200\sim500$lx 散射光照射，光线过弱，子实体呈淡黄色，产质量低；光线适度子实体色泽好、质量好、产量高。光线过强，容易造成子实体早熟。

（4）空气　蛹虫草也为好气性真菌，生长发育过程是一个吸氧排碳的代谢过程，尤其原基分化后需氧量更多，故而保持相对较清新的空气，以保证氧气的充足供应。在通风差且湿度较高的情况下，菌丝生长差，容易引起杂菌特别是霉菌的滋生；在子实体分化期，对新鲜空气的要求更为严格，如通风不良，则不易转色，子实体形成推迟，子实体容易分枝；在子实体生长期间要保持良好的通风，室内二氧化碳浓度含量过高，往往出现密度很大、子实体纤细的畸形子实体。

（5）酸碱度　蛹虫草为偏酸性真菌，其菌丝在 pH 值 $5.0\sim$ 8.0 范围内均能生长，以 pH 值 $5.5\sim6.5$ 最适宜，子实体生长阶段最适宜 pH 值为 6.0。在灭菌和培养过程中 pH 值要下降，所以在配制培养基时，应调高 1 个 pH 值，经高压灭菌后，pH 值自然下降，加之后期菌丝自然产酸的调节，即可使基质 pH 值降至 6 左右。为使菌丝体生长在稳定的 pH 值范围内，在配制培养基时可加 $0.1\%\sim0.2\%$ 的磷酸二氢钾来缓冲。

第二节 ▶▶ 栽培季节、工艺流程、生产设备、场所、原料及方式

一、栽培季节、工艺流程

1. 栽培季节

根据蛹虫草对温度的需求，自然条件下，北方地区一般每年春季 $3\sim4$ 月栽培，$4\sim5$ 月出草，秋季 $8\sim9$ 月栽培，$9\sim10$ 月出草。如果有完备的设施化条件一年四季均可进行生产，每个生产周期为 $50\sim60$ 天，一年可进行 4 次生产，不受季节限制。

2. 工艺流程

备料备种—棚室准备—配料、装料、灭菌—冷却、接种—发菌管理—转色管理—出草管理—采收—加工（图 4-5）。

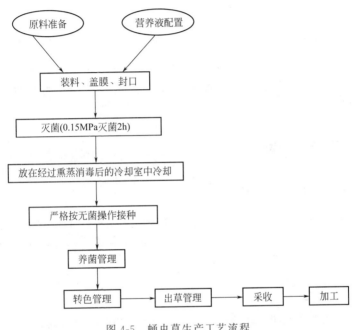

图 4-5 蛹虫草生产工艺流程

二、栽培场所和原料

1. 栽培场所

应选择地势平坦、环境清洁、水电方便、通风和光照良好、水源充足、水质洁净、远离畜禽舍、无污染、环境清洁卫生的地方。

为充分利用空间，在生育室要搭设层架，以摆放更多栽培容器。层架材料一般选用塑料或角钢，层架间距和层距要合理。每间生育室一般 $60m^2$，内置立体金属层架，层架间距 $70cm$，作为人行横道。如果瓶栽，层架一般 5 层，底层距地面 30cm，每层间距 50cm，层架宽 30cm，能卧式摆放 2 排大罐头瓶。如果盆栽，层架一般 5 层，底层距地面 30cm，每层间距 40～50cm，层架宽 60cm，能卧式摆放两排栽培盆。每层安装 LED 灯用于光照，或每隔 2m 安装 1 盏 25W 的日光灯作为光源。

2. 栽培原料

目前主要用无公害小麦、大米作为原料，并要求干燥、新鲜、无虫蛀。原料营养丰富，能够满足蛹虫草的整个生育周期营养要求。

三、生产设备

1. 制冷、加热设备

选用 15cm 厚的聚氨酯夹芯板作为隔热板材。生育室温度范围 10～25℃±1℃，带电加热装置。机组冷却方式为风冷，制冷量最好≥12kW，风机安装为吊顶式。

2. 加湿设备

一般用加湿机，加湿量 3L/h，功率 300W，全自动湿度控制，电源 220V/50Hz，出雾口直径 100mm 以上，雾粒直径小于 1～3μm。

3. 净化和通风设备

为考虑空间内的洁净度，室内机组为带初效、中效过滤装置的空调箱，空调箱全压为 400Pa，余压为 250Pa，内循环风量为 3000m³/h，风机箱电机功率为 0.5kW。中效过滤器作用：捕集 1～5μm 尘埃粒子，效率 60%～95%（比色法）。

4. 水净化设备

全程自动化控制，进水压力 0.25～0.45MPa，进水硬度≤

6.5mmol/L（若原水硬度超过此指标，需要重新设计），出水硬度
≤0.03mmol/L，原水水温 2～50℃；日产水量 0.5t/天。

5. 灭菌设备

常压灭菌锅或高压灭菌锅。常压灭菌锅可自行建选，其构筑材
料必须符合相应的安全卫生要求。高压灭菌设备必须从具有"压力
容器生产许可证"单位购买。

四、栽培方式

随着人工栽培蛹虫草技术的不断进步，蛹虫草栽培方式多样，
根据栽培原料、子实体性状、放置方式、栽培容器的不同可以分为
以下几类。

1. 按照主要生产原材料划分

以小麦为主要原材料生产的蛹虫草称为麦草、以大米为主要原
材料生产的蛹虫草称为米草，通过蛹虫草菌种侵染蛹体（桑蚕蛹或
柞蚕蛹）生产的蛹虫草称为蛹草。目前，麦草生产主要集中在北
方地区，米草生产主要集中在南方地区。蛹草生产由于原材料有
限、生产成本较高、蛹体消毒不能彻底、栽培期间容易造成污
染、生产管理难度大，不适宜规模化生产，没有主要集中生产
地区。

2. 按照蛹虫草子实体性状划分

人工栽培的蛹虫草子实体无论是麦草、米草、蛹草，都具有相
同的生物学特性、特征，依据子实体形态结构、子囊座的长短、膨
大程度、产孢子数量，其商品品种可分为普通草（俗称尖草）、子
囊座矮小膨大型（俗称圆头草）、孢子头草三种类型。

3. 按照放置方式分类

分为床架立体平位栽培和床架立体卧位栽培。

4. 按照不同的栽培容器分类

分为瓶式栽培、塑料袋栽培和盆栽栽培，三种栽培方式特点如下。

（1）瓶式栽培特点

① 瓶式栽培优点。不易被污染，发菌、转色较快，原基比较均匀，子实体成熟期最短，出草整齐，子实体较长，粗细较均匀，生物转化率较高，子实体色泽较好、形态好，较整齐，并且透光性好，容易观察。

② 瓶式栽培缺点。罐头瓶床架立体栽培蛹虫草每平方米约放500 个瓶子，每平方米投料约 12kg。占用空间大，劳动强度大、费工，洗瓶、装瓶、接种、采收等劳动强度大，易破损。瓶栽卧式栽培见图 4-6（彩图），瓶栽立式栽培见图 4-7（彩图）。

图 4-6 瓶栽（卧式）　　图 4-7 瓶栽（立式）

（2）塑料袋栽培特点

① 塑料袋栽培（图 4-8，彩图）优点。塑料袋床架立体栽培蛹虫草，每平方米约放 200 个，每平方米投料约 50kg。100m² 相当于瓶式种植 400m²，极大地降低了生产成本，不用堆瓶场地，节省空间；采收方便，不用洗瓶，省时省力；保湿保温情况较好。

② 塑料袋栽培缺点。用作栽培蛹虫草容器，菌丝发菌、转色较慢，原基密度较大，子实体色泽较浅，生长参差不齐，子实体较短，粗细不均匀，生物转化率较低，子实体成熟期最长，在灭菌时菌袋易破损，并且透光性较差，此技术还属于小规模的使用。

图 4-8 袋栽

（3）盆栽法特点 盆栽法（图 4-9，彩图）是近年发展的栽培方式，目前的技术趋近完备，已经越来越多地被广大种植户所接受。塑料盆式立体种植每平方米约放 50 个塑料盆，每平方米投料 25kg，对于接种、采收、观察来说十分方便，适宜集约化立体栽培。

图 4-9 盆栽立体栽培

① 盆栽法优点

a. 接种迅速安全，便于操作，大幅度提高了劳动效率。盒内装料量大，每个盒的装料量相当于 10～15 个栽培瓶的装料量，并且便于堆放，方便灭菌。

b. 透气性好，发菌迅速。盒设有无菌通气口，一方面解决了在发菌期间通气易带来污染的问题，另一方面增加通气量，缩短了栽培周期。

c. 易于管理。盒栽培蛹虫草口大而浅，能充分地采光及换气，又便于施加营养液，利于采收，比用瓶栽法提高了劳动效率近 10倍，彻底解决了采草慢、费工费时的难题。

d. 投资少，成本低（每盆成本约 3 元），生物转化率高达
90％，品质好。

② 盆栽法缺点

a. 盆栽法由于透气空间大，相对于瓶栽法更容易被感染。

b. 相对于瓶栽法来说，塑料盆底为半透明，使得蛹虫草种植
时，底部的培养基和菌丝根部受到的光照比顶部少；玻璃瓶完全透
明，整体受到光照程度完全一致。

蛹虫草生物转化率受多种因素影响，如优质的菌种、适宜的培
养基、所使用的栽培容器和科学的管理。栽培蛹虫草者可根据实际
情况结合三种容器的特点，选择不同容器，并针对其特点加强管
理，以获得高产优质的虫草。

第三节 ▶▶ 蛹虫草菌种选择和制作

通常情况下，应选择符合国家（食用菌菌种管理办法）规定的
优良品种，具备品种纯正、菌丝生长健壮、浓密有力、菌龄短、无
杂菌、色泽正、转色快、出草快、出草整齐的特征。要严格按照食
用菌菌种生产技术规程的要求生产栽培用的菌种。

一、蛹虫草菌种选择

获取适应性强、出草率高的种源，是蛹虫草栽培成功的关键条
件之一。同样栽培蛹虫草，有些菇农得到了丰厚的经济效益，但也
有相当一部分收效甚微，有的棵草未收，甚至发好菌连转色也没
有。如此大的反差，关键是在菌种。一般选用周期短，易发生子实
体，产量高，药用与营养价值高的菌株。蛹虫草菌种退化很快，选
择菌种时要十分慎重，一般从权威研究机构购买，避免造成巨大损
失。注意不要用传代次数多和保藏时间长的母种，初学者最好选购
固体原种，有栽培经验者可购买斜面试管种或液体菌种。

从蛹虫草的子实体外形进行分类，大多分为孢子头、圆头、尖

头三种。其中孢子头和圆头草栽培较多，且较尖头草稳定、高产、抗逆性强，圆头草、孢子头草商品性（形状、色泽）更深得消费者喜爱。尖头草见图 4-10（彩图），圆头草见图 4-11（彩图），孢子头草见图 4-12（彩图）。

图 4-10　尖头草　　　　图 4-11　圆头草　　　　图 4-12　孢子头草

二、蛹虫草菌种退化原因和防控方法

近年来蛹虫草人工栽培技术取得了突飞猛进的兰展，但生产中蛹虫草的菌种退化问题给生产带来的损失是非常巨大的，很多菌种第一代表现很好，第二、第三代则表现出草不整齐等退化特征，根据多年的生产实践，下面介绍一下退化的主要原因和防控方法。

1. 退化原因

（1）复杂的生活史　蛹虫草具有复型生活史，即孢子微循环（分生孢子→菌丝体→分生孢子），有部分菌丝也可以产生分生孢子，这些分生孢子不出草的概率约为 75%，决定了相当一部分只长菌丝而不出草。

（2）不同的繁殖方法对遗传性状影响不同　一般情况下孢子分离法尤其适合筛选更优菌种，组织分离法更适合于遗传和保持母本性状。组织分离中子实体不同部位的组织分离得到的后代菌种也有遗传差异，子实体顶端分离的菌种易于萌发，子实体底部分离得到的菌种菌丝生长速度慢，不易满管。

（3）无性繁殖的转管次数和菌种的遗传性状有密切的相关性

在生产中为了节约生产成本通常采用转管传代的方法生产蛹虫草菌种，实践证明蛹虫草菌种通过有性繁殖后，转管传代超过 3 次以上，菌种的出草性能会有明显的下降，生产中我们要将菌种的繁殖代数加以注明，避免生产上出现不必要的损失。

2. 菌种退化的防控方法

（1）蛹虫草菌种易退化的特性在母代中可找到退变速度较慢的菌种　研究发现，在同一根菌丝上可同时观察到孢子链呈叠瓦状的拟青霉型和聚集成头状、轮枝孢型的产孢结构，这种同时具有两种产孢型结构的菌种其子实体形成能力可保持很多代，性状不再变异，遗传性相对稳定，但只有一种产孢型结构的菌株一般难以形成子实体。在培养基上观察到两种产孢型结构，但两型结构不着生在同一菌丝上，这种产孢结构的配对菌株，虽然当代能产生子实体，但由于变异的原因，其子实体形成能力难以保持多代。通过观察无性型产孢结构来筛选遗传性稳定、不易退化的菌种进行生产，避免盲目生产造成损失。

（2）用适当的菌种繁殖方法可有效阻滞蛹虫草菌种的退变速度　选用新鲜的子实体用孢子分离的有性繁殖方式得到后代菌种，再采用液体菌种扩大的无性繁殖法进行接种扩繁，可大大提高蛹虫草的生产效率。采用液体菌种的生产方法菌种生产性状稳定，发菌速度快，气生菌丝少，吃料快，出草率高。采用固体菌种的生产方法所需人工多，发菌速度慢，气生菌丝生长旺盛，吃料慢，出草率低。

（3）改变蛹虫草菌种的保藏方法可减缓菌种退化　蛹虫草菌种的保藏和其他真菌的菌种保藏方法有较大的区别，采用传统的菌种保藏方法来保藏蛹虫草菌种是菌种退化产生的重要原因。实验证明生产用菌种保藏时间要求在 30 天内，长于 60 天菌种退化特性表现非常显著。

三、蛹虫草菌种的制作

菌种制作过程，一般从商品蛹虫草子实体中进行孢子、组织分离、筛选，选育出优良、纯净、健壮、适龄的母种，经过出草培育试验，确定生产菌种，经过固体或液体菌种的扩繁方式，最终形成生产用栽培菌种。工艺流程如下：蛹虫草选择和采集→组织（孢子）分离→提纯培养→出草试验→母种保藏→优良一级菌种→复壮培养、菌种扩繁→二级菌种→发酵培养基筛选、确定→发酵罐生产液体菌种→接种、培养栽培菌种。

（一）菌种分离

菌种分离是在无菌的条件下将所需要的食用菌与其他微生物分开，在适宜的条件下培养获得纯培养的过程。分离纯化得到的纯培养即是母种，母种的质量是菌种生产的基础，也是食用菌生产的关键。蛹虫草菌种分离常采用组织分离法和孢子分离法。

1. 组织分离（以圆头草为例）

选取成熟具优良长势的蛹虫草子实体，在无菌环境中用接种针将组织块接入试管中的斜面培养基上，获得纯培养菌种的方法。

（1）培养基制作　培养基一般采用培养皿或试管进行培养。配方为马铃薯 200g，葡萄糖 20g，琼脂 18~20g，磷酸二氢钾 3g，硫酸镁 1.5g，水 1000ml。按常规方法将培养基装到试管中高压蒸汽灭菌，一般 115℃灭菌 30min，待灭菌后冷却后备用。图 4-13（彩图）为培养皿培养基，图 4-14（彩图）为试管培养基。

图 4-13　培养皿培养基　　　　图 4-14　试管培养基

（2）选取子实体　取新鲜、颜色鲜艳、形态健壮、颜色橙黄或橘红色、八九分成熟蛹虫草子实体见图 4-15（彩图）。

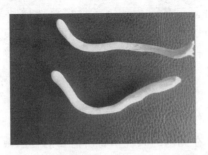

图 4-15　八九分成熟蛹虫草子实体（圆头草）

（3）子实体消毒　用无菌镊子将草取出，置于灭过菌的培养皿中。用无菌镊子夹住草根部，用 75% 的酒精进行表面消毒，再用无菌水反复冲洗 2～3 次，然后用无菌吸水纸吸干，置于无菌培养皿内备用（图 4-16）。

图 4-16　将子实体置于无菌培养皿内

（4）组织分离、培养　一般用无菌刀截取组织块上部 1.5cm 以内的部位，将子实体切成长度 2mm 的小段，用无菌镊子或接种针取组织块接于适合的试管或培养皿培养基上。切取组织的大小要适宜，切取组织过大，会增加污染机会；切取组织过小，内部细胞易被消毒剂杀死，还可能延长菌丝萌发的时间（图 4-17～图 4-21）。

把已接种的培养基置于 22℃ 的恒温培养箱中暗光培养。大约经 48h 以后，在组织块周围长出放射状的新菌丝。待菌落长到

2cm，选取菌丝洁白、细密、光滑沿培养基平行生长的菌落，挑取菌落尖端的菌丝于试管PDA斜面上，对菌种进行纯化培养，选择生长速度快、转色快的菌株为 F_1 代母种，即为第一代母种（图4-22～图4-25，彩图）。

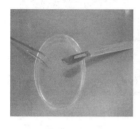
图4-17 分离工具

图4-18 切子实体

图4-19 切成小段

图4-20 组织块放在培养皿培养基上

图4-21 组织块放在试管培养基上

图4-22 培养皿中组织分离萌发

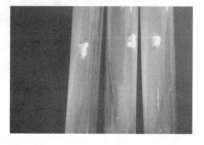
图4-23 试管中组织分离萌发

2. 孢子分离（以孢子头草为例）

孢子分离法是在无菌条件下，使孢子在适宜的培养基上萌发成菌丝体而获得纯培养的方法。采集孢子有多种方法，如子实体弹射法、钩悬法、黏附法等，此处介绍钩悬法。

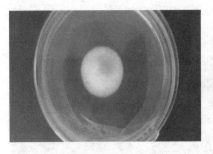 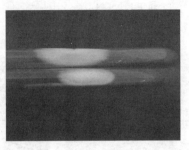

图 4-24　培养皿中菌落长到 2cm　　　图 4-25　试管中菌落长到 2cm

（1）选择子实体　蛹虫草子实体应为八九分成熟（图 4-26，彩图），当虫草表面长满子囊果时，子囊果的颜色由近似草的颜色到逐渐加深重于草的颜色，这时可以进行孢子分离。采摘过早，孢子发育不健全，质量差；过迟采摘，质量也差，且易受杂菌污染。

图 4-26　选取成熟适度的子实体（孢子头草）

（2）采集孢子（钩悬法）　将按照组织分离方法洗涤得到的子实体，用小刀切取尖端，悬挂在三角瓶棉塞下端的消过毒的牙签上（图 4-27，彩图）。通过悬挂虫草子实体，使顶端朝下。塞上棉塞，在 22℃下培养，12～24h 后子囊孢子落下，形成孢子印。单个孢子通常是无色透明的，许多孢子堆积到一块儿会出现颜色。

图 4-27 采集孢子

（3）孢子分离 孢子分离时通常用稀释法，即在无菌操作条件下，将少量孢子移入盛无菌水的三角瓶内稀释成孢子悬浮液，其浓度以 1 滴水中含 5～10 个孢子为宜（需要用显微镜观察）。如浓度大于此数，则用无菌水再稀释 1 次，直到符合要求为止。然后用无菌注射器吸取孢子液滴于培养皿培养基（用 PDA 培养基灭菌后倒在培养皿上冷却而成）上，用刮铲把孢子液涂平，进行培养。

（4）培养 25℃恒温培养 2 天以后，培养基上开始出现星形菌落。以后每隔 2 天观察 1 次菌落的生长速度、浓与疏等形态特征。一般 3 天培养基已有少量菌丝生成，5 天后培养基上形成大量菌丝。

（5）母种纯化 选取最优菌落的先端菌丝，用接种刀切取尖端接入新的试管斜面 PDA 培养基上，进行纯化培养，选择生长速度快、转色快的菌株作为 F_1 代母种，即为第一代母种。纯化可以保证该菌种的纯度，并且可以起到脱病毒的作用，使菌种保持原有品种的遗传物质。

（二）出草试验

新分离的菌种质量好坏，要经过出草试验进行鉴别。首先用分离的母种制作原种或液体菌种，再经过出草栽培过程检验。当表现出菌丝生长快而健壮、出草整齐、粗壮、抗逆性强、产量高等优良性状时，方可投入生产。

（三）母种扩大繁殖及保藏

1. 母种扩大繁殖

选取无污染菌丝优良的试管菌种，用接种钩划取带培养基的小块菌种接到斜面培养基中，放置于生化培养箱中，22℃、避光培养7～10天。待菌丝长满试管斜面或培养基平面，打开光源，见光培养2～3天，选取转色好、无污染的作为栽培母种，用于制备液体菌种。一般1支斜面种第一次扩接20支，第2次用这20支再扩大，每支扩接20支，共得斜面种400支。在培养过程中要及时挑出污染母种试管，因为下一环节要进行原种或液体摇瓶培养，微小的污染会导致全军覆没。

2. 优质母种质量标准

菌丝洁白、粗壮浓密，呈匍匐状紧贴培养基生长，边缘整齐，无明显绒毛状白色气生菌丝，后期分泌黄色色素，菌丝见光后变为橘黄色。如菌丝收缩脱壁，气生菌丝过多，为劣质菌种。一般来说转色越快，颜色越深的菌种，出草越早，产量越高，反之则不出草或产量低（图 4-28～图 4-30，彩图）。

 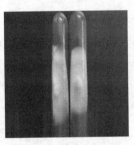 

图 4-28　劣质菌种　　图 4-29　未转色的优质母种　　图 4-30　转色的
优质母种

3. 母种的保藏

一般用试管菌种放在 4℃ 的冰箱中保藏，保藏时间在 30 天内，

1个月后转管1次。保藏时间过长菌丝生长速度变慢和菌落形态易
发生改变,菌落的角变率明显提高。

(四)蛹虫草原种(二级种)的生产

蛹虫草生产中,除了一级菌种(试管种)外,不宜用固体菌
种。因为,在固体菌种生产过程中,往往菌丝体一边生长,一边形
成子实体,同时产生大量分生孢子,用其作为菌种栽培蛹虫草产量
较低。目前,除个别小型栽培户由于条件限制使用固体菌种,大部
分使用液体菌种。液体菌种有成本低、时间短、萌发快、生长快、
纯度高、接种均匀、生长点一致、自动化程度高、污染率低、效益
好等特点,一般采用液体菌种作为原种接种栽培料。

1. 培养基配方

(1)马铃薯培养基 马铃薯20%,葡萄糖2%,蛋白胨5%,
磷酸二氢钾0.2%,硫酸镁0.15%,pH值6.5。

(2)玉米淀粉培养基 玉米淀粉20%,葡萄糖2%,蛋白胨
5%,磷酸二氢钾0.2%,硫酸镁0.15%,pH值6.5。

2. 制作培养基,装瓶,灭菌

具体做法:将可溶性玉米淀粉徐徐加入1000ml水中,煮沸后
加入化学药品,最后用5%的盐酸或5%的氢氧化钠溶液调pH值
至6.5~7.0。将培养液分装入500ml锥形瓶内,每瓶150ml,每
瓶加10个玻璃珠,然后用12层纱布外加一层牛皮纸封口,一般
115℃灭菌30min。

3. 摇瓶接种,培养

冷却后在无菌条件下接入斜面菌种一小块,每支斜面可接5个
摇瓶。接种后在20~22℃环境下避光静置2天,确保无杂菌后放
在摇床上,控温22℃,旋转式摇床转速为160r/min。一般培养5
天可以看到直径约1mm的菌丝球均匀地布满透明的橙黄色营养液

中，此时停止培养。由于液体菌种易老化，因此长好后立刻使用。由于液体菌种不能放置时间太长，因此生产中一定要按生产日期分期、分批合理安排。若出现颗粒少、且沉入底部、均匀度不一致，液体黏稠度低，出现恶臭或刺鼻气味都是污染了杂菌的结果，坚决不能用。如果用上去，长出的不是蛹虫草，而是杂菌。为了进一步鉴定其是否为优质菌种，应选择性地挑几瓶于散光下放置，3～7 天气生菌丝转为金黄色。摇床培养液体菌种见图 4-31。

图 4-31　摇床培养液体菌种

4. 保藏

在 4℃条件下保藏。

5. 质量要求

取样，目测培养液澄清、菌球密集，无杂质，色泽棕黄，气味香甜，菌丝球似小米粥，无自溶、脱壁现象，显微镜镜检无杂菌菌丝为合格菌种。培养好的摇瓶液体种见图 4-32（彩图）。

（五）栽培种（液体菌种）生产

作为栽培种的液体菌种，多用发酵罐（图 4-33）生产。

1. 工艺流程及配方

（1）工艺流程　发酵罐清洗和检查→空消（对发酵罐体灭

菌)→液体培养基配制→装罐→实消（培养基灭菌）→接种→发酵培养→取样检测→发酵终点确定→接种。

（2）培养基配方 同原种配方。

图 4-32 培养好的摇瓶液体种

图 4-33 发酵罐液体种

2. 具体步骤

（1）装罐、灭菌 按培养基配方将培养料装入发酵罐中，70L发酵罐装料 50L 培养液，在 121℃条件下热力灭菌 1h。

（2）接种 培养料冷却到 25℃以下，严格按照无菌操作要求进行发酵罐接种，每个发酵罐接 1000～1500ml 原种。

（3）培养 温度 22℃，培养初始 pH 值为 6.5，培养时间 84～96h，灌压 0.02～0.04MPa，通气量 1：0.8。

（4）质量要求 从发酵罐出料口取样，目测培养液澄清、菌球密集，无杂质，色泽棕黄，气味香甜，菌丝球似小米粥，无自溶、脱壁现象，显微镜镜检无杂菌菌丝为合格菌种。

（5）储存 16℃条件下，可安全存放 24h。

（六）栽培种盆（瓶或袋）的生产

1. 栽培原料、配方及生产流程

（1）栽培原料、配方　栽培主料一般是选取无霉变、新鲜、质量优的小麦、大米等，现在主要采用小麦为主要原料的配方，小麦∶营养液为 1∶（1.5～1.6）（质量比），其中营养液成分为磷酸二氢钾 2kg、硫酸镁 0.5kg、维生素 B_1 10mg，加水 1000ml，pH值 6.5。通常每盒装干小麦 450kg，在栽培孢子头品种时可以每盆用干小麦 400kg，豆粕 50kg。

（2）生产流程　选料—装料—灭菌—冷却—接种。

2. 具体步骤

（1）装料　培养料的配制按照营养配方比例，将主料、营养液进行配料。一般在方形或圆形的塑料盒栽培蛹虫草，塑料盒深约12cm，宽度或直径可根据需要进行定制。例如用长 38cm、宽28cm、高 12cm 的盆可装小麦 450kg，加营养液 650kg（批量生产前少量蒸几盆培养基，根据原料情况确定加水量）。分装一般用定制的原料定量盛装容器和定量装水（或营养液）的容器，要求误差尽量小，用特制容器分装迅速，效率高。装好料后用一层聚丙烯薄膜（长 46cm、宽 36cm，厚度 0.04～0.05mm）封口（为了增加后期透光效果，一般不用低压聚乙烯膜封口，因为它的透光性较差），用橡皮筋扎紧。500ml 瓶子装料 30kg、营养液 45～50ml，用聚丙烯薄膜（长 14cm、宽 14cm、厚度 0.005cm）封口。17cm×33cm×0.005cm 袋装料 60kg、营养液 90～100ml，用橡皮筋扎紧（或套上双套坏）。

夏季生产，停置时间不宜超过 1～2h，防止培养料酸败，造成营养损失。

① 装盆见图 4-34，盆放在手推车上见图 4-35。

② 装瓶见图 4-36～图 4-38。

图 4-34 装盆

图 4-35 盆放在手推车上

图 4-36 装麦

图 4-37 加营养液

图 4-38 封口

（2）灭菌 培养料配制分装后，把培养盆（瓶）放在架子上，灭菌锅内加适量的水，即可装架灭菌。灭菌时栽培容器必须放平放正，以利于保持培养基平整和今后整齐出草。灭菌是蛹虫草栽培中的重要环节，批量生产中，是导致成品率低，甚至失败的主要原因之一。高压灭菌时当压力上升至 0.05MPa 时，开启放气阀放气，指针回至零后关上，当指针继续上升到 0.15MPa 时，调节放气阀维持该压力 2h，停止加热。常压灭菌后，关闭开关，待锅内压力降到 0，温度降到 50～70℃时，即可打开锅门，取出灭菌容器。

培养料灭菌时应注意以下几点。

① 无论采用哪一种类型的常压灭菌锅，都要求锅的密封要好，否则灭菌不彻底。

② 在保温灭菌前必须放尽冷气，使消毒锅内温度均匀一致，不留死角。

③ 加热灭菌时，要求一直保持上大气，不能间歇。另外，常压灭菌需要时间较长，要随时补水，防止烧干锅。补水时一定要补

给热水，以防温度下降。

④ 灭菌锅内培养盆的数量和密度按规定放置，如放置数量过大、密度过高，灭菌时间要相对延长。

⑤ 控制升温与排气速度。采用高压蒸汽灭菌时，开始排放冷气宜慢不宜快，灭菌结束后，让其自动降温降压，不可操之过急，以免封口的塑料薄膜脱落。

⑥ 不可抢温出锅。如果温度还在80℃以上时打开锅盖，由于灭菌锅内外温差太大（尤其是冬季），封口的橡皮筋容易脱落。

灭菌后培养料的质量判断：灭菌后的培养料疏松度状态，将会影响到日后的蛹虫草生长。灭菌后培养料的标准是小麦松软而不烂，小麦表皮呈现麻纹状，既疏松透气而又不太干。如果，培养料太湿，含水量过大，培养料通气性太差，菌丝只生长在培养料的表面，影响产量；反之，培养料太干，培养料释放营养物质有限，菌丝纤细生长缓慢无力，难以转色出草，造成栽培失败。灭菌见图4-39～图4-42。

图4-39 盆摆在轨道车上

图4-40 盆入锅

图4-41 瓶入锅

图4-42 灭菌

（3）冷却 灭菌后培养料的冷却是培养料接菌前的重要工作，

将灭菌后的栽培容器移到已经紫外线、气雾消毒剂（二氯异氰尿酸钠 $4kg/m^3$）消毒处理的冷却室，栽培容器连同周转筐在冷却室内整齐摆放，并且预留通道，栽培容器冷却至 20℃ 时，方可接种。由于在冷却的过程中存在冷热空气的交换，这样栽培盆（瓶、袋）就可能在冷却室中造成冷空气回流带来的污染。因此冷却室必须进行清洁消毒，最好有降温措施，最短的时间内将培养料降至 20℃，降低污染的风险。出锅见图 4-43，冷却见图 4-44。

图 4-43 出锅

图 4-44 冷却

（4）接种 接种工作是蛹虫草生产中决定成品率高低的关键因素之一，生产者对此十分重视。小规模生产采用连续注射器，大规模生产采用专用接种枪。以下是接种枪接种的具体方法，供参考。

① 接种室消毒。接种室要进行两次消毒。接种前用气雾消毒剂（二氯异氰尿酸钠 $4g/m^3$）点燃熏蒸消毒，同时打开紫外线灯照射。使用时需再次进行消毒，首先将已灭菌并冷却的培养基、接种工具、酒精灯、支架、酒精棉球、打火机等放入接种室内，开启紫外线灯照射消毒 30min，每立方米空间用气雾消毒剂 4kg，点燃后闷 30min。接种前将接种管、接种枪等置于高压锅中在 121℃ 灭菌 60min，然后放入接种室备用（图 4-45）。

② 液体菌种处理。振荡培养的液体菌种，可直接用来接种。但对于菌球浓度较大，栽培生产用种量又多的情况，就需要对液体菌种进行稀释。在无菌室的超净工作台上，点燃酒精灯，将菌种瓶的瓶颈放在火焰上方进行转动烘烤几圈，在火焰上去掉棉塞，瓶口不能离开火焰，同时将瓶的封口膜去掉，在火焰上方将液体菌种倒入无菌水进行稀释，通常摇瓶培养的菌种可稀释 5 倍，吹氧发酵培

养的可稀释 10 倍。稀释液浓度大则发菌快，但出草芽密，商品草成品率低；稀释液浓度低，则发菌慢，增加污染杂菌概率。因此要根据生产实际，选择适当的稀释浓度，在保证成草率的同时，又可降低成本。液体菌种处理见图 4-46～图 4-49。

图 4-45　接种室

图 4-46　无菌水瓶口消毒

图 4-47　液体菌种瓶口消毒

图 4-48　液体菌种稀释

图 4-49　盖好稀释好的液体菌种

③ 接种具体方法。接种前接种人员穿戴消毒过的衣服，戴上口罩进入接种室，迅速关好门，防止门外空气杂菌孢子进入，增加

染菌机会。接种抢先吸射 75％的酒精 2～3min（为了节约酒精，可将吸射的酒精射到接定容器内）（图 4-50）后，吸射无菌水除去酒精，把接种枪吸液针（一般为 16# 针头）插入稀释好的菌种瓶胶塞，要尽量减少接种操作时间。正式接种前，先放出 200ml 液体菌种冲净管内残留的酒精，然后再接种。接种时，三人一组，一人接种，一人揭开薄膜、封口，一人搬运。接种工具、操作人员双手等用 75％酒精擦拭消毒，操作时减少人员走动，每次操作时间不宜过长，以免接种区内气体交换导致杂菌基数增多。在接种环节上真正的无菌区是在酒精灯火焰区上方 3～5cm 处，所以盆（瓶）口尽可能接近无菌区尽可能按操作规程去操作。每个栽培盒接入液体菌种 10～20ml（根据栽培盒的大小确定不同的接种量），每个栽培瓶接入 5ml 液体菌种，液体菌种最好均匀喷散在培养基表面，接种后封好口后，转入发菌室进行菌丝的培养。接种过程中为防止外界带杂菌的空气侵入，应做到小心轻放，一般三人 2h 可接种 1000 盆。接种后，先静置 48h，以便液体菌种在培养料内定植。

袋栽的接种方法基本同瓶栽，用液体菌种接种时，取下双套环的盖，以和瓶栽相同的菌种量接入菌袋内，然后再盖上盖。用固体菌种接种的方法与其他菌类基本相似，这里不再叙述。需要强调的是虽然蛹虫草的感染力很强，菌丝在培养基内生长很快，但固体菌种在培养基的表面向四周培养基延伸却很慢。因此，固体菌种接种时要让菌种块在培养基的表面滚动，以增加菌丝与培养基的接触

图 4-50 吸射 75％的酒精消毒接菌枪

图 4-51 接种

面，这样很快就在培养基表面形成无数的小星状菌落，4～5天后这些星状菌落便连成片状，不但起到封面作用，还可均匀生长。接种见图 4-51。

第四节 ▶▶ 蛹虫草的养菌和转色

一、发菌期管理

当菌丝萌发后，便进入菌丝培养的日常管理阶段。蛹虫草培养室要求清洁、干燥、通风、温度恒定、避光，使用前将培养室清理干净，并提前 1 天用气雾熏蒸盒（4g/m³）熏蒸消毒。此阶段一般 2～3 天菌丝封面，10～15 天长满菌丝，尽量避光、少搬动，待菌盒表面菌丝茁壮致密，菌丝吃透整个栽培料，标志菌丝达到成熟。前期可层叠式培养，如上架培养应直立培养 2～3 天菌丝萌发定植后再上架，避免菌液及培养基倒向一侧，导致出草不齐。此时，应控制好培养环境的温度、湿度、空气、光照，观察菌丝的生长状态，调整菌丝生长的环境。

（一）养菌过程的技术要点

养菌前期见图 4-52（彩图），养菌后期见图 4-53（彩图）。

图 4-52　养菌前期

图 4-53　养菌后期

（1）温度　蛹虫草属于中温型菌类，适宜生长温度为18～23℃，实际生产过程中，为了防止杂菌污染，建议采用低温发菌培养方式进行管理。菌丝体培养初期，以18～20℃为宜；菌丝体培养后期即菌丝生长至培养料1/2～2/3时，温度以20～22℃为宜。

（2）湿度　菌丝生长期间，发菌期一般要求保持培养环境空气相对湿度60%～65%，湿度过大，杂菌容易滋生，湿度过低，培养料水分慢慢降低，影响出草产量。

（3）通风　蛹虫草菌丝生长阶段呼吸量较少，通风次数和通风时间依据具体情况而定，以保证室内空气清新为宜，即二氧化碳浓度维持在0.3%～0.5%。一般每天通风2～3次，每次20～30min。

（4）光照　蛹虫草菌丝培养阶段，严格避光培养，不需要光照，前期可层叠式暗光培养（图4-54）。

图4-54　暗光培养

（二）养菌过程发现的问题及解决措施

从接种第2天开始，每天检查1次发菌及污染情况，发现问题及时处理。检查应快速、准确，尽量缩短培养室见光时间。

1. 接种后菌种不萌发或发菌慢

（1）主要原因

① 培养基受杂菌污染，腐臭发黏。

② 菌种经火焰上方停留时间长，或接种工具火焰灭菌后未冷却就挑取菌种，造成菌种块灼伤或死种。

③ 菌种悬浮液中菌丝含量不足或杂菌污染。

④ 培养温度过低，菌丝生长迟缓。

（2）防治措施

① 确保培养料的灭菌效果，灭菌结束，不要急于出锅，待压力表指针至零后，再冷却一段时间，以防止高温出锅料瓶内外空气交换。

② 严格无菌操作，熟练操作技术。

③ 若环境温度偏低，培养室要辅以加温措施，保持 20～22℃ 范围，以加快菌种定殖萌发迅速占领料面。

④ 对接种后培养基污染严重，已腐臭发黏的培养盆挑出后，远离培养场地，将污染料深埋，以防杂菌扩散。

2. 菌丝长满料面后，向深处吃料困难

（1）主要原因

① 灭菌前，培养料未经预湿吸水，灭菌后料内上部较干，下部为粥状。

② 配制培养基时，加水太多，造成灭菌后培养料黏结太紧，透气性差。

（2）防治措施

① 培养料装瓶后，不要急于装锅，可先浸泡 2～3h，待培养料上下均匀吸水后，再进锅灭菌。

② 配制培养基加水要适量，不要过多或过少。

3. 杂菌污染处理

仅有 1～2 处小污染菌斑的，可用接种铲（每次蘸 75％的酒精消毒）将杂菌斑点清除（图 4-55，彩图），重新封盆集中到一处上架继续观察和培养；对污染比较严重的重新灭菌、接种。

本阶段的技术关键：在菌丝培养阶段温度控制最好做到恒温培养，切忌温度忽高忽低，否则难以高产，并且控制好培养环境空气的相对湿度。经过 10～15 天培养，菌丝长满料面，洁白浓密，出现鼓包突起，这说明菌丝已经吃透培养料，微光能够显现菌丝微微变黄转色，此时即可转入下一阶段管理。

图 4-55　用接种铲将杂菌斑点清除

二、转色管理

1. 转色过程中的技术要点

经 10～15 天菌丝长透后，表面出现一些小隆起，就要进行转色管理（图 4-56～图 4-58，彩图），时间 3～5 天。蛹虫草的转色阶段是个重要的生理阶段，它标志着菌丝营养积累已经结束并开始分化子实体，即形成原基。这时期需要一种特殊的环境条件，使原基分化按照人为方式进行。转色好与坏，决定着蛹虫草的数量和质量，如果转色不好、不转色或转色不足，将导致减产，甚至不出草。

图 4-56　前期　　　　　图 4-57　中期　　　　　图 4-58　后期

（1）温度　转色期温度控制在 21～23℃，温差控制在 2～3℃。
（2）湿度　转色期间，通过地面洒水或空中喷雾的方式，保持培养室的空气相对湿度在 70%～75%。

（3）光照　光照是转色成败的最关键因素，转色时可利用日光灯照射（图 4-59），有条件的可用光源调节箱和调控设备调节 LED 灯（图 4-60）照明强度，每天光照时间 18～20h，光照强度 200～300lx，尽量保证光照均匀，否则子实体会向强光方向生长。此阶段光照时间不足，光线太弱，菌丝就不能很好的转色，子实体呈淡黄色。应该注意，光照时间是不可间断的，断断续续的累计时间是不能完成转色的。此外，要发满菌后再进行光照，否则未发满菌发生"簇生草""边草"的情况较多，很难使整个料面整洁地呈现原基并"长草"。

图 4-59　日光灯照射　　　　　　图 4-60　LED 灯照射

发菌过程中，人为活动经常能使菌丝见光，时间较长，造成菌丝的自然转色，其后果是发生边草、粗草、簇生草等畸形草，影响产量和质量。

（4）通风　转色时应增加培养室的通风量，通风时间最好安排在早晚各 1 次，每次 5～10min，此时室外空气相对新鲜，保持培养室室内空气清新。

2. 转色过程中发现的问题及解决措施

（1）菌丝长势很好，但不易转色（图 4-61，彩图）。

① 主要原因。配料中氮素偏高；培养室光线布置不均；培养室环境温度过低；母种退化。

② 防治措施。

a. 采用科学配方，配料中严格掌握各成分的组合比例。对料

图 4-61 菌丝长势很好，但不易转色

面结被的弃去表层菌被、适量补加低浓度含碳营养液。

b. 调整培养室光照强度至 200～300lx，使菌丝受光均匀，不存死角。

c. 进入生殖生长期管理后，要及时调整室内培养温度至 18～23℃，结合通风，促其转色。

d. 定期对菌种进行选育和复壮，认真做好育种、选种工作。

（2）转色过深或者过浅

① 主要原因。光照时间过长或过短，光照强度过大或过小，光照不均匀。

② 防治方法。有条件的用光源调节箱和调控设备调节 LED 灯照明强度，每天光照时间 18～20h，光照强度 200～300lx，尽量保证光照均匀。

第五节 ▶▶ 蛹虫草出草管理

一、诱导原基

原基是蛹虫草由营养生长转变为生殖生长的标志，也是能够顺利出"草"的前提，当培养基完成转色后，应让它尽快出"草"。蛹虫草为变温结实食用菌，为了加快原基的形成，一般会采用温差刺激、机械摇菌（孢子头和圆头品种）、光照刺激、加大通风来诱导和加快原基的形成，一般 7～10 天后培养基表面就会出现原基突起。

1. 机械搔菌

搔菌是诱导分化原基的一种方式，通过机械划破菌丝表皮，使菌丝由营养生长转变为生殖生长，原基分化集中，出草均匀，成品率高。一般品种不用搔菌，孢子头和圆头品种需要搔菌处理效果更好。搔菌耙耙用75%的酒精棉球消毒后，在菌丝表皮均匀划线，相邻线间隔1.5～2.0cm，深度5mm，要求划线至容器壁，深度为培养料最上层麦粒稍微破皮为准。搔菌后，用保鲜膜覆盖栽培盒保湿。机械搔菌见图4-62～图4-64（彩图）。

图 4-62　搔菌耙划线　　图 4-63　划线后料面　　图 4-64　原基

2. 加强光照刺激

光照强度控制在200～300lx，每天18～20h。注意光照不要太强，否则原基分化密，甚至形成菌被而不长子实体。光照刺激见图4-65、图4-66。

图 4-65　盆栽光照刺激　　　　图 4-66　瓶栽光照刺激

3. 加大温差刺激

蛹虫草原基分化温度在 15～25℃，在这个范围内，创造 5～8℃的温差刺激，有利于诱发原基分化。白天室温控制在 20～23℃，晚上要使室温降到 16～18℃，使培养室昼夜温差达 5～8℃，每天低温刺激 6～10h，连续刺激上 5～7 天，促使原基分化，当出现橘黄色原基时，便进入出草期管理。

4. 加强通风管理

转色完成后，继续进行培养，当料面出现淡黄色疙瘩时，先室内消毒，然后对培养容器上的覆膜进行无菌扎孔。盆栽的在封口膜上均匀扎直径 0.2cm 孔 6～9 个（打 2～3 排孔，每排 3 个），瓶栽的在封口膜上扎 1 个直径 0.2cm 孔，以利菌丝呼吸透气。每天早、中、晚各通风 15～20min，保持空气新鲜。打孔见图 4-67、图 4-68。

图 4-67　打孔　　　　　　　　图 4-68　打 6 个孔

5. 保持空气湿度

空气湿度的合适与否至关重要。子实体发生正常时，应保持 75%～90%的湿度水平，不可超过 95%，否则，未现原基的盆内将会重新长出大量的白色气生菌丝，覆盖料面不出草；低于 75%时，料面很快失水、干缩，严重时料出现"离壁"现象，不再出草，已现原基也将很快萎缩、死亡。

二、子实体生长期管理

在出草管理期间，当培养盆中形成大量针尖大原基后，即转入出草阶段。在出草阶段注意培养室温度、空气相对湿度、二氧化碳浓度及环境调控。定期对培养室地面进行消毒处理以保持培养室清洁卫生，地面洒水保持空气相对湿度。在蛹虫草管理阶段，子实体生长旺盛，呼吸量增加，因此每天适当增加通风时间，保持空气新鲜，否则培养室二氧化碳浓度过高，引起子实体畸形。蛹虫草出草分为三个阶段：原基期、幼草期、成草期，每个阶段的光照、温度、相对湿度及 CO_2 浓度都要根据其生长的状况进行调节，具体要点如下。

1. 原基期管理

控制温度 18～20℃，光照强度为 250～350lx，LED 灯光照24h/天，利用加湿器控制相对湿度为 80%～85%，利用新风系统通 3～5min/h，使 CO_2 质量浓度不高于 0.5%。空气相对湿度较幼草、成草阶段大，目的是为了利于原基更好的萌发（图 4-69、图 4-70，彩图）。

图 4-69　孢子头草原基期

图 4-70　尖头草原基期

2. 幼草期管理

控制温度 16～18℃，控制子实体的生长速度，使子实体粗细合适，温度过高子实体生长速度过快、过细，后期容易出现倒伏。光照强度为 100～150lx（LED 灯，18h/天），降低光照亮度，使草的颜色为浅黄色，适宜生长，如果光照过强，将使草颜色加深，抑制生长，过早的进入成熟期，降低品质和产量。空气相对湿度 70%～75%，CO_2 浓度不高于 0.5%，通风 3～5min/h。同时微降相对湿度，保持在 75% 左右，控制气生菌丝及霉菌的萌发。此时期切忌通风差、温度高、湿度高，以防止虫草子实体发生指孢霉软腐病，造成绝收（图 4-71、图 4-72）。

图 4-71　孢子头草幼草期　　　　图 4-72　尖头草幼草期

3. 熟草期管理

温度控制在 16～18℃，促进子实体头部发育，减缓子实体的生长速度，促进干物质积累。光照强度为 200～300lx（LED 灯，18h/天），提高光照强度促进草的颜色加深，转成橘红色，使草进入成熟期。相对湿度 70%～75%，CO_2 浓度不高于 0.5%，通风 3～5min/h（图 4-73、图 4-74）。

图 4-73　孢子头草熟草期　　　　图 4-74　尖头草熟草期

在出草管理期阶段，环境条件的控制是至关重要的。在对光、温、湿、气的管理上要参照蛹虫草的生物学特性，针对不同的培养期生理阶段进行调控，掌握好每一时期的关键技术点。

三、出草过程中发现的问题及解决措施

1. 出草稀疏，产生分支（图 4-75）

（1）形成原因

① 栽培季节选择不当，菌丝转色后，遇连续低温或高温的环境条件。

② 培养室光照太强，通风差。

③ 使用劣质菌种，种性较差。

图 4-75　出草稀疏、产生分支

（2）防治措施

① 避免遇到 15℃以下低温和 28℃以上的高温。

② 加大通风和保持 200～500lx 的光照。

③ 使用经出草试验高产优质适龄菌种。

2. 蛹虫草子实体早熟（图 4-76，彩图）

（1）形成原因　光照太强，引起子实体早熟。

（2）防治措施　在刚开始出草的阶段，蛹虫草对光线的需求多一些，到了草长到 2～3cm 的时候，在保证通气和适当的温度、湿度下，适度降低光照强度和减少关照时间，几天之后，蛹虫草不出

现早熟现象，而且长势好。

图 4-76　早熟

3. 蛹虫草子实体基部发白（图 4-77，彩图）

（1）形成原因　主要原因是温度高，湿度大，没有及时通风。

（2）防治措施　在子实体生长期间，一定要注意防止温度过高、湿度过大，并且要及时通风。

图 4-77　子实体基部发白

4. 细菌性病害（图 4-78，彩图）

（1）危害情况　危害蛹虫草菌丝体的细菌主要有醋酸杆菌、假

图 4-78　感染细菌

单孢杆菌、芽孢杆菌。若染此类菌，培养料变黏，颜色变深、变质并可散发出酸臭味，蛹虫草菌丝、子实体均不能生长。

（2）防治措施

① 搞好环境卫生。制种和配料时要严格灭菌消毒。

② 培养料若发现被细菌污染 0.2% 漂白粉溶液喷施。

5. 霉菌性病害

（1）绿霉（图 4-79，彩图）

图 4-79　感染绿霉

① 危害情况。绿霉又叫绿色木霉，危害菌丝体、子实体，若被污染，可出现绿色菌落，扩展速度很快，造成减产或绝收。

② 防治措施

a. 选用抗病性强的优质菌株，培养料要彻底灭菌，栽培室保持清洁。

b. 绿霉病初发时可用 0.1% 多菌灵（50% 可湿性粉剂）喷施于污染处，严重的应废弃并采用高压蒸汽灭菌处理，杜绝绿霉孢子再次感染。

（2）链孢霉（图 4-80，彩图）

① 危害情况。培养料链孢霉污染后，长出的菌落初呈白色粉末状，分生孢子大量繁殖颜色逐渐变为粉红色，主要危害蛹虫草菌丝体和子实体。

② 防治措施

a. 保持接种室、菌种室及栽培室的环境卫生，加强通风，避免相对湿度过高，保证新鲜空气，及时剔除出现链孢霉的栽培盒，减小损失。

b. 病菌初发时及时挖除被污染部分，并用石灰水冲洗，严重的应废弃并采用高压蒸汽灭菌处理，杜绝链孢霉孢子再次感染。

图 4-80 感染链孢霉

第六节 ▶▶ 采收、分级、干制、包装和储藏

蛹虫草的商品质量是由多种要素构成的。在整个生产环节中，除了培养基配方和栽培管理之外，采收、加工、包装与储藏也是不可忽视的环节。适时采收与合理加工是保证蛹虫草质量的根本途径，而有效的包装与储藏更是提高蛹虫草附加值的重要手段。本节主要介绍采收、分级、干制、包装和储藏的方法。

一、采收

1. 采收标准

当蛹虫草长 6～10cm，颜色慢慢由浅黄色变深，草的中上部开始出现成熟的孢子，蛹虫草头部出现龟裂状花纹，表面出现黄色粉末状物（孢子即将弹射），表明已经成熟，即可及时采收（图 4-81，彩图）。采收过早，营养积累没有达到最高点，影响量；采收过晚（图4-82，彩图），子囊孢子已开始散发，会消耗营养而降低有效成分。

图 4-81　达到采收标准的子实体

图 4-82　采收过迟

2. 采收方法

采菇人员要身体健康，按卫生标准穿戴洁净的工作服、帽、口罩，在符合卫生标准的工作车间内工作。采收时，套上用酒精消毒乳胶手套，用无菌镊子或剪刀从子实体基部采下，尽量不要碰伤子实体，同时去掉根部残渣和污物，将丛生的基部互相联结的子实体分开，并清除携带的部分培养基。然后将采收的蛹虫草整齐地放在一起，最好直接放在洁净的烘干筛子上，以便及时烘干或晾干。注意千万不要在太阳光下曝晒，以防子实体退色。采收要及时，采收过早，营养积累没有达到最高点，影响产量；采收过晚，子囊孢子释放，会倒伏、枯萎、腐烂，消耗营养而降低有效成分。采收完需对栽培室进行彻底清扫消毒处理（图4-83～图4-86）。

图 4-83　剪根
摘下

图 4-84　采收
虫草

图 4-85　采后
菌块

图 4-86　晒干
菌块

3. 采收后处理

工厂化一般只采收一茬，如小规模种植户在采收后补充一定的营养液，将培养基稍压平，再扎薄膜放到适温下遮光使菌丝恢复生长。待菌丝恢复后再进行光照等处理，使原基、子实体再次发生，可采收二潮虫草，产量及质量不如头潮菇。

4. 作为观赏虫草出售

除了采收后鲜销或干制外，还可以在子实体达到 6 分成熟时，在无菌条件下将封口膜换为透明封口膜，擦尽盆（瓶），贴上标签，可作为观赏虫草出售。消费者在享用之前，可增加一定的观赏享受时间，同时可以增加一定的销售利润。

二、分级

采收与分级可同时进行，按照分级标准将各等级的蛹虫草分别放置。目前用小麦、米饭培养的蛹虫草子实体尚无统一标准，辽宁等地根据子实体的色泽、粗细、长度等不同分为四个级别，具体如下。

① 特级子实体：长 8cm 以上，淡红棕色，粗细均匀，无根基，无杂质，无烤焦，无霉变，无虫蛀，无异味。

② 一级子实体：长 7～8cm，色金黄，无白色，无根基，无杂质，无烤焦，无霉变，无虫蛀，无异味。

③ 二级子实体：长 6～7cm，色红黄，上粗下细，边皮修剪粗细均匀，无根基，无杂质。

④ 等外子实体：为长 5cm 以下的剪货、渣皮、碎货等。

三、干制

1. 干制原理

蛹虫草子实体含水量分主要以自由水、吸附水和结合水三种形态存在。自由水以游离状态存在于细胞和组织中，受细胞渗透势和组织膨压影响，活动于细胞内外及组织间隙中，干燥时最容易除去。吸附水是指被蛋白质、氨基酸等化合物的亲水基团以胶体形式结合的水，干燥时不容易除去，但这种水只占很少一部分。结合水是有机物质的组成部分，在干燥过程中不能排出。蛹虫草子实体的干制加工，就是通过水分的扩散作用排除子实体中的全部自由水和部分吸附水，而使水分扩散的条件就是环境中空气湿度的降低和温度升高。

2. 干制的类型

蛹虫草的干制方法很多，概括起来有以下三种类型，分别为自然干燥法、简易设备干燥法、机械干制法。

（1）自然干燥法　如果蛹虫草栽培的规模不大，数量不多，可采用自然干燥方式。将采收的蛹虫草子实体摊放在筛帘或竹席上，置阴凉通风处进行晾晒，要经常翻动，以加速干燥。晒到含水在12％以下时即可。自然干燥使用的工具简陋，成本低，但产品的质量得不到保证，若遇到阴雨天气，蛹虫草则易变褐、变黑，甚至霉烂。自然干燥见图4-87。

图 4-87　自然干燥

（2）简易设备干燥法　简易设备干燥法是指用自制的简易设备，一般是利用电能加热的烘干设备，可以用木板做成烘干箱的箱体，里面设置多层层架，放置烘干筛，通过在箱内设置的电阻丝来加热，使虫草表面受热促进水分扩散，以至烘干。它不受自然条件的限制，易于控制干燥条件，时间短，效率高，质量好，还可以杀死一些虫卵、霉菌的孢子等，能够提高产品的商品价值和延长保存时间（图4-88～图4-90）。

图4-88 烘干箱内部   图4-89 烘干虫草   图4-90 烘干的虫草

（3）机械干燥法 干制果蔬产品、食用菌产品的机械设备都可以用来干制蛹虫草，按干燥原理分为热风干燥、远红外线干燥和真空冷冻干燥。热风干燥是利用干热风对产品从外到内加热，使其中水分通过表面蒸发，并被热风带走的原理进行干燥。远红外线干燥是利用远红外射线的热辐射，使产品内外同时加热，水分扩散加快，通过表面蒸发而被流动空气带走的原理进行干燥。真空冷冻干燥是利用速冻并在真空环境下，使产品中的水分直接由固体（冰）升华成水蒸气，而被真空泵抽走的原理进行干燥。前两种方法都是通过加热进行干燥的，在干燥过程中要控制好加热后的温度和加热时间，烘干后的蛹虫草呈橙黄色或棕红色，含水量为12％以下，复水后往往不能恢复到干燥前的状态。而后者则是在低温下进行的，复水后基本能恢复到干燥前的状态，但此法的设备投资和加工费用较高。烘干机械见图4-91。

图4-91 烘干机械

3. 干制具体方法和注意事项

（1）具体方法　将子实体按照色泽、粗细、长度等要求分为不同的等级，整齐均匀摆放在烘干盘里，每平方尺大约摆放 0.5kg。采收后的蛹虫草及时烘干，烘烤时，缓慢升温（起始温度 36℃，每小时升温小于等于 7℃，烘烤温度 60℃），同步排湿，最后 1h 70℃烘烤，至蛹虫草含水量下降到 12% 为止。注意干燥过程最好不要翻动，当烘至触摸虫草有扎手的感觉，用手能掰断子实体时，这时说明含水量已经达到 12%，干燥可以结束了。此时的子实体容易折断，因此需要在房间放置 4～6h 回潮，注意事先在房间地面洒点清水，回潮的蛹虫草干燥且柔软，易于包装。如果没有烘干设备采用晒干的方法时，也要在晴朗的天气晾干蛹虫草，避开阴雨天气，否则蛹虫草子实体易变褐、变黑甚至霉烂，晾干或烘干的蛹虫草的含水量经检测应在 12% 以下。经过干制的蛹虫草子实体其重量为鲜重的 1/6，体积为鲜草的 1/3，颜色要比鲜品深些，呈橘黄色，烘干时间一般需要 6h 左右。当蛹虫草干品降至室温时，装袋密封、遮光、低温储存。

（2）烘干过程中须注意事项　将分级的子实体均匀地摊在烘干筛上，然后进行预晒。在烘烤之前，最好预晒 2～3h，使表层大量自由水迅速蒸发，以节省能源。表面水分散发一些后，至草体发软就可以放入干燥设备中进行烘干。

无论采用何种干燥设备，在烘制时一定要掌握好温度、排湿、倒盘及烘烤时间。温度控制是保证质量的关键，一般干燥过程中的温度控制在 40～60℃。

排湿有利于水分的蒸发，加速干燥。但排湿的同时，伴随有热量的损失。所以，当烘室（箱）中湿度达到 60% 以上时，应开始排湿。每次排湿 10～15min。时间过短起不到排湿的作用，时间过长温度下降幅度较大。

在烘干中还要倒换烘盘，一般的烘室，不同的部位之间存在着一定的温差，为了使烘干的蛹虫草质均匀一致，必须定时倒盘。

四、包装

包装是蛹虫草生产的最后一个环节，主要作用是保护蛹虫草的质量，以便于运输、装卸或储藏。蛹虫草的包装材料和包装方式也是影响其商品价值及货架寿命的重要因素。具体方法是将子实体按不同的等级包装，小袋包装每袋装 50g 或 100g，常用聚乙烯袋或聚丙烯制成小袋，每 10 袋装在一个纸盒中，也可用塑料盒包装，铝制包装罐也可，具有密封、防潮防虫、牢固耐久的特点。大袋包装的包装袋同样是由聚乙烯或聚丙烯塑料薄膜制成的，每袋装500g 或 1000g，然后装入大纸箱中。这种包装直接供给加工企业，用于蛹虫草的深加工。蛹虫草包装见图 4-92。

图 4-92　蛹虫草包装

五、储藏

蛹虫草的储藏方式方法及注意事项如下。

1. 卫生条件清洁

蛹虫草极易被虫蛀和鼠咬，一旦发生对包装物及蛹虫草会造成直接损失和间接感染病菌。因此，储藏前要做好防止害虫和杂菌的工作。使用库房前要进行彻底熏蒸消毒，杀灭杂菌和害虫，以避免病虫害发生。储藏库要远离饲料库、养殖场、垃圾堆，并在储藏过程中避免高温、高湿的出现，否则会加剧霉菌与害虫的活动，霉变与虫害是储藏中最常见的现象。

2. 低温储藏

在低温条件下，生物酶的活性降低，病原菌的活动受到抑制，因此蛹虫草一般在 0～4℃冷藏条件下保存，既可延长保藏期，又可防止陈化。

3. 气调储藏

气调储藏即采用物理的方法排除氧气，用抽真空或充氮、充二氧化碳等方法，使氧气含量在 2%～5%，使蛹虫草干品保藏的时间更长、品质更佳。

4. 通风储藏

以干品储藏的蛹虫草含水量一般控制在 12%以下，这样的干品吸湿性很强，虽然封在塑料袋内，但还是能透过一些气体分子，包括水气分子，时间久了蛹虫草也会反潮而发霉。如果保存在空气流动性好的通风储藏库里或置于通风阴凉处，保持相对较小的空气湿度，能延长其储藏时限。

5. 选择良好的包装材料

应选择防潮性、气密性和韧性好的包装材料，并且最好采用双层包装，以防吸湿发霉和变味。

6. 放置干燥剂

在密闭储存的容器内，放入一些生石灰、硅胶、无水氯化钙等干燥除湿剂，可防止霉变的发生。

第七节 ▶▶ 蛹虫草加工

随着蛹虫草栽培生产的发展和人民生活水平、消费水平的不断提高，为了满足人民身体健康的需要，广大科技人员加强了蛹虫草系列保健滋补食品的开发。到目前为止，以蛹虫草为原料生产的各类产品已逾 30 种，新品种不断涌现，发展前景十分广阔。主要可分为营养口服液、保健饮料、保健茶类、保健滋补酒类等系列产品。蛹虫草作为一种药食功能兼备的珍奇真菌，除具有重要的药用价值外，还具有神奇的食补作用，对人体有明显的滋补强壮功能。例如，虫草炖母鸭主治肺气肿；虫草炖母鸡治贫血、阳痿、遗精，以及腰膝酸软等症；虫草煮粥对于脱发、多痰、咳喘者，效果尤佳。虫草药膳不但在民间常见，而且在国宴上也是一类著名的菜肴。本节介绍部分蛹虫草产品的作用和生产方法，汇集了常用的一些虫草滋补药膳食谱，供大家参考选用。

一、蛹虫草菌粉、蛹虫草含片

1. 蛹虫草菌粉

目前我国有多家企业可以生产该产品，蛹虫草菌粉是用蛹虫草菌丝发酵的产物进行加工，或是用蛹虫草子实体经加工制成。由于该类产品是由蛹虫草的菌丝或子实体直接加工而成，主要药效相似：一是具有补肺益肾，止咳化痰的功能，用于慢性支气管炎症属肺肾气虚、肾阳不足者；二是对高血压、高胆固醇、糖尿病及心脑血管供血不足、头晕头痛、胸闷等有一定疗效；三是抗衰老，治疗神经衰弱。

2. 蛹虫草含片

蛹虫草含片是从蛹虫草中提取的富含虫草素、虫草多糖、虫草酸和超氧化物歧化酶等具有医疗保健功效的保健产品。独有的含片形态，创新蛹虫草口内含服、黏膜吸收新方式，极致吸收，快速起效，实现了虫夏药力速释，改变了虫草吸收率低、大量浪费的落后状况，大大提高了蛹虫草的功效，对人体起到保健作用。

蛹虫草菌粉见图 4-93，蛹虫草含片见图 4-94。

图 4-93　蛹虫草菌粉

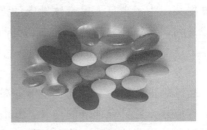

图 4-94　蛹虫草含片

二、蛹虫草补酒

1. 原料

洁净蛹虫草 95kg；优质白酒 5kg。

2. 原料功效

白酒为水谷之气，味辛、甘，性热，有祛风散寒、活血祛瘀、健脾胃的功效，还有增进食欲、助药力、振精神之效，可以治疗关节酸痛、腿脚软弱、肚冷体寒等症。应注意：适量饮酒，对人体有益，但过量饮酒则有害健康。蛹虫草制成酒剂，能使有效成分充分溶出，效力提高。

3. 用法

将盛补酒容器清洗干净，用开水烫一下，倒入白酒。

将蛹虫草切碎浸泡于白酒中，加盖密封好，在室内阴凉干燥处储存。7~15 天后启封饮用。

每日饮 3 次，每次 10~20ml，早、午、晚各空腹服用 1 次。

4. 说明

白酒与蛹虫草的分量、每天的饮用量皆可以变化，只是效果不相同。

服用前，检查补酒是否有变质污染的异常气味、现象，如有必须停止饮用，防止产生不良后果。

服用者如酒量小，服用时可以加少量冷开水冲淡服用。

服用后，如产生不良反应如呕吐、心跳加速、血压升高等，应停止服用，以上反应通常为白酒量过多所致。

补酒存放时避免阳光直射，防止降低药效。

5. 功效及主治

补肺平喘，止咳化痰，有兴肾之功。本品主治痰多喘咳、病后体弱、精神萎靡、浑身无力、食欲缺乏、失眠多梦、腰膝酸软等。

蛹虫草补酒见图 4-95。

图 4-95　蛹虫草补酒

三、蛹虫草口服液

蛹虫草口服液是以蛹虫草子实体粉碎物的浸取液为主要原料，加入一定量的蜂蜜或白糖调味而成的健康饮料，不仅具有蛹虫草的多种滋补保健功能，而且是口感良好的高级功能饮料。

1. 原料与设备

原料：蛹虫草子实体、蜂蜜或白糖。

主要设备：超微粉碎机、吹风机、封口机。

2. 工艺流程

选料—灭菌（清洗）—风干—粉碎—浸泡—过滤—加热抽糖—过滤—勾兑—包装—成品。

3. 制作方法

选料：要求选取无杂质、无发霉变质的蛹虫草子实体。

清洗：将子实体用清水冲洗干净。

风干：用吹风机吹干或晾干子实体。

粉碎：用经过消毒的粉碎机粉碎子实体。

浸泡：将蛹虫草粉用76～79℃的热水浸泡2.5h。

过滤：过滤后将溶液低温保存备用。

加热抽糖：将滤渣加入适量水，在98℃的水浴锅上加热抽提虫草多糖10h。

过滤：过滤后，将滤液并入前滤液中成为营养液。

勾兑：营养液加入蜂蜜或白糖经过勾兑，即为蛹虫草口服液。

灭菌：经高温蒸汽灭菌。

包装：定量分装入已灭菌的瓶内；封盖包装。

四、蛹虫草泡茶

原料：蛹虫草干品0.3kg或鲜品2～4kg，70℃开水。

用法：取蛹虫草干品0.3kg或鲜品2～4kg，浸泡于150ml开水中，10min后饮服，可再次加水浸泡服用，后将蛹虫草吃下。

主治：肺虚咯血、心悸失眠、产后体虚。

蛹虫草泡茶见图4-96。

图4-96　蛹虫草泡茶

五、蛹虫草营养面条

原料：蛹虫草菌种、小麦、面粉。

工艺流程：小麦粒—选杂—浸泡—装瓶—灭菌—接种—培养—烘干—粉碎—配料—和面—切面—烘干—包装。

制作方法：麦粒选杂后，浸泡10～12h，含水量要求在38%～40%，将麦粒装入罐头瓶，用聚丙烯薄膜封口，121℃高压灭菌2h；无菌条件下接入蛹虫草菌种；25℃条件下培养；蛹虫草菌丝长满麦粒后，倒出烘干，不能烤焦；粉碎烘干的麦粒过160目筛；蛹虫草菌粉和面粉按1∶100的比例混合；将混合粉加水搅拌，压成面片切成面条，烘干；切短包装。

另外，将蛹虫草子实体或菌丝体粉碎成粉末，按比例掺加到各种食品原料中，制成各类食品，在保质期内食用。制作方法与功效同蛹虫草营养面条。

六、蛹虫草炖牛肉

原料：蛹虫草10g，牛肉500g。

原料功效：牛肉（黄牛肉性温，水牛肉性平）可以补气养血、补脾养胃、强筋健骨、利水消肿，为滋补强壮之品。

做法：将肉切成小块；和蛹虫草一同放入锅中，放入调料等，加适量水，用文火煮至烂熟，连汤服用。

主治：可治贫血、阳痿、性欲减退等。

七、蛹虫草炖母鸡

原料：蛹虫草10g，母鸡1只，生姜、精盐、调料各适量。

原料功效：母鸡有益于老人、产妇及体弱多病者；生姜味辛，性微温，祛风散寒解毒。

功效：祛寒散风，健胃止呕，消痰，解毒。

做法：将母鸡去毛及内脏，剁去脚爪，把蛹虫草洗净后与母鸡共放入锅中，用文火煮烂，连汤服用。

功效及主治：具有补精益气之效。用于体弱多病、肾虚腰痛、虚劳咳喘者。

蛹虫草炖母鸡见图4-97。

图 4-97　蛹虫草炖母鸡

附录

附录1 ▶▶ 名词注释

食用菌：能够形成大型肉质或胶质的子实体或菌核类组织并能供人们食用或药用的一类大型真菌，俗称"蘑菇"或"菇""蕈"。

木腐型食用菌：以木质素为主要碳源的食用菌。野生条件下生长在死树、断枝等腐木上，栽培时可以用段木或木屑等做材料，如香菇、木耳、灵芝等。

草腐型食用菌：以纤维素为主要碳源的食用菌。野生条件下生长在草、粪等有机物上，栽培料应以草、粪等为主要原料，不需消耗林木资源，如双孢菇、姬松茸、草菇等。

菌丝体：食用菌的孢子吸水膨大，长出芽管，芽管不断分枝伸长形成管状的丝状群，通常将其中的每一根细丝称为菌丝。菌丝前端不断地生长、分枝并交织形成菌丝群，称为菌丝体。

子实体：子实体是由已分化的菌丝体组成的繁殖器官，是食用菌繁衍后代的结构，也是人们主要食用的部分。伞菌的子实体的形态、大小、质地因种类的不同而异，但其基本结构相同，典型的子实体是由菌盖、菌褶、菌柄和菌托等组成。

菌种：人工培养并可供进一步繁殖或栽培使用的食用菌菌丝体，常常包括供菌丝体生长的基质在内，共同组成繁殖材料。优良的菌种是食用菌优质、高产的基础，对食用菌生产的成败、经济效益的高低起着决定性作用。

母种（一级种）：是指在试管上培养出的菌种，是采用孢子分离或子实体组织分离获得的纯菌丝体。再经出菇实验证实具有优良性状，具有生产价值的菌株。

原种（二级种）：是将母种接到无菌的棉籽壳、木屑、粪草等固体培养基上所培养出来的菌种，二级种常用瓶培养，以保持较高纯度。二级种主要用于菌种的扩大生产，有时也作为生产种使用，如猴头、金针菇用二级种做生产种。

栽培种（三级种）：由原种转接、扩大到相同或相似的培养基上培养而成的菌丝体纯培养物，直接应用于生产栽培的菌种，也称三级菌种。三级种可用瓶做容器培养，也可用耐高温塑料袋作为容器培养。

碳源：指构成食用菌细胞和代谢产物中碳架来源的营养物质。食用菌的碳源物质有：纤维素、半纤维素、木质素、淀粉、果胶、戊聚糖类、有机酸、有机醇类、单糖、双糖及多糖类物质。

氮源：指能被食用菌吸收利用的含氮化合物，是合成食用菌细胞蛋白质和核酸的主要原料。食用菌的氮源物质有：蛋白胨、氨基酸、酵母膏、尿素等。

碳氮比：培养料中碳的总量与氮的总量的比值，它表示培养料中碳氮浓度的相对量。一般食用菌的营养生长阶段的碳氮比为20：1，而生殖阶段碳氮比为（30～40）：1，但是不同的食用菌要求最适碳氮比不同。

变温结实：食用菌形成原基和子实体时，其生长环境的温度必须有较大的温差变化，这种食用菌的出菇方式就是变温结实，常见的食用菌有香菇、金针菇、平菇等。

恒温结实：子实体分化时不要求温度的变化，变温刺激对子实体分化无促进作用。常见的食用菌有木耳、灵芝、猴头菇、草菇、大肥蘑菇等。

灭菌和消毒：灭菌是用物理或化学的方法杀死全部微生物。消毒是用物理或化学的方法杀死或清除微生物，或抑制微生物的生长，从而避免其危害。

常压灭菌：是将灭菌物放在灭菌器中蒸煮，待灭菌物内外都升温 100℃时，视灭菌容器的大小维持 12～14h。此法特别适合大规模塑料袋菌种或熟料栽培菌筒的灭菌。

高压灭菌：用高温加高压灭菌，不仅可杀死一般的细菌，对细菌芽孢也有杀灭效果，是最可靠、应用最普遍的物理灭菌法。高压蒸汽灭菌主要用于母种培养基灭菌，也可用于原种和栽培种培养料灭菌。一般琼脂培养基用 121℃（压力 1kg/cm²）、30min，木屑、棉壳、玉米芯等固体培养料 126℃（压力 1.5kg/cm²）、1～1.5h，谷粒、发酵粪草培养基 2～2.5h，有时延长 4h。

生料栽培：培养料不经过灭菌处理，直接接种菌种从而栽培食用菌的栽培方法。

发酵料栽培：将食用菌培养料经过堆制发酵处理后再接种栽培的叫发酵料栽培。发酵料栽培是介于生料和熟料两者之间的方法，也称半生料栽培。

熟料栽培：以经过高压或常压灭菌后的培养料来生产栽培食用菌，这种栽培方式称为熟料栽培。

勒克斯：也叫米烛光，简称勒，用 lx 表示。亮度单位，指距离一支标准烛光源 1m 处所产生的照度。在正常电压下，普通电灯 1W 的功率相当 1 烛光，或 1lx。如 100W 的电灯，1m 处的光照度为 100 烛光，或者 100lx。

空气相对湿度：表示空气中的水汽含量和潮湿程度的物理量，测定常用干湿球温度计。干湿球温度计是应用干湿温差效应的一种气体温度计，又称温湿度计，用来观察温度和空气相对湿度。

酸碱度：水溶液中氢离子浓度的负对数，用 pH 值表示。酸碱度的应用范围在 1～14。pH 值 7.0 为中性，小于 7.0 为酸性，大于 7.0 为碱性，pH 值愈小，酸性愈大，pH 值愈大，碱性大。

生物学效率：鲜菇质量与所用的干培养料的质量百分比。如 100kg 干培养料生产了 80kg 新鲜食用菌，则这种食用菌的生物学效率为 80%，生物学效率也称为转化率。

附录2 ▶▶ 常用主辅料碳氮比（C／N）

类别	原料名称	碳素 C/%	氮素 N/%	C/N	类别	原料名称	碳素 C/%	氮素 N/%	C/N
草料	麦草	46.5	0.48	96.9	粪肥	马粪	12.2	0.58	21.1
	大麦草	47.0	0.65	72.3		黄牛粪	38.6	1.78	21.7
	玉米秆	46.7	0.48	97.3		奶牛粪	31.8	1.33	24.0
	玉米芯	42.3	0.48	88.1		猪粪	25.0	2.00	12.5
	棉籽壳	56.0	2.03	27.6		羊粪	16.2	0.65	25.0
	葵籽壳	49.8	0.82	60.7		干鸡粪	30.0	3.0	10.0
农产品下脚料	麦麸	44.7	2.20	20.3	化肥	尿素 $CO(NH_2)_2$	46.0		
	米糠	41.2	2.08	19.8		碳酸氢铵 NH_4HCO_3	17.5		
	豆饼	45.4	6.71	6.76		碳酸铵 $(NH_4)_2CO_3$	12.5		
	菜籽饼	45.2	4.60	9.8		硫酸铵 $(NH_4)_2SO_4$	21.2		
	啤酒糟	47.7	6.00	8.0		硝酸铵 NH_4NO_3	35.0		

附录3 ▶▶ 培养基含水量计算表

培养基含水量/%	100kg 干料应加入的水/kg	料水比（料：水）	培养基含水量/%	100kg 干料应加入的水/kg	料水比（料：水）
50.00	74.00	1：0.74	53.50	87.10	1：0.87
50.50	75.80	1：0.76	54.00	89.10	1：0.89
51.00	77.60	1：0.78	54.50	91.20	1：0.91
51.50	79.40	1：0.9	55.00	93.30	1：0.93
52.00	81.30	1：0.81	55.50	95.50	1：0.96
52.50	83.20	1：0.83	56.00	97.70	1：0.98
53.00	85.10	1：0.85	56.50	100.00	1：1.00

培养基含水量/%	100kg 干料应加入的水/kg	料水比（料：水）	培养基含水量/%	100kg 干料应加入的水/kg	料水比（料：水）
57.00	102.30	1：1.02	61.50	126.00	1：1.26
57.50	104.70	1：1.05	62.00	128.90	1：1.29
58.00	107.10	1：1.07	62.50	132.00	1：1.32
58.50	109.60	1：1.10	63.00	135.10	1：1.35
59.00	112.20	1：1.12	63.50	138.40	1：1.38
59.50	114.80	1：1.15	64.00	141.70	1：1.42
60.00	117.50	1：1.18	64.50	145.10	1：1.45
60.50	120.30	1：1.20	65.00	148.80	1：1.49
61.00	123.10	1：1.23	65.50	152.20	1：1.52

注：风干培养料含结合水以 13% 计。每 100kg 干料应加入水的计算公式如下。

$$100kg 干料应加入的水（kg）= \frac{含水量-培养料结合水}{1-含水率} \times 100\%。$$

附录4 ▶ 常见病害的药剂防治

药品名称	使用方法	防治对象
石炭酸	3%～4%溶液环境喷雾	细菌、真菌
甲醛	环境、土壤熏蒸、患部注射	细菌、真菌
新洁尔灭	0.25%水溶液浸泡、清洗	真菌
高锰酸钾	0.1%药液浸泡消毒	细菌、真菌
硫酸铜	0.5%～1%环境喷雾	真菌
波尔多液	0.1%药液环境喷雾	真菌
石灰	2%～5%溶液环境喷洒；1%～3%比例拌料	真菌
漂白粉	0.1%药液环境喷洒	真菌
来苏尔	0.5%～0.1%环境喷雾；1%～2%清洗	细菌、真菌
硫黄	环境熏蒸消毒	细菌、真菌

续表

药品名称	使用方法	防治对象
多菌灵	1：800 倍药液喷洒；0.1%比例拌料	真菌
苯来特	1：500 倍药液拌土；1：800 倍药液拌料	真菌
百菌清	0.15%药液环境喷雾	真菌
代森锌	0.1%药液环境喷洒	真菌
克霉灵	100 倍拌料；30～40 倍注射或喷雾	细菌、真菌

附录5 ▶▶ 常见虫害的药剂防治

药剂名称	使用方法	主要防治对象
石炭酸	3%～4%溶液环境喷雾	成虫、虫卵
甲醛	环境、土壤熏蒸	线虫
漂白粉	0.1%药液环境喷洒	线虫
硫黄	小环境燃烧	成虫
40%速敌菊酯	1000 倍药液喷雾	菇蚊、菇蝇、跳虫
10%氰氢菊酯	2000 倍药液喷雾	菇蚊、菇蝇
80%敌百虫	1000 倍药液喷雾	菇蚊、菇蝇
20%速灭杀丁	2000 倍药液喷雾	菇蚊、菇蝇
25%菊乐合酯	1000 倍药液拌土	菇蚊、菇蝇、跳虫
除虫菊粉	20 倍药液喷雾	菇蚊、菇蝇
鱼藤精	1000 倍药液喷雾	菇蚊、菇蝇、跳虫、鼠妇
氨水	小环境熏蒸	菇蚊、菇蝇、螨类
73%克螨特	1200～1500 倍药液喷雾	螨类

附录6 ▶▶ 菌种生产管理

1. 母种生产管理表格

母种培养基制作记录表

配方	溶液体积（ml）	试管数量（支）	灭菌条件		制作日期	记录人	检查人
			时间（min）	温度（℃）			

母种菌种生长状况记录表

母种名称	培养设备及温度（℃）	检测数量（支）	长满时间（天）	长势	生长速度（毫米/天）	检查时间	记录人	检查人

2. 原种、栽培种生产管理表格

原种、栽培种培养基制作记录表

配方	袋或瓶规格		装袋或瓶数量（个）		灭菌条件		制作日期	记录人	检查人
	袋规格	瓶规格	装袋数量	装瓶数量	时间（min）	温度（℃）			

原种、栽培种培养记录表

菌种名称	培养设备及温度（℃）	检测数量（瓶或袋）	长满时间（天）	长势	生长速度（厘米/天）	检查时间	记录人	检查人

附录7 ▶▶ 车间安全生产操作规程

1. 生产现场所有工作人员必须穿工作服，佩戴工作帽，穿劳保鞋，不允许穿拖鞋、高跟鞋。

2. 电器控制中的紧急开关，除发现重大的设备隐患及危害人身安全时不得随意使用。故障排除后，谁停机、谁启动。故障停止按钮、手动开关、安全开关及安全警示牌，谁操作、谁恢复。

3. 设备检查、设备检修或设备清洁保养时，操作者应首先关闭电源开关并把安全警示牌挂在控制盘上。

4. 设备运转中不得搞运转部分卫生。不得打开安全防护门。不得用手、脚直接接触运转设备，不得野蛮操作设备。

5. 各岗位在生产结束或日保养完成后，关闭水、气、原料管道开关，车间下班后班组长，车间主任负责安全检查，断电、关窗、锁门，确保安全后才可离开。

6. 设备运转后严禁拆开保护罩，发生物料堵塞必须停机，待完全停机后，方可排除故障。

7. 机器运转时，如发现运转不正常或有异常声音，应立即停车并及时通知电动维修人员，不得擅动。故障排除后方可开机使用。

8. 严禁在生产现场及更衣室等非吸烟场所吸烟，生产中在岗工作人员不得擅自脱岗吸烟。

9. 开机前检查信号和设备部件是否正常，机器各部件和安全防护装置是否安全可靠，润滑是否良好，机器周围地面有无杂物，各参数是否符合工艺要求。

10. 维修设备结束后，通知本地操作人员，必须经试运转正常后方可投入使用，并跟踪带料后的运转情况。并对维修现场进行清理，现场严禁存留螺栓、油污、棉丝等杂物。各种防护罩必须立即装上，没有的要立即装配齐全。

11. 车间突然停电时，所有人员应该立即停止正在进行的工作，关闭正在使用的水、压缩空气阀门等设备开关，来电后统一恢复。

12. 进厂新员工必须经三级安全培训，合格后方可单独上岗作业。

13. 水、电混用一起操作时，必须断电后再操作。

14. 员工有权拒绝危险性操作。

附录8 ▶▶ 发酵料仓建造施工及配套设备（安广杰提供）

一、双孢菇培养料隧道发酵场平面设计图

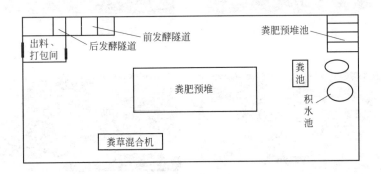

二、发酵隧道土建部分

平整场地测绘施工区

条形基础上砌筑墙体

浇筑构造柱和圈梁

铺设带斜度碎石垫层

第一层放水墙体抹灰

风机室侧面穿墙花洞

排水管道

排水

安装遮雨棚钢结构桁架

安装遮雨棚顶板

三、风控部分的建设

敷设高压通风管路

敷设承载钢筋网

制作通风槽口

敷设通风槽口

料仓通风管承载网槽口组合

C25 商砼整体浇注

C25 商砼整体浇注结束

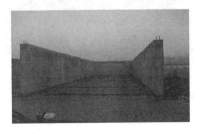
商砼固化 12h

取出槽口预置木条

形成通风槽口

一次发酵连接离风机和主风管

二次发酵风机系统

四、建好隧道

建好的一次发酵隧道

建好的二次发酵隧道

五、发酵隧道的配套设备

轮式装载机
（运输秸秆、畜禽粪便、
培养料及混料等）

混料机
（将草、粪肥、水混合的功能）

摆动式抛料机
（将料从一个隧道倒入另一条隧道）

上料机组（将培养料输送到菇房）

下料机组
（将培养料由菇房下料输出）

离心风机
（用于发酵隧道空气的内外循环）

高压风嘴

空调机组

附录9 ▶▶ 双孢菇工厂化生产技术流程（安广杰提供）

利用隧道设施完成一次发酵和二次发酵，利用空调菇房完成栽培出菇的分段式生产工艺。这种生产工艺一个栽培周期是 90 天。

一、发酵作料时间

合计为 23 天，发酵环节第 1 天到第 23 天工艺安排如下。

1. 培养料的配比(推荐配方)

基本配方：干麦秆 53%～55%、干鸡粪或牛马粪 42%～47%、石膏 3%～4%、尿素 0.2%、豆粕 2%。

以栽培面积 480m² 的菇房（一间长 50m、宽 5m、高 5m 的菇房）为例，需要优质麦秸 28t，鸡粪 22t，石膏 2.2t，尿素 90kg，豆粕 1.2t。

2. 培养料中的堆制发酵

发酵作料时间表

发酵阶段	程序	时间	场所和要求
前(一次)发酵	预湿	2 天	混拌机械或化粪-浸草池,草粪含水达 73%～75%
	预堆	3～4 天	露天场场,翻堆 1 次,料温 70℃
	发酵	8～14 天	发酵槽,倒仓 2～3 次,料温 80℃

续表

发酵阶段	程序	时间	场所和要求
后(二次)发酵	升温	1天	发酵隧道
	杀菌	8~12h	巴氏杀菌温度:58~60℃
	发酵	5~6天	温度范围:48~52℃

（1）混料调质　混料调质后培养料质量控制数据是：初始含氮量1.5%～1.7%，水分73%～75%，pH值8.3～8.5，碳氮比（23～27）:1。

（2）料仓前（一次）发酵　料仓一次发酵后质量控制数据是：水分73.5%～74.5%，pH值8～8.2，氮含量1.7%～1.9%，碳氮比（21～26）:1。

（3）隧道后（二次）发酵　隧道后（二次）发酵后质量控制数据是：水分66%～68%，pH值7.5～7.7，氮含量1.9%～2.1%，碳氮比（14～16）:1。

经过23天的一系列发酵过程，此时的二期培养料已经具备播种出菇条件，将转入下一阶段进行栽培管理。

二、栽培出菇阶段

耗时合计67天（播种、发菌、覆土、降温、采菇、下料6个环节），这个环节需要在环境可控的标准出菇车间完成。关于出菇车间建设标准参照LNHR—2012标准。

1.第23天，播种及菌丝培育。

料温降到26～28℃，利用专用运料车转运至出菇房的自动化上料机处，进行播种上料作业，播种量为0.8kg/m²。

2.第37天，经过13～15天后，蘑菇菌丝培育结束。

3.第38天，覆草炭土。

在料面均匀覆盖3～4cm厚的草炭土。草炭土配制配方：草炭土85%、碳酸钙15%。将草炭土的pH值调整至7.5～7.8，水分调整到75%～78%。覆草炭土完毕后，需要对培养床面的草炭土浇水。浇水量为每日 1～1.5L/㎡，持续5～7 天。此步骤中，室温 20～23℃，料温 24～26℃，空气湿度控制在 93%～95%，一氧化碳浓度，前 4 天控制在 0.8%～1%，后 4 天控制在 1%～1.3%。

4. 第 47 天，搔菌。

菌丝穿透草炭土厚度的 70%～80%，此时用耙等工具，将草炭土表面 2cm 左右厚度耙松。室温 23～25℃，料温 26℃以下，空气湿度 95%，二氧化碳浓度 1.3%～1.5%。

5. 第 49 天，调整。

将床面上多余的草炭土用耙等工具除掉，室温控制在 25℃，料温控制在 27℃以下，湿度控制在 95%，二氧化碳浓度 1.5%～1.6%，保持 12～24h。

6. 第 50 天，降温刺激。

需要对培养床面的培养料浇水一次，浇水量为 0.5～0.8 L/㎡。室温 15～17℃，料温 22℃以下，空气湿度 70%～78%，二氧化碳浓度 0.08%～0.1%，降温过程需要 30～38h 完成，持续约 3 天。之后，当菇蕾直径为 0.5～1.5cm 时，再次对栽培床面进行浇水，每日 2.5～3L/㎡，将草炭土水分调整在 77%～79%，需在 3 天内将水浇完。此时，室温控制在 16～18℃，培养料温度控制在 20～22℃，空气湿度控制在 65%～70%，二氧化碳浓度 0.08%～0.12%。

7. 第 61 天，采第一批蘑菇。

采摘周期为 3～4 天。采摘结束后，对培养床床面浇水，每日 1.5～2L/㎡，持续 3～4 天。此步骤中，室温控制在 16～20℃，培养料温度控制在 18～22℃，空气湿度控制在 65%～80%，二氧化碳浓度 0.08%～0.15%。风筒下要挂带孔薄膜防止吹干床面。

8. 第 68 天，采第二批蘑菇。

采摘周期为 3～4 天。采摘结束后，对培养床面进行浇水，每日 1.5～2L/㎡，持续 3～4 天。此步骤中，室温控制在 16～20℃，培养料温度控制在 18～22℃，空气湿度控制在 65%～80%，二氧化碳浓度控制在 0.08%～0.15%。

9. 第 75 天，采第三批蘑菇。

采摘周期为 3～4 天。采摘结束后，对培养床面进行浇水，每日 $1.5～2L/m^2$，持续 3～4 天。此步骤中，室温控制在 17～20℃，培养料温度控制在 18～22℃，空气湿度控制在 65％～80％，二氧化碳浓度控制在 0.08％～0.15％。

10. 第 83 天，采第四批蘑菇。

采摘周期为 3～4 天。采摘结束后，对培养床床面浇水，每日 $1.5～2L/m^2$，持续 3～4 天。此步骤中，室温控制在 18～20℃，培养料温度控制在 19～22℃，空气湿度控制在 65％～80％，二氧化碳浓度控制在 0.08％～0.15％。

11. 第 90 天，下料。

将使用过的培养料取出，转入新的培养料，进行下一周期的蘑菇生产。

整个栽培环节的耗时合计 67 天，加上发酵环节耗时 23 天，双区制双孢菇工厂生产整个生产周期耗时为 90 天。

附录10 ▶▶ 双孢菇生产管理记录表（安广杰提供）

1. 化验报告单

批次：　□原料　　□培养料　　□草炭土　　日期：　年　月　日

试样名称		试样数量		送检人		送检时间	时　分
送检项目	□含水量		□含氮量	□氨气	□pH 值		□生物量
接收人		检验人		报告时间		日　时　分	
检验结果							

工程师评语　　　　　　　　　　　　　　　　　　　　　　　签字

备注：

2. 蘑菇培养料配方分析计算表

日期： 年 月 日			投产批次：			计划进菇房号：	
原料	重量	含水量	干物质重量	含碳量(C)/%	总碳量(C)	含氮量(N)/%	总氮量(N)
碳氮比(C/N)		初始含氮量					
备注：							

3. 前（一次）发酵温度记录表

批次：   记录人：

日 期	时间	空温1	空温2	平均空温	料温1	料温2	料温3	平均料温	工况	风量	班次	备注
月 日												
月 日												

4. 后（二次）发酵温度记录表

批次：   房间号：   记录人：

日 期	时间	空温1	空温2	平均空温	料温1	料温2	料温3	平均料温	风速	新风	处理备注	班次
月 日												
月 日												

5. 菇房管理工艺流程跟踪表（发菌段)

培养料批号：　　　菇房号：　　　菌种号：　　　装床面积：

播种日期	室外空气温度	室内		培养料化验结果						培养料质量评
		空温	料温	H_2O	pH 值	N	NH_3	线虫	螨虫	

6. 菇房管理工艺流程跟踪表（覆土段）

培养料批号：　　　菇房号：　　　覆土厚度：　　　年　　月　　日

覆土日期	室外空气温度	室内		覆土配比	原料名称	数量	覆土化验结果				备注
		空温	料温		草炭土		持水量	pH 值	螨虫	线虫	
					石灰岩						

7. 菇房管理工艺流程跟踪表（采菇段）

培养料批号：　　　菇房号：　　　记录人：

日期	温度		喷水量及用药情况	产量	日期	温度		喷水量及用药情况	产量
	白天	夜晚				白天	夜晚		
月　日									

8. （ ）月生产表

日期	浸料	捞料	一次入	加辅料转一次	出料仓加辅料	装托盘进二次	二次发酵	播种发菌	覆土准备	出仓覆土	降温	采菇1潮	采菇2潮	采菇3潮	消毒	下料	日产汇总	备注

9. 采菇统计表

年　月　日

序号	菇房号	姓名	工号	A级		B级		C级		合计
				kg	kg	kg	kg	kg	kg	kg

10. 菇房冷库工作记录表

年　月　日

采菇班入库记录	菇房号	A 级	B 级	C 级	合计
		kg	kg	kg	kg
		kg	kg	kg	kg
	合计	kg	kg	kg	kg
出菇记录	销售对象	A 级	B 级	C 级	合计
		kg	kg	kg	kg
		kg	kg	kg	kg
	合计	kg	kg	kg	kg
库存情况		A 级	B 级	C 级	合计
		kg	kg	kg	kg
冷库温度记录					
冷库消毒记录					
冷库管理员			主管领导签字		

11. 清扫清洁记录表

班组	时间	清扫人员	检查人员
	月　日　时　分		
	月　日　时　分		
	月　日　时　分		
	月　日　时　分		
	月　日　时　分		
	月　日　时　分		
	月　日　时　分		

参 考 文 献

[1] 杨新美. 中国食用菌栽培学 [M]. 北京：中国农业出版社，1988.

[2] 黄毅. 食用菌栽培（上、下册）[M]. 北京：高等教育出版社，1998.

[3] 杨国良. 蘑菇生产全书 [M]. 北京：中国农业出版社，2004.

[4] 陈士瑜. 食用菌栽培新技术 [M]. 北京：中国农业出版社，2003.

[5] 潘崇环，孙萍. 新编食用菌图解 [M]. 北京：中国农业出版社，2006.

[6] 李洪忠，牛长满. 食用菌优质高产栽培 [M]. 沈阳：辽宁科技出版社，2010.

[7] 崔颂英. 食用菌生产与加工 [M]. 北京：中国农业大学出版社，2007.

[8] 刘建华，张志军. 食用菌保鲜与加工实用新技术 [M]. 北京：中国农业出版社，2010.

[9] 黄年来. 中国食用菌百科 [M]. 北京：中国农业出版社，1993.

[10] 张金霞. 无公害食用菌安全生产手册 [M]. 北京：中国农业出版社，2008.

[11] 吕作舟，蔡衍山. 食用菌生产技术手册 [M]. 北京：中国农业出版社，1995.

[12] 曹德宾. 绿色食用菌标准化生产与营销 [M]. 北京：化学工业出版社，2004.

[13] 袁瑞奇，王志军，孔维威. 金针菇精准高效栽培技术 [M]. 北京：金盾出版社，2015.

[14] 李银良，张德根. 金针菇中小型工厂化生产与经营 [M]. 北京：金盾出版社，2014.

[15] 朱兰宝，黄毅，胡国元等. 金针菇生产全书 [M]. 北京：中国农业出版社，2008.